大学化学实验教学示范中心系列教材

总主编　李天安

理化测试（Ⅰ）

主编　袁　若　彭　秧　彭敬东
　　　陈中兰　杜新贞

U0263300

科学出版社

北　京

内 容 简 介

本书是依据《高等学校化学类专业指导性专业规范》并基于一级学科平台、以"方法"为中心的实验教学思路编写的,是"大学化学实验教学示范中心系列教材"的第三册。全书共 7 章,涉及传统分析化学的常规定量分析和仪器分析两方面,教学基本要求是让学生树立"量"的观念。第 1 章讨论了常规化学定量分析技术及其应用;第 2 章讨论光谱分析技术,包括原子光谱和分子光谱;第 3 章讨论电化学技术;第 4 章讨论色谱分析技术;第 5 章讨论复杂体系分析的基本思路。全书编排基础实验项目 36 个,第 6 章提供综合实验项目 6 个和设计实验项目 5 个。实验项目既注重大学化学实验的基础性,又力求涉及多个知识点,避免就项目论"项目",有利于学生举一反三。写作方式注意与中学化学实验的衔接,利于自学,便于发挥学生的主体性,培养创新能力。

本书可作为高等师范、高等理工和综合性院校化学化工专业本科生实验教材,也可供相关专业教学、科研人员参考。

图书在版编目(CIP)数据

理化测试. 第 1 册/袁若等主编 . —北京:科学出版社,2013.9
大学化学实验教学示范中心系列教材
ISBN 978-7-03-038542-0

Ⅰ.①理…　Ⅱ.①袁…　Ⅲ.①物理化学分析-高等学校-教材　Ⅳ.①O642.5

中国版本图书馆 CIP 数据核字(2013)第 211341 号

责任编辑:陈雅娴 / 责任校对:陈玉凤
责任印制:徐晓晨 / 封面设计:迷底书装

科 学 出 版 社 出版
北京东黄城根北街 16 号
邮政编码:100717
http://www.sciencep.com

天津市新科印刷有限公司 印刷
科学出版社发行　各地新华书店经销

*

2013 年 9 月第 一 版　　开本:B5(720×1000)
2021 年 1 月第九次印刷　　印张:15 1/4
字数:307 000

定价:39.00 元
(如有印装质量问题,我社负责调换)

大学化学实验教学示范中心系列教材
编写委员会

总主编　李天安

编　　委（按姓氏汉语拼音排序）

鲍正荣　柴雅琴　刘全忠　马学兵

彭敬东　彭　秧　王吉德　杨　武

杨志旺　袁　若

丛　书　序

进入 21 世纪以来,我国高等教育逐步转入"稳定规模、提高质量、深化改革、优化结构、突出特色、内涵发展"的阶段。国家通过精品课程建设、示范中心建设、教学评估等系列"质量工程",和颁布《国家中长期科学和技术发展规划纲要(2006—2020 年)》,促进教学质量的提高。高校按照"加强基础、淡化专业、因材施教、分流培养"的方针,积极推进人才培养模式、教学体系、教学内容和教学方法改革,取得了许多有益的经验。教育部颁发的《高等学校化学类专业指导性专业规范》对于兼顾教学内容"保底"和发挥学校特色是一个纲领性的文件。

在这个大背景之下,西南大学等西部四校合作编写的"大学化学实验教学示范中心系列教材"由科学出版社修订出版。这应该是一项非常有益的工作。

首先,教材秉承一级学科平台的编写思路。教材整合传统二级学科的基础内容,按照认知规律形成相互独立又相互联系的课程体系,既体现了"规范"突破传统二级学科壁垒,站在一级学科层面上形成系统连贯学科思维的育人思路,又使"规范"所列最基本知识点落实到能够体现地区高校特色的可操作的具体课程体系中。

其次,教材有自己的理念。化学有实验学科之说,戴安邦先生也有"实验教学是实施全面化学教育最有效的教学形式"的名言。不过,化学实验中究竟教学生什么一直是一个争论的问题。教材编写者对此的回答是:应当教的是"方法"而非知识本身。教学改革是一项复杂而长期的探索活动,愿所有的教育者都成为探索者。

西部高校承载了地区百姓和社会的更多期待,虽然目前其教学条件、规模水平仍有待提高,但是,我们欣慰地看到,西部高校老师正在努力。

郑兰荪

2013 年 6 月 15 日

序

　　2005 年,时值各地积极推进实验教学示范中心建设,新、甘、川、渝地区几所高校化学同仁聚会重庆,交流各自实验教学改革的心得。与会代表认为,以"方法"为中心的实验教学理念符合当前化学实验教学改革的基本趋势,符合教育部关于实验教学示范中心建设标准的要求,是创建一级学科教学平台有力的思想工具。经多年来的努力,尽管横向看东西部教育差距不可否认,但纵向看西部高校已今非昔比。因此,合力开发既满足学科教学需要,又反映地区教学改革成果教材的时机已经成熟。

　　本系列教材遵循实验教学示范中心建设标准,定位于满足一般高校化学类专业基础实验教学,按一级学科模式,把实验教学示范中心建设标准规定的全部教学内容划分为六册。

　　《化学基础实验(Ⅰ)》和《化学基础实验(Ⅱ)》为第一层次,为化学各二级学科共有或相关的一些操作、技术、物质性质检测。该层次的教学核心是"练",主要通过现有知识的学习和训练,使学生能够在一定程度上举一反三。从认知心理水平讲,就是接受现有的实验研究技术和有关知识,明确"是什么"(what)。

　　《理化测试(Ⅰ)》和《理化测试(Ⅱ)》为第二层次,强调物质的关系、行为和反应动态。该层次的教学核心是"辨",主要通过各种物质的量、反应过程理化参数的描述,使学生了解在化学研究中如何认识物质关系、反应和控制过程。从认知层面上讲,就是认识化学现象的本质原因及其描述方法,理解"为什么"(why)。

　　《无机物制备》和《有机物制备》为第三层次,强调按照一定的要求,根据相关的知识选择、设计合适的技术,创造新物质。该层次的教学核心是"做",主要在于知识、技能、条件的综合应用。从认知层面上讲,要求根据需要创造性地解决问题,实现"怎么办"(how)。

　　本系列教材于 2006 年由西南师范大学出版社出版试用以来,一方面通过校际交流推进了合作学校的教学改革,取得了一定的成果,另一方面相继发现了教材中存在的问题。在科学出版社的支持下,本系列教材得以重新修编出版。

　　本次修订以《高等学校化学类专业指导性专业规范》为根本依据,调整知识点在各册的分配,按照学科发展和国家标准修订,更新引用技术、补充完善原有知识点或压缩篇幅,对初版中的错误、笔误、表达晦涩处进行校对和纠正。除此之外还作了如下两方面较明显的变动:

　　(1)强化基础。与实验教学示范中心建设标准相比,《高等学校化学类专业指导性专业规范》更加强调基础，新增了玻璃加工和一些基本物质参数和常规实验技术，修订中都全部予以考虑。

（2）适度取舍。《高等学校化学类专业指导性专业规范》强化了物质制备，在实验教学示范中心建设标准基础上增加了高分子制备和天然物提取两部分，同时弱化了原化工部分的内容。事实上，高分子和化工部分的教学在不同学校之间差异都很大，常形成学校的办学特色。考虑到本书的基础性定位，这两部分均不涉及。本次修订纳入了天然物提取，因为此类实验项目容易激发学生学习兴趣，所以安排在了《化学基础实验（Ⅰ）》中，以便提升学生的专业热情。

本次修订得到合作学校领导的大力支持，组织编写队伍，提供实验项目试做的条件；郑兰荪院士给予本系列教材关注并作序，也给了大家极大的鼓舞；科学出版社多次及时指导，更使修撰工作少走不少弯路；所有编写老师积极工作，其中还包括家人的支持。这些都难以用一个"谢"字表达。

限于编者水平，错误疏漏在所难免，望读者不吝赐教。

"大学化学实验教学示范中心系列教材"编写委员会

2013 年 6 月

目　　录

绪　　论

学习指导

本书主要内容是定量分析,包括化学分析和仪器分析。尽管学习的方法因人而异,仍然希望每一位学习者在整个定量分析的学习过程中把握以下原则:

(1) 本书的教学基本目标是"量"的概念的形成。它应该贯穿于整个分析过程的每一个环节,从采样到数据处理,从分析方法的选择到测量器材的选择。这需要学习者在整个学习过程中认真体会,逐步加深理解。

(2) 虽然从传统上定位为分析化学,但不应仅从化学角度学习和认识本书的内容。分析工作者面对要解决的问题时,必须运用各方面的资料和工具,不仅包括化学的,还包括物理学、统计学、与样品相关学科的以及计算机技术等。缺乏任何方面的思考都会削弱解决问题的能力。

(3) 由于分析方法通常是按照最后的测定步骤来定名的,因此经常会让人错误地以为测定就是分析化学的全部课题。其实,许多分析研究中,大量的工作是在对理论根据、实验局限性和各种测定技术应用的审查上,而取样、样品的预处理和后期的数据处理也都是整个分析过程的关键性步骤。

(4) 分析化学获取的是物质信息,是以具体的实物作为对象,只靠"纸上谈兵"解决不了任何实际问题,实验的意义也就不言而喻了。

(5) 分析的过程是获取信息、降低系统的不确定性的过程。因此,任何一个有效分析的完成,不论结果是正或负,都应该使我们对分析对象有进一步的了解。

(6) 各种分析方法的共性在绪论中作了高度抽象的提炼。学习时应注重每种具体方法在原理、技术、仪器、适用对象和范围等方面的异同。

0.1　定量分析的地位

传统上,分析化学作为化学学科的重要分支之一,曾被认为是"现代化学之母","人类有科技就有化学,化学从分析化学开始"。随着近一二十年的发展,分析化学的现状和发展趋势都说明分析化学实际上不再是化学的一个分支,分析化学已发展到分析科学阶段,这在分析化学界几乎已成了共识。

现代分析化学不仅早已服务于工农业生产和科学技术研究的各个领域,而且整个人类社会长期可持续发展所必须解决的资源、能源、人口、粮食、环境和医药卫生问题,无不需要分析化学尽可能快速、全面和准确地提供丰富的信息和有用的数据。因此,现代分析化学是科技和经济建设的基础,是衡量科技发展和国力强弱的主要标志之一。

尽管现代分析化学能提供的数据类型越来越广,能说明的问题也越来越多、越来越深入,从常规的定性、定量到形态、价态,从离线的、静止的到在线的、活体的,从空间信息到时间信息无所不包,但定量分析依然是分析化学最基本和最重要的任务。因为只有正确地把握了物质的量,才能更深刻地把握物质的性质。例如,历史上正是在精确的定量研究中,拉瓦锡确定了氧气的存在,并且建立了科学的氧化燃烧理论。也正因为如此,本科阶段的分析化学教学几乎都是以定量分析作为核心内容。

0.2 量 的 概 念

定量分析来源于需要用准确可靠的测量解决或解释问题,但由于各种主观、客观原因,测定结果不可能是绝对准确的,实验中的任何数据在反映"体积""质量"等数量的同时,也反映着数量的精度。没有正确的"量"的概念,在整个实验过程中,对什么时候应准确操作,什么情况下可近似操作,就会心中无数,以致要么步步小心翼翼,效率低下;要么只图速度和简单,给分析结果带来较大的误差,甚至得不到应有的数据。

单纯从定量的角度,数据自然越准确越好。然而,任何程度的准确度都是有代价的,需要付出人力、物力和时间。一项分析的总目标是要快速廉价地得到确定的结果。对准确和效率的要求,是分析过程中的一对矛盾。不准确的分析结果会导致错误结论、产品报废,甚至发生事故。反之,不合理的过高要求既是浪费,又无必要。在实践中,准确和效率这对矛盾的解决,取决于对误差的要求,有时还考虑到实际的分析条件。简单地说,在保证分析结果的准确度或精密度达到要求的前提下,分析操作应尽可能快速、简单。因此,误差是定量分析中"量"的概念的核心。只有把握住误差要求,才能在整个分析过程中知道"为什么要这样做",才能真正学有所获。

在定量分析中,为了实现分析的总目标,首先需要正确地选择试剂用量和符合精度要求的仪器,其次是正确地记录测量数据,所有数据的量值和精度都体现在有效数字中。分析结果通常是经过一系列测量步骤之后获得的,其中每一步骤的测量误差都反映到分析结果中去。正确运用有效数字的计算,才能准确表达量值和误差传递的实际情况,最后才可能正确表示分析结果。在有效数字的运算中,数字的修约应遵照国家标准《数值修约规则》进行。有效数字运算规则的理论依据就是误差传递理论。把握住量、有效数字、误差三者之间的关系,也就把握住了量的概念的精髓。

定量分析中的数据处理除了有效数字的计算、分析结果的表示外，还包括数据评价(可疑值的取舍、系统误差的检验和分析结果的评价等)。正确有效地处理数据，必要的统计学知识是必不可少的。例如，一个常易被忽略的观点就是，次数虽少却有系统有计划的测定，比大量的重复平行测定会产生更好的信息。举个简单的例子，在一个试样的 3 次平行测定中，最好是称取不同量的 3 份试样，其所得结果可以揭示相等量的试样所不能发觉的系统误差。

0.3　化学分析和仪器分析

分析化学常从方法或原理上分为化学分析和仪器分析。其实，从信息论的角度看，所有的分析过程可以简单地抽象为由信号源产生的信号被检测器检出、再送到信号处理器计算处理，如表 0-1 所示。

表 0-1　分析过程的流程图

方法	信号源	检测器	处理器
化学分析	化学反应现象、质量	人眼、天平	人脑
仪器分析	光、电等信号	各类光、电检测器	电子仪器、计算机

这里有两个最重要的差别：一是体现在信号的检出方式上，即检测器不同，就如滴定分析法和电位滴定法的区别一样。之所以称为仪器分析，首要的原因往往就是信号源产生的信号无法被人眼直接观察到或不能精确地分辨出信号强度的微小变化。二是信号的性质不同。化学分析是依赖化学反应的，也就是说检测过程中必然有新的物质产生，观察到的信号是新物质的性质或旧物质向新物质转变时的现象切换；仪器分析则是检测物质本身所具有的或与光、电等相互作用所表现出的物理性质，检测过程中并不需要有新物质的形成。正是因为仪器分析的非反应性，使得检测可以更迅速、准确、无损和易于实现在线检测，从而成为工业控制的重要且主要的手段。由于物理学的发展，物质的物理性质不断被发现，根据这些性质又不断开发出新的检测仪器。因此，仪器分析已经成为两大物质科学相互融合、相互促进的最好事例。

定量的依据也可以抽象为存在于信号量(强度)与被测对象之间的一对一的对应关系。因此，化学分析、仪器分析都只是分析的一类方法，此处并无根本的区别。

仪器是人的器官的延伸和功能扩展。借助于仪器，人类可以辨识和检测出越来越多种类的信号，从而获得更为丰富、全面的物质信息。在众多的仪器分析方法中，光谱分析和电化学分析是最为基础，也是应用最广、方法最多的两大类。

　　一个理想的分析方法应具备的条件之一就是，不需要对样品进行预处理就能进行测定分析。遗憾的是实际分析工作中这种情况少之又少。究其主要原因，一是待测对象的存在形态与分析方法的要求不相适应；二是实际样品的复杂性使得基体或杂质对待测对象产生干扰；三是检测方法灵敏度等的局限性，无法满足待测对象的要求。因此，分离常是分析过程中重要甚至是主要的步骤。色谱分析作为仪器分析的一个大类，其着重点正是分离技术。在学习色谱分离技术的同时，也应注意到，经典的化学物理分离技术方法依然具有很强的生命力。

　　目前仪器分析越来越成为检测技术的主流，整个分析化学的发展也日益和分析仪器的发展紧密相关。但是经典的常规化学定量分析法依然不能漠视，一是因为这些方法可直接用于常规常量分析，二是这些方法所使用的技术和原理同样适用于仪器分析的样品前处理。

【思考题】

0-1　查阅文献或资料，用历史上的实例说明定量分析对科学发展的作用。

0-2　查阅文献或资料，用历史上的实例说明正确进行数据处理的重要性。

0-3　你认为仪器分析能取代化学分析吗？通过查阅文献说明你的理由。

（李天安）

第1章 定量化学分析

学习指导

(1) 通过对化学中四大平衡的理解,掌握各种定量化学分析方法原理。

(2) 通过对四大滴定方法和重量分析方法特点的掌握,达到熟练的实际应用水平。

定量分析在化学和其他科学的发展中起着非常重要的作用。世界著名分析化学家 I. M. Kolthoff 曾经指出,"科学实质上是定量关系的研究,当这些关系涉及物质的组成时,就必须引入定量分析"。定量化学分析主要包括滴定分析和重量分析。滴定分析依据其定量反应的不同,又可分为酸碱滴定、配位滴定、氧化还原滴定和沉淀滴定。该类方法的特点是准确度高,能满足常量分析的要求;操作简便、快速;使用的仪器廉价,可应用于多种化学反应类型的广泛分析测定。重量分析法直接通过称量计算分析结果,不需引入标准溶液浓度,对于高含量组分的测定准确度较高。例如,对于高含量的硅、硫、磷、稀土元素、水分、灰分和挥发物等含量的精确测定,多采用重量分析法,也常用重量法的测定结果作为标准校对其他分析方法的准确度。

1.1 定量化学分析基本原理

以物质的化学反应即化学平衡为基础的分析方法称为定量化学分析法,又称经典分析法,包括滴定分析(容量分析)法和重量分析法,建立在化学反应四大平衡,即酸碱平衡、配位平衡、氧化还原平衡和沉淀溶解平衡的基础上。例如,酸碱滴定分析法建立在酸碱中和反应基础上,而氧化还原滴定是建立在氧化还原反应基础上的,配位滴定是建立在配位反应基础上的。常量分析中最经典的重量分析法是建立在沉淀溶解平衡的基础上的,同时沉淀滴定法也是沉淀溶解平衡的一大应用。这四大平衡表征了化学体系状态变化的规律,但不是所有的化学平衡都可以设计为滴定分析,只有滴定突跃明显即满足准确滴定条件的化学平衡,才能满足滴定分析的要求。定量化学分析的过程就是处理这四大平衡的过程。对于能用滴定分析的化学反应必须有指示滴定突跃的方法,即检测终点的方法。指示方法分指示剂法和非指示剂法。指示剂法是利用指示剂在特定条件下的颜色变化来指示终点,非指示剂法是利用滴定系统溶液的物理或物理化学性质的变化,通过仪器手段实现终点的检测，如电位滴定法等。

1.2　滴定分析

　　滴定分析是建立在化学反应平衡基础上，用标准溶液滴定被测物质以测定物质含量的一类分析方法。根据标准溶液的浓度和滴定终点所消耗标准溶液体积，可以计算被测物质的含量。由于这一分析方法是以测量容量为基础的，所以又称其为容量分析。滴定分析存在滴定误差，其大小取决于被测物质、滴定剂的性质，实验重复次数，指示剂的选择、用量、性质，仪器、试剂，操作者的技术水平及实验方法等，一般测定的相对误差可达 0.2% 左右。滴定分析是以化学反应为基础的，但并不是所有的反应都可用来进行滴定分析。滴定分析按化学反应原理分为酸碱滴定法、配位滴定法、氧化还原滴定法和沉淀滴定法。滴定分析的滴定方式可分为直接滴定、返滴定、置换滴定和间接滴定。

1.2.1　酸碱滴定法

　　以酸碱平衡为基础的容量分析法称为酸碱滴定法。建立在此平衡基础上的有物料平衡方程、电荷平衡方程和质子条件方程等。物料平衡方程即物质溶液总浓度 c（分析浓度）等于该物质在溶液中的所有型体平衡浓度之和，由物料平衡方程可求出分布系数 δ，即溶液中某种型体的平衡浓度占总浓度 c 的分数。由物料平衡和电荷平衡方程可以得到质子条件方程（或由质子得失相等原则直接写出质子条件方程），由质子条件方程可得到计算 pH 的精密公式及近似公式，可由此计算化学计量点 pH，为选择合适的酸碱指示剂提供依据。

　　酸碱指示剂是有机弱酸或弱碱，其共轭碱或共轭酸具有不同的结构，且呈现不同的颜色，其变色与溶液 pH 有关。为选择合适指示剂，即需了解滴定中溶液 pH 的变化情况，特别是化学计量点前后相对误差 ±0.1% 范围内 pH 的变化情况，即滴定突跃。滴定突跃的大小与被滴定物质及标准物质的浓度有关，也与酸碱强弱程度有关，如 NaOH 滴定 HCl，当酸碱浓度增大 10 倍，滴定突跃部分的 pH 变化范围增加 2 个 pH 单位，以相同浓度的 NaOH 滴定相同浓度的 HAc，滴定突跃部分的 pH 变化范围将减少近 3 个 pH 单位，因此需绘制 pH 随滴定剂加入而变化的滴定曲线。①酸碱反应实质是质子转移反应，即滴定中溶液 pH 在不断变化；②酸碱滴定法的滴定终点可根据指示剂在化学计量点附近的颜色变化来确定。指示剂变色范围必须全部或部分包括在滴定突跃范围内。考虑滴定误差，滴定需满足直接准确滴定条件，即以 $c \cdot K_a \geqslant 10^{-8}$ 判断能否准确滴定第一级解离的 H^+，然后再看相邻两级 K_a 的比值是否大于 10^5，以此判断第二级解离的 H^+ 是否会对上述滴定产生干扰。混合酸滴定情况与多元酸类似。

酸碱滴定的部分实例见表 1-1。

表 1-1 酸碱滴定的部分实例

标准号	名称	指示剂
GB/T12456—2008	食品中总酸的测定方法	酚酞
GB/T176—2008	水泥化学分析方法	酚酞
ZY21323—0118（专利号）	酸碱滴定法间接滴定重晶石中硫酸钡	甲基红和酚酞

1.2.2 配位滴定法

配位反应除主反应外还有不少副反应存在，为了定量描述副反应进行的程度和影响，引入了副反应系数，如滴定剂 EDTA 酸效应系数、共存离子效应系数以及金属离子副反应系数等，由此可计算出实际滴定分析中的条件稳定常数。配位滴定使用的指示剂本身是一种配位剂，能与金属离子配位生成有色配合物。其变色点受滴定介质环境影响较大，会随 pH、其他金属离子的存在情况而变化，作为金属指示剂，应具备以下条件：

（1）指示剂（In）与它的金属配合物（MIn）的颜色应有明显区别（互补充分）。

（2）显色配合物（MIn）的稳定性应比 MY 的稳定性低一些。

（3）指示剂与金属离子的反应必须足够快，且有良好的可逆性。

（4）在滴定中要注意指示剂的封闭、僵化和变质问题（与酸碱指示剂有很大的区别）。

配位滴定曲线形状与酸碱滴定类似，滴定突跃大小取决于条件稳定常数和被滴定金属离子浓度两方面的因素，因此实际滴定体系中滴定条件的选择非常重要，如单一离子滴定条件的选择（如最低 pH 选择、最高 pH 选择），混合离子分步滴定条件的选择以及应用配位掩蔽、氧化还原掩蔽、沉淀掩蔽等多种方法提高选择性。

国家标准中配位滴定的部分实例见表 1-2。

表 1-2 配位滴定的部分实例

标准号	名称	指示剂
GB/T176—2008	水泥化学分析方法：Al_2O_3 的测定（EDTA 直接滴定法）	二甲酚橙
GB/T6436—2002	饲料中钙的测定（EDTA 络合滴定法）	钙指示剂
GB8472—2001	含氟牙膏中氟化物的测定（氟-铁恒电位配位滴定）	氟离子电极

1.2.3 氧化还原滴定法

以氧化还原反应为基础的一种容量分析方法。氧化还原反应的机理比酸碱反应、配位反应要复杂得多，在许多氧化还原反应中，氧化剂和还原剂之间的电子转移会遇到很多阻力。在选择氧化还原滴定反应时，欲判断反应是否完全，主要根据要求达到的反应完全程度计算反应所需要的最小平衡常数 K，与该反应实际的平

衡常数 K 相比较。若实际 K 值大于所需要的最小 K 值，则反应完全。除考虑可能性之外，同时还要考虑动力学方面的因素。氧化还原滴定中所用的指示剂本身是一种弱氧化剂或还原剂，它的氧化或还原产物具有不同的颜色。若用氧化剂 OX_1 滴定还原剂 R_2，并按以下关系写出氧化还原反应：

$$s OX_1 + t R_2 \Longrightarrow s R_2 + t OX_1$$

滴定突跃范围为

$$\Delta E^{0'} = \left(\Delta E_2^{0'} + \frac{0.059 \times 3}{s} \right) \sim \left(\Delta E_1^{0'} + \frac{0.059 \times 3}{t} \right)$$

被选择的指示剂电位应在突跃范围之内。参与滴定反应的两个电对的条件电极电位的差值 $\Delta E^{0'}$ 越大，滴定突跃范围越大，滴定误差减小。由于 $E^{0'}$ 与溶液的条件有关，因此溶液的条件将影响电位突跃。

在滴定中，以滴定剂滴入的百分数为横坐标，电对的电位为纵坐标作图，可得到滴定曲线。若 $s \neq t$，那么滴定曲线在化学计量点前后是不对称的，化学计量点电位不在滴定突跃范围的中心而是偏向电子转移数较多的电对一方。当有不可逆氧化还原电对参加反应时，由于不可逆电对的电位不遵从能斯特公式，可观察到理论计算所得的滴定曲线与实测的滴定曲线有较大的差异。

氧化还原滴定是应用最广泛的滴定方法之一，不仅可用于无机物，还能用于有机物的测定。能用作滴定剂的还原剂不多，常用的仅有 $Na_2S_2O_3$ 和 $FeSO_4$ 等，氧化剂作为滴定剂应用十分广泛，常用的有 $KMnO_4$、$K_2Cr_2O_7$、$KBrO_3$、I_2、$Ce(SO_4)_2$ 等。通常根据滴定剂的名称来命名氧化还原滴定方法。例如，碘量法应用非常广泛，分为直接碘量法和间接碘量法。

直接碘量法用于在 pH<9 的弱酸性、中性、弱碱性中直接测定还原性物质，可以测定在此酸度范围内能以较快速率进行反应的还原性物质，如维生素 C、安乃近、硫化物、亚硫酸盐、亚砷酸盐、亚锑酸盐等。

间接碘量法一般在中性或弱酸性条件下滴定，又可称为置换滴定法（加入过量的 I^-，测定一些氧化性物质如 KIO_3、$KBrO_3$、$K_2Cr_2O_7$、Cl_2、Br_2、H_2O_2 等）和返滴定法（加入过量 I_2，测定还原性物质，可测定甘汞、甲醛、安替比林、酚酞、葡萄糖等一些用直接滴定反应速率较慢的化合物）。碘量法在使用中要注意正确掌握反应条件。

三种常用氧化还原滴定方法比较见表 1-3。

表 1-3　三种常用氧化还原滴定方法比较

方法类型 性质	高锰酸钾法	重铬酸钾法	碘量法
滴定剂的氧化性	$KMnO_4$ 是一种强氧化剂，其氧化能力与溶液酸度有关	$K_2Cr_2O_7$ 是一种在酸性溶液中氧化能力稍次于 $KMnO_4$ 的强氧化剂	I_2 是较弱的氧化剂，而 I^- 是中等强还原剂，由此形成直接碘量法和间接碘量法

续表

性质＼方法类型	高锰酸钾法	重铬酸钾法	碘量法
滴定剂的稳定性	$KMnO_4$ 不稳定,其标准溶液不能用直接法配制	$K_2Cr_2O_7$ 容易提纯得到基准物质,因此可直接配制标准溶液,且非常稳定	I_2 挥发性较强,其标准溶液不能用直接法配制,而是将 I_2 溶于少量 KI 浓溶液中,稀释至一定体积再标定
滴定剂标定	$Na_2C_2O_4$、$H_2C_2O_4$·$2H_2O$、As_2O_3、纯铁丝等		$Na_2S_2O_3$ 标准溶液,可用 $K_2Cr_2O_7$、$KBrO_3$、KIO_3 等基准物质标定
指示剂	多数情况下可用滴定剂自身充当	氧化还原指示剂,如二苯胺磺酸钠	淀粉
主要误差来源	酸度、温度、滴定速度	终点颜色观察、酸度	I_2 的挥发、I^- 在酸性条件下已被氧化、淀粉加入时间
主要应用	直接滴定许多氧化性物质如 Fe(Ⅲ)、As(Ⅲ)、Sb(Ⅲ)、W(Ⅴ)、NO_2^-、H_2O_2 等,也可测定一些非氧化还原物质如 Ca^{2+}、Th^{4+} 等和某些有机化合物如甲醇、柠檬酸、苯酚等	铁矿石中含铁量的测定,COD 测定,NO_3^- 的测定	直接碘量法可测 Sn(Ⅱ)、H_2S、H_2SO_3 等还原剂,间接碘量法可测 $KMnO_4$、$K_2Cr_2O_7$、$KBrO_3$、MnO_2、Cu^{2+} 等氧化剂

1.2.4　沉淀滴定法

沉淀滴定法主要是利用生成难溶性银盐的沉淀反应的滴定分析法,又称为"银量法"。虽然沉淀反应很多,但是能用于滴定反应的并不多,这是由于许多沉淀组成不恒定,溶解度较大,易发生共沉淀现象或达到平衡的速率太慢等。

银量法根据指示剂的不同,又可分为莫尔法(铬酸钾指示剂法)、福尔哈德法(铁铵矾指示剂法)、法扬斯法(吸附指示剂法)。

1. 莫尔法

莫尔法是用 $AgNO_3$ 作标准溶液,以铬酸钾为指示剂,在 pH＝6.5～10.5 和指示剂用量 $5×10^{-3}$ mol·L^{-1} 的条件下直接滴定 Cl^-、Br^-、CN^- 的一种沉淀滴定法。

化学计量点前：$Ag^+ + Cl^- \longrightarrow AgCl \downarrow$（乳白色）

滴定终点时：$2Ag^+ + CrO_4^{2-} \longrightarrow Ag_2CrO_4 \downarrow$（砖红色）

由于 AgCl 和 Ag_2CrO_4 的溶度积不同 $[K_{sp}(AgCl) = 1.56 \times 10^{-10}$，$K_{sp}(Ag_2CrO_4) = 2.0 \times 10^{-12}]$，即 AgCl 的溶解度小于 Ag_2CrO_4 的溶解度，溶液中首先析出 AgCl，当 AgCl 定量沉淀后，过量的一滴 $AgNO_3$ 溶液与 CrO_4^{2-} 生成砖红色 Ag_2CrO_4 沉淀，指示滴定终点的到达。

若试液酸性太强时，可用福尔哈德法，或用 $NaHCO_3$ 等中和，若试液碱性太强时，可用稀 HNO_3 中和。

如想要测定某试样中的 Ag^+ 除了莫尔法的返滴法以外，还可采用福尔哈德法。

2. 福尔哈德法

该法是在硝酸酸性溶液中，以铁铵矾为指示剂，用 NH_4SCN（或 KSCN）作为标准溶液滴定 Ag^+ 的银量法，可分为直接滴定法和返滴定法，该法最大的优点是可在酸性介质中进行滴定，使很多弱酸根离子不干扰滴定。

1）直接滴定法原理

在含有 Ag^+ 的硝酸酸性溶液中，以铁铵矾为指示剂，用 NH_4SCN（或 KSCN）的标准溶液直接滴定。溶液中首先析出的是 AgSCN 沉淀，达到化学计量点后，过量的一滴 NH_4SCN 与 Fe^{3+} 生成红色配合物，指示终点的到达。应用直接滴定法应注意：

（1）溶液酸度应控制在 $0.1 \sim 1 \text{ mol} \cdot L^{-1}$，酸度太低，$Fe^{3+}$ 水解，影响终点的观察。

（2）在测定试液中铁铵矾指示剂使用浓度为 $0.015 \text{ mol} \cdot L^{-1}$ 左右。

（3）滴定过程要充分摇动，滴定中形成的 AgSCN 沉淀会强烈地吸附溶液中的 Ag^+，使得终点过早出现，结果偏低。可通过充分摇动，使被吸附的 Ag^+ 及时地释放出来。

2）返滴定法原理

首先向试液中加入过量的、已知准确量的 $AgNO_3$ 标准溶液，再加铁铵矾作指示剂，然后用 NH_4SCN 标准溶液返滴定剩余的 Ag^+。

返滴定法应注意设法阻止 $AgCl + SCN^- \longrightarrow AgSCN \downarrow + Cl^-$ 的反应，即 SCN^- 和 AgCl 之间的转化反应。用返滴定法测定溴化物或碘化物时，由于 AgBr 和 AgI 的溶解度比 AgSCN 小，将不发生上述转换反应。只是在测定碘化物时，指示剂必须稍后加入（即在加入过量的 $AgNO_3$ 溶液后才能加入），否则三价铁离子将氧化碘离子为碘单质，影响分析结果的准确度。

3. 法扬斯法

该法是以吸附指示剂作指示剂,以 $AgNO_3$ 作标准溶液,测定卤化物的方法。吸附指示剂是有机染料,它们的阳离子或阴离子很容易被带负电荷或正电荷的胶体沉淀吸附,被吸附后结构变形而发生颜色改变,从而起到指示作用。

【思考题】

1-1　下列各物质(分析纯),用什么方法将它们配成标准溶液? 如需标定,应该选用哪些相应的基准物质?

H_2SO_4,KOH,硫代硫酸钠,无水碳酸钠

1-2　有人想利用酸碱滴定法来测定 NaAc 的含量,加入定量且过量的标准 HCl 溶液,然后用 NaOH 标准溶液返滴定过量的 HCl,请问上述设计是否合理? 为什么?

1-3　以 HCl 溶解硅酸盐试样后,制成一定量试样溶液,试拟定一个以 EDTA 测定此试样溶液中 Fe^{3+} 、Al^{3+} 、Ca^{2+} 、Mg^{2+} 含量的滴定方案。

1-4　怎样分别滴定混合液中的 Cr^{3+} 及 Fe^{3+}?

1.3　重量分析法

重量分析法通常用于高含量或中含量组分的测定,即待测组分的质量分数在 1% 以上。重量分析法的优点是准确度高,不需基准物,一般测定的相对误差不大于 0.1%;缺点是操作繁琐、费时,不适合低含量测定。但在科研及制订计量标准时,将其视为标准方法与基础分析方法之一。至今还有一些组分的测定是以重量分析法为标准方法,如对高含量的硅、磷、钨、稀土元素等试样的精确分析。

1.3.1　重量分析法基本原理

重量分析法是通过物理或化学反应将试样中待测组分与其他组分分离,称量待测组分或它的难溶化合物的质量,计算出待测组分在试样中的含量。重量分析法有多种类型,通常较多以沉淀反应为基础,即沉淀重量法。在沉淀重量法中选择合理的沉淀条件是至关重要的,其中的重要因素是沉淀的结构,它直接影响沉淀的溶解度、晶形。外部影响因素是进行沉淀的条件及方法。

1. 对沉淀形式和称量形式的要求

(1) 沉淀要完全,沉淀的溶解度要小,要求沉淀的溶解损失不应超过天平的称量误差,一般要求溶解损失应小于 0.1 mg。

(2) 沉淀要纯净,尽量避免混进杂质。

(3) 沉淀要易于过滤和洗涤。

（4）沉淀易转化为称量形式。

（5）组成必须与化学式完全符合。

（6）称量形式要稳定，不易吸收空气中的水分和二氧化碳，在干燥、灼烧时不易分解等。

（7）称量形式的相对分子质量尽可能大，减少称量误差。

2. 影响沉淀完全的因素

沉淀完全程度主要取决于沉淀的溶解度，影响沉淀溶解度的因素除了物质自身性质及温度外，还有同离子效应、盐效应、酸效应、配位效应等（表1-4）。

表1-4　影响沉淀溶解度的因素

影响因素	沉淀溶解度	举例说明
同离子效应	减小	沉淀 Ba^{2+} 时沉淀剂 H_2SO_4 的过量加入 　　在重量分析法中，考虑到同离子效应与盐效应同时作用，沉淀剂应当适当过量，一般情况下，挥发性沉淀剂可过量 $50\%\sim100\%$，非挥发性的则过量 $20\%\sim50\%$
盐效应	增大	在 KNO_3 强电解质存在的情况下，AgCl、$BaSO_4$ 的溶解度比在纯水中大，而且溶解度随强电解质的浓度增大而增大，当溶液中 KNO_3 的浓度由 0 增加到 $0.01\ mol\cdot L^{-1}$ 时，AgCl 的溶解度由 $1.28\times10^{-5}\ mol\cdot L^{-1}$ 增大到 $1.43\times10^{-5}\ mol\cdot L^{-1}$
酸效应	随酸度增加而增加	CaC_2O_4 沉淀在溶液中存在下列平衡： $CaC_2O_4 \rightleftharpoons Ca^{2+}+C_2O_4^{2-}$ $C_2O_4^{2-}+H^+ \rightleftharpoons HC_2O_4^-$ $HC_2O_4^-+H^+ \rightleftharpoons H_2C_2O_4$
配位效应	增大	在 AgCl 沉淀中加入氨水，由于配位反应，形成 $Ag(NH_3)_2^+$，促使 AgCl 溶解
温度	溶解一般是吸热过程，绝大多数沉淀的溶解度随温度升高而增大	
溶剂	大部分无机物沉淀是离子型晶体，在有机溶剂中的溶解度比在纯水中小	在 $CaSO_4$ 溶液中加入适量乙醇，则 $CaSO_4$ 的溶解度就大大降低

3. 影响沉淀纯度的因素

在进行沉淀时,影响沉淀纯度的因素主要是共沉淀和后沉淀。

产生共沉淀的原因有三种。一是表面吸附。沉淀的总表面积越大,吸附杂质就越多,溶液中杂质离子的浓度越高,价态越高,越容易被吸附。由于吸附作用是一个放热过程,因此提高溶液的温度,可减少杂质的吸附。二是混晶。如果试液中的杂质与沉淀具有相同的晶格,或杂质离子与构晶离子具有相同的电荷和相近的离子半径,杂质进入晶格排列中形成混晶,从而污染了沉淀。三是吸留和包藏。吸留是被吸附的杂质机械地嵌入沉淀中。包藏是指母液机械地包藏在沉淀中。

后沉淀是在沉淀之后慢慢形成的沉淀。例如,CaC_2O_4 沉淀时,若溶液中存在 Mg^{2+},其会在 CaC_2O_4 的表面形成 MgC_2O_4 的后沉淀。

4. 沉淀的晶形和沉淀的条件

根据沉淀的物理性质,将沉淀分为晶形沉淀和非晶形沉淀。晶形沉淀的结构紧密,颗粒较大,吸附包藏的杂质少,沉淀较纯净;非晶形沉淀颗粒较小,结构疏松,吸附包藏的杂质多,体积庞大,不易洗净。因此,在实际操作中尽可能选用晶形沉淀以提高沉淀纯度。

影响沉淀晶形的主要因素有两个:聚集速率 v_1,构晶离子聚集起来生成微小的晶核的速率;定向速率 v_2,构晶离子在晶核上有规律地排列成晶格的速率。如果 $v_1 > v_2$,沉淀形成时,由于聚集速率大,构晶离子很快形成很多晶核,定向速率较小,形成非晶形沉淀。反之,$v_1 < v_2$,聚集速率小,构晶离子形成晶核少,而定向速率大,在晶核周围较快地定向排列成有序的晶格,得到晶形沉淀。可见改变形成晶体速率,可以变更晶形。在实际操作中改变沉淀条件,可以改变晶形,提高沉淀纯度。

为了获得纯净且易于分离和洗涤的沉淀,必须了解沉淀形成的过程和选择适当的沉淀条件(表 1-5)。

表 1-5 沉淀条件的选择

沉淀类型	条件
晶形沉淀	(1)在适当稀的溶液中进行沉淀,以降低相对过饱和度 (2)在不断搅拌下慢慢地滴加稀的沉淀剂,以免局部相对过饱和度太大 (3)在热溶液中进行沉淀,使溶解度略有增加,相对过饱和度降低 (4)陈化,即在沉淀定量完全后,使沉淀和母液一起放置一段时间

沉淀类型	条件
非晶形沉淀 （无定形沉淀）	（1）沉淀作用应在比较浓的溶液中进行，加入沉淀剂的速度也可以适当加快 （2）沉淀作用应在热溶液中进行，可以防止生成胶体，并减少杂质的吸附作用，还可使生成的沉淀紧密些 （3）溶液中加入适当的电解质，以防止胶体溶液的生成 （4）不必陈化，以免沉淀一经放置即失去水分而聚集得十分紧密，不易洗涤除去所吸附的杂质 （5）必要时进行再沉淀
均相沉淀法	沉淀剂通过缓慢的化学过程逐渐产生，然后均匀地生成沉淀，有利于晶形沉淀生长

1.3.2　重量分析法操作步骤

1. 沉淀的形成

准确称取一定量的试样，处理成为溶液后作适当的稀释或加热。

沉淀剂的用量可按照被测组分的含量和性质，计算出理论值，然后根据过量$10\% \sim 50\%$计算出实际用量。用量筒量取沉淀剂，倒入一小烧杯中，必要时稀释或加热，但被测溶液或沉淀剂都不可以煮沸，否则会因溅溢而造成损失。

沉淀时，左手拿滴管慢慢地滴加沉淀剂，滴管口要接近液面以免溶液溅出。右手拿搅拌棒，边滴边充分搅拌，勿使玻璃棒碰击杯壁或杯底，以免划伤烧杯而使沉淀黏附在烧杯上。沉淀剂应连续一次加完。

沉淀剂滴加完成后，必须检查沉淀是否完全。为此，将溶液放置片刻，使沉淀下沉，待溶液完全清晰透明时，用滴管滴加一滴沉淀剂，观察落滴处是否出现浑浊。如出现浑浊，再补加沉淀剂，直到再加一滴不出现浑浊为止，然后盖上表面皿。玻璃棒一直放在烧杯内，直至沉淀、过滤、洗涤结束后才能取出。

如果是胶状沉淀，最好用浓的沉淀剂，快速加入到热的溶液中，同时搅拌，这样容易得到晶形沉淀。

沉淀操作结束后，对晶形沉淀，可放置过夜，或将沉淀连同溶液加热一定时间进行陈化，再过滤。对非晶形沉淀，只需静置数分钟，沉淀下沉后即可过滤，不必放置陈化。

2. 沉淀的过滤、洗涤、干燥或灼烧

1）沉淀的过滤

沉淀常用滤纸和玻璃砂芯过滤器过滤。对于需要过滤的沉淀，应根据沉淀的

形状选用紧密程度不同的滤纸。一般非晶形沉淀,应用疏松的快速滤纸过滤;粗粒的晶形沉淀,可用较紧密的中速滤纸;较细粒的沉淀,应选用最紧密的慢速滤纸,以防沉淀穿过滤纸。将准备好的漏斗放在漏斗架上,漏斗下面放一洁净的承接滤液的烧杯,漏斗颈口长的一边紧靠杯壁,使滤液沿杯壁流下,防止溅出。过滤一般采用倾斜法。

2) 沉淀的洗涤

洗涤沉淀时应注意,既要将沉淀洗净,又不能用太多的洗涤液,否则将增大沉淀的溶解损失,为此需采用"少量多次"的方式以提高洗涤效果,即总体积相同的洗涤液应尽可能分多次洗涤,每次用量要少,而且每次加入洗涤液前应使前次的洗涤液尽量流尽。

3) 沉淀的干燥与灼烧

干燥与灼烧是在坩埚中进行的。灼烧沉淀所用的坩埚为瓷坩埚,先将坩埚洗净,然后在高温下灼烧至恒量,灼烧坩埚的温度应与灼烧沉淀时的温度相同。坩埚可以放在 $800 \sim 1000 \ ^\circ\!C$ 的马弗炉中灼烧,也可以用喷灯、煤气灯灼烧。第一次灼烧约 $30 \ \text{min}$,取出稍冷却后,转入干燥器中冷却至室温,称量。第二次灼烧 $15 \sim 20 \ \text{min}$,再冷却称量,两次称量之差小于 $0.2 \ \text{mg}$,即已恒量。恒量的坩埚放在干燥器中备用。

沉淀干燥时所用的砂芯过滤器都需要烘到恒量,沉淀也应烘到恒量。

灼烧温度一般在 $800 \ ^\circ\!C$ 以上,常用瓷坩埚盛放沉淀。若需要氢氟酸处理沉淀,则应用铂坩埚。灼烧用的瓷坩埚和盖应预先在灼烧沉淀的高温下灼烧,冷却,称量至恒量。然后用滤纸包好沉淀,放入已灼烧至恒量的坩埚中,再加热干燥,灼烧至恒量。

沉淀经干燥或灼烧至恒量后,即可由其质量计算测定结果。

【思考题】

1-5　沉淀形式和称量形式有何区别? 试举例说明。

1-6　为了使沉淀定量完全,必须加入过量沉淀剂,为什么又不能过量太多?

1-7　共沉淀和后沉淀有何区别? 它们是怎样发生的? 对重量分析有何不良影响? 在分析化学中什么情况下需要利用共沉淀?

1-8　什么是均相沉淀法? 与一般沉淀法比较,它有何优点?

1-9　沉淀是怎样形成的? 形成沉淀的形状主要与哪些因素有关? 其中哪些因素主要由沉淀本质决定? 哪些因素与沉淀条件有关?

1-10　要获得纯净而易于分离和洗涤的晶形沉淀,需采取什么措施? 为什么?

(陈中兰)

实验1　混合指示剂法测定混合碱中 Na_2CO_3 和 $NaHCO_3$ 含量

一、实验目的

（1）掌握用混合指示剂法和双指示剂法测定混合碱中 Na_2CO_3 和 $NaHCO_3$ 含量的方法。

（2）掌握酸碱滴定法中强碱弱酸盐滴定过程中 pH 的变化规律。

二、预习要求

测定 Na_2CO_3 和 $NaHCO_3$ 含量时，混合指示剂有何优点？其作用原理是什么？

三、实验原理

混合碱中 Na_2CO_3 和 $NaHCO_3$ 的测定一般可以用双指示剂法，即实验中先加酚酞指示剂，以 HCl 标准溶液滴定至无色，此为第一化学计量点。

$$Na_2CO_3 + HCl == NaHCO_3 + NaCl$$

第一化学计量点生成的物质是 $NaHCO_3$ 溶液，pH=8.31，由于 $NaHCO_3$ 的缓冲作用，用酚酞指示溶液由红色变为无色，比较难以观察。为了提高分析结果准确度，可采用甲酚红和百里酚蓝混合指示剂代替酚酞，其酸色为黄色，碱色为紫色，变色点为粉红色，终点由紫色变为粉红色。

然后再加甲基橙，继续滴定至溶液由黄色变为橙色，此时为第二化学计量点，试样中原有的 $NaHCO_3$ 和由 Na_2CO_3 产生的 $NaHCO_3$ 完全中和。

假定用酚酞作指示剂时，用去的酸体积为 V_1，在用甲基橙作指示剂时，又用去的酸体积为 V_2，则 Na_2CO_3、$NaHCO_3$ 含量可计算如下

$$W_{Na_2CO_3} = \frac{c_{HCl} \cdot V_1 \cdot M_{rNa_2CO_3} \times 10^{-3}}{m_s} \times 100\%$$

$$W_{NaHCO_3} = \frac{c_{HCl} \cdot (V_2 - V_1) \cdot M_{rNaHCO_3} \times 10^{-3}}{m_s} \times 100\%$$

式中，m_s 为混合碱的质量（g）。

四、实验器材与试剂

器材：酸式滴定管，容量瓶，锥形瓶，移液管。

试剂：HCl 标准溶液（$0.1\ mol \cdot L^{-1}$），甲基橙水溶液（0.1%），混合指示剂（0.1 g 甲酚红溶于 100 mL 50% 的乙醇中，0.1 g 百里酚蓝指示剂溶于 100 mL

20%的乙醇中,0.1%甲酚红和0.1%百里酚蓝按1：6的比例混合)。

五、实验内容

准确称取2.0～2.5 g混合碱试样于250 mL烧杯中,加适量水溶解,定量转入容量瓶中,用水稀释至刻度,充分摇匀。平行移取3份各25.00 mL于250 mL锥形瓶中,加入混合指示剂3～4滴,用盐酸标准溶液滴定至溶液由紫色变为粉红色,消耗HCl体积记为V_1,再加入1～2滴甲基橙,继续用HCl滴至溶液由黄色变为橙色,消耗盐酸体积记为V_2。按原理部分所述公式计算混合碱中各组分的含量。

六、思考题

(1)若要测定混合碱的总碱度,应选择何种指示剂?

(2)若采用双指示剂法在同一份溶液中测定混合碱,试判断下列5种滴定情况下混合碱中存在的成分。

(A)$V_1=V_2$　(B)$V_1=0$　(C)$V_2=0$　(D)$V_1>V_2$　(E)$V_1<V_2$

(3)混合指示剂变色原理是什么? 混合指示剂有何优点?

(4)如何测定NaH_2PO_4-Na_2HPO_4混合液中的NaH_2PO_4?

(陈中兰)

实验2　食用调味剂柠檬酸中柠檬酸含量的测定

一、实验目的

(1)掌握用直接滴定法测定有机酸含量的原理和方法。

(2)熟练掌握和巩固滴定操作技术和容量瓶、移液管的使用方法。

二、预习要求

直接滴定法测定多元有机酸含量的实验中如何选择指示剂? 如何计算多元有机酸含量?

三、实验原理

柠檬酸是一种有机多元弱酸,其$K_{a3} \geqslant 10^{-7}$,即三元有机酸中的氢均能被准确滴定,但不能进行分步滴定,因此只能一次滴定各级解离产生的所有H^+。

$$H_3A(柠檬酸) + 3NaOH \xrightarrow{\hspace{1cm}} Na_3A + 3H_2O$$

滴定产物是强碱弱酸盐,滴定突跃在弱碱性范围,可选用酚酞等在碱性范围变色的指示剂。

四、实验器材与试剂

器材：碱式滴定管，容量瓶，锥形瓶，移液管。

试剂：NaOH 标准溶液（0.1 mol·L^{-1}），酚酞（0.1%乙醇溶液），柠檬酸试样。

五、实验内容

准确称取一份约 0.6 g 柠檬酸试样于小烧杯中，加水溶解，定量转入 100 mL 容量瓶中，用水稀释至刻度，摇匀。然后移取 25.00 mL 试液于锥形瓶中，加酚酞试剂 1～2 滴，用 NaOH 标准溶液滴定至溶液呈微红色，0.5 min 不褪色，即为终点。计算柠檬酸的质量分数。平行测定三四次，要求相对平均偏差在±0.2%以内。

六、思考题

（1）柠檬酸、酒石酸等多元有机弱酸能否用 NaOH 溶液分步滴定？

（2）若是乙二酸酸度的测定，按本实验步骤进行，应称取多少试样？

（3）本方法能否用来测定有机酸的相对分子质量？为什么？

（陈中兰）

实验 3　工业甲醛含量的测定

一、实验目的

（1）进一步加深对酸碱滴定原理的认识和巩固滴定操作。

（2）掌握利用酸碱滴定法测定甲醛的原理和方法。

二、预习要求

如果 NaOH 溶液吸收了空气中的 CO_2，对测定有何影响？

三、实验原理

工业中甲醛具有广泛用途，对其含量的测定具有重要的意义。由于甲醛具有较强的还原性，因此工业甲醛中常含有游离酸（如甲酸），测定前应用 NaOH 滴定除去。除去游离酸后的甲醛在水溶液中与 Na_2SO_3 反应生成羟基磺酸钠和氢氧化钠，反应生成的碱可用标准酸溶液滴定，以百里酚酞为指示剂，蓝色褪去为终点。

$$HCHO + Na_2SO_3 + H_2O \Longrightarrow HOCH_2SO_3Na + NaOH$$

四、实验器材与试剂

器材:酸式滴定管,容量瓶,移液管,锥形瓶。

试剂:NaOH 溶液(0.1 mol·L^{-1}),HCl 标准溶液(0.1 mol·L^{-1}),百里酚酞(0.1%乙醇溶液),Na_2SO_3 溶液(1 mol·L^{-1},预先以百里酚酞为指示剂,0.1 mol·L^{-1} HCl中和)。

五、实验内容

(1)除游离酸:用移液管移取甲醛试液 1.00 mL 于 100 mL 容量瓶中,用去离子水稀释至刻度,摇匀。移取此溶液 25.00 mL 于 250 mL 锥形瓶中,加 2 滴百里酚酞指示剂,用 0.1 mol·L^{-1} NaOH 溶液滴定至蓝色,然后用 0.1 mol·L^{-1} HCl 溶液滴至恰好无色。

(2)于上述锥形瓶中加入 1 mol·L^{-1} Na_2SO_3 中性溶液 30 mL,摇匀,溶液为蓝色,用 0.1 mol·L^{-1} HCl 标准溶液滴定至蓝色刚好褪去为终点。记录消耗 HCl 标准溶液体积。平行测定三四次,计算甲醛质量体积百分含量(g·100 mL^{-1})。

六、思考题

(1)Na_2SO_3 溶液为何要临时配制和预先中和?

(2)除去甲醛中游离酸时,以百里酚酞为指示剂,用 1 mol·L^{-1} NaOH 滴至蓝色后,为什么还要用 HCl 滴至恰好为无色?

(3)工业甲醛除用本法测定外,还可用其他什么方法测定?原理是什么?

(陈中兰)

实验 4　铵盐中含氮量的测定

一、实验目的

(1)了解酸碱滴定法的应用,即弱酸或弱碱的间接测定方法,掌握甲醛法测定铵盐中含氮量的原理和方法。

(2)熟练掌握容量瓶、移液管的使用。

二、预习要求

实验前预习相关内容,并回答如下问题:

(1)为什么不能用碱标准溶液直接滴定铵盐中氮含量?

（2）为什么不能用甲醛法测定 NH_4HCO_3 的氮含量？

（3）本法中加入甲醛的作用是什么？

三、实验原理

铵盐是常用的氮肥之一，其含量可通过 NH_4^+ 进行测定。由于 NH_4^+ 的酸性很弱（$K_a=5.7\times10^{-10}$），故不能用碱标准溶液直接滴定，可采用甲醛法和凯式定氮法测定。甲醛与铵盐的反应早在 1888 年就提出了，直到 1907 年才用于定量测定氨基酸中的氨基。本实验中甲醛法是基于如下反应

$$4NH_4^+ + 6HCHO == (CH_2)_6N_4H^+ + 3H^+ + 6H_2O$$

生成的 H^+ 和质子化六次甲基四胺可用 NaOH 标准溶液滴定，计量点时产物为六次甲基四胺（$K_a=7.1\times10^{-6}$），其水溶液呈微碱性，可选用酚酞或百里酚蓝作指示剂。也可加入过量 NaOH 标准溶液，然后用标准 HCl 溶液返滴定剩余的 NaOH。

四、实验器材与试剂

器材：碱式滴定管，容量瓶，移液管，锥形瓶。

试剂：NaOH 标准溶液（$0.1\ mol\cdot L^{-1}$，其配制及标定见实验 1），18% 中性甲醛溶液，酚酞乙醇溶液（$2\ g\cdot L^{-1}$），甲基红指示剂（$2\ g\cdot L^{-1}$），邻苯二甲酸氢钾基准试剂。

五、实验内容

准确称取 $(NH_4)_2SO_4$ 试样 $1.5\sim2.0\ g$ 于小烧杯中，加入约 50 mL 蒸馏水溶解，然后把溶液定量转移至 250 mL 容量瓶中，用蒸馏水定容，摇匀。用移液管移取 25.00 mL 试液于锥形瓶中，加入 18% 中性甲醛溶液 10 mL，摇匀，放置 2 min后，加 2 滴酚酞指示剂，用 NaOH 标准溶液滴定至溶液呈微橙红色，并保持 30 s 不褪色即为终点。平行测定 3 次。计算试样中氮含量（以氮的质量分数来表示），要求相对平均偏差小于 0.3%。

铵盐试样处理：如果铵盐中含有游离酸，在滴定前需中和除去，用移液管吸取 25.00 mL 试液于 250 mL 锥形瓶中，加 1 滴甲基红指示剂（如呈红色，表示有游离酸），用 NaOH 标准溶液滴定至橙黄色，所用 NaOH 体积不计，然后再测定试样中氮含量。

甲醛溶液处理：甲醛中常含有微量甲酸，应预先以酚酞为指示剂，用 NaOH 标准溶液中和至溶液呈淡红色以除去甲酸。

六、思考题

（1）中和铵盐中的游离酸时，能否使用酚酞指示剂？为什么？

（2）试样中若含有 Fe^{3+}，对测定有什么影响？

（3）若铵盐中含有 NO_3^-，用此法测得的含氮量是否包括 NO_3^- 中的 N？

（陈中兰）

实验 5　水的总硬度测定

一、实验目的

（1）了解测定水的硬度的意义和常用的硬度表示方法。

（2）掌握配位滴定法测定水的硬度的原理和方法。

二、预习要求

实验前预习相关知识，并回答以下问题：

测定水的总硬度时，加入 NH_3-NH_4Cl 缓冲溶液的目的是什么？

三、实验原理

水的总硬度是指水中钙、镁离子的总浓度，包括暂时硬度（指水中以酸式碳酸盐形式存在的 Ca^{2+}、Mg^{2+}，加热时能转化为碳酸盐沉淀）和永久硬度（加热后不能沉淀的钙、镁离子）。

硬度又分由 Ca^{2+} 引起的钙硬和由 Mg^{2+} 引起的镁硬，因此，水硬度的测定分为水的总硬度测定即测定 Ca、Mg 总量和钙硬、镁硬的测定。

水的硬度是表示水质的重要指标，可为确定用水质量和进行水处理提供依据。

水的硬度表示方法有多种，依各国习惯不同而异。目前我国常使用的表示方法为，将水中 Ca^{2+}、Mg^{2+} 总量换算为 CaO 的质量浓度来表示，单位为 $mg \cdot L^{-1}$ 和（°）。水的总硬度 1° 表示 1 L 水中含 10 mg CaO。

计算水的总硬度公式为

$$\frac{c_{EDTA} \cdot V_{EDTA} \cdot M_{CaO}}{V_{H_2O}} \times 1000 \quad (mg \cdot L^{-1})$$

$$\frac{c_{EDTA} \cdot V_{EDTA} \cdot M_{CaO}}{V_{H_2O}} \times 100 \quad (°)$$

式中，V_{H_2O} 为水样体积（mL）。

本实验用 EDTA 配位滴定法测量水的总硬度。在 pH＝10 的缓冲溶液中，以铬黑 T 作指示剂，用 EDTA 标准溶液直接滴定 Ca^{2+}、Mg^{2+} 总量。但实践证明，铬黑 T 与 Mg^{2+} 显色灵敏度高，与 Ca^{2+} 显色灵敏度低，当水样中 Ca^{2+} 含量较高而镁含量很低时,往往得不到敏锐的终点,这时可在水样中加入少许 Mg-EDTA,利用置换滴定法原理来提高终点变色的敏锐性,也可改用 K-B 指示剂来改善终点变化。三乙醇胺掩蔽 Fe^{3+}、Al^{3+}、Cu^{2+}、Pb^{2+}、Zn^{2+} 等干扰离子。

四、实验器材与试剂

器材:酸式滴定管,锥形瓶,容量瓶,移液管。

试剂:基准 $CaCO_3$,K-B 指示剂(酸性铬蓝 K+萘酚绿 B),EDTA 二钠盐(分析纯);NH_3-NH_4Cl 缓冲溶液(pH=10,将 3.5 g NH_4Cl 溶于 30 mL 水中,加入 60 mL 浓氨水,稀释至 0.1 L,摇匀),铬黑 T 指示剂(铬黑 T 与固体 NaCl 按 1:100 比例研细混匀),三乙醇胺水溶液(1:2),Mg-EDTA 溶液,NaOH 溶液,HCl 溶液(1:1)。

五、实验内容

1. EDTA 标准溶液的配制和标定

称取配制 500 mL 0.01 mol·L^{-1}EDTA 所需的 EDTA 二钠盐于 200 mL 烧杯中,加水溶解冷却备用。

准确称取 0.35~0.40 g 基准 $CaCO_3$ 于小烧杯中,以少量水润湿,并盖上表面皿,从烧杯嘴处滴入 10 mL HCl 溶液,使 $CaCO_3$ 全部溶解。加水约 50 mL,微沸几分钟以除去 CO_2,冷却后,用蒸馏水冲洗表面皿并定量转移 $CaCO_3$ 溶液于 250 mL 容量瓶中,摇匀,定容。

准确移取 25.00 mL Ca^{2+} 溶液于 250 mL 的锥形瓶中,加入 NH_3-NH_4Cl 缓冲液 20 mL 和 1~2 滴 K-B 指示剂,用 EDTA 标准溶液滴定至溶液由紫红色变为蓝绿色即为终点。计算 EDTA 溶液浓度。

2. 水总硬度的测定

移取澄清水样 100 mL 于锥形瓶中,加入 5 mL NH_3-NH_4Cl 缓冲溶液,以少量铬黑 T 作指示剂,立即用 0.01 mol·L^{-1} EDTA 标准溶液滴定至溶液由紫红色变为纯蓝色即为终点。平行测定 3 次。根据 EDTA 标准溶液的浓度及用量来计算水的总硬度。

注意事项:

(1) 若水中 $Ca(HCO_3)_2$ 含量高,有可能析出 $CaCO_3$ 沉淀使终点拖后,变色不敏锐,需经酸化并煮沸后再测定。

(2) 应根据水样是否含有 Fe^{3+} 和 Al^{3+} 来确定是否需要加入三乙醇胺。三乙醇胺掩蔽 Fe^{3+}、Al^{3+} 应在 pH<4 条件下加入,然后再加氨缓冲溶液调节酸度。

（3）对于硬度较大的水样,可取样 50 mL。

六、扩展实验

1. 口服钙剂钙含量的测定

1）原理

钙与人体健康具有密切的关系,因此口服钙剂中钙含量成为人们关注的问题,本方法适用于市售以 $CaCO_3$ 为主要成分和以葡萄糖酸钙为主要成分的口服钙剂中钙含量测定。口服钙剂用酸溶解后调节 pH 至 12～13,为减少 Mg^{2+} 干扰,采用钙指示剂,以 EDTA 标准溶液作滴定剂滴定溶液中 Ca^{2+},因指示剂与钙离子生成紫红色配合物,当 EDTA 稍过量,将游离出指示剂,溶液呈现蓝绿色而指示终点到达。

Ca-In＋EDTA ——→ Ca-EDTA＋In   In:指示剂;$K_{Ca\text{-}EDTA} > K_{Ca\text{-}In}$
紫红色   蓝色

2）实验步骤

准确称取 0.2～0.3 g 研细的口服钙片于小烧杯中,加入 10 mL 6 mol·L^{-1} HCl,加热使之完全溶解,再加入 50 mL 蒸馏水继续蒸发除去过量的酸至 pH 为 7 左右,定量转移钙溶液至 250 mL 容量瓶中,摇匀,定容。准确移取上述 Ca^{2+} 溶液 25.00 mL 于 250 mL 锥形瓶中,加入 2 mol·L^{-1} NaOH 溶液 5 mL,蒸馏水 25 mL,摇匀,加入钙指示剂 2～3 滴,用 EDTA 标准溶液滴定至溶液由紫红色变为蓝色即为终点,平行测定 3 次,计算钙剂中 $CaCO_3$ 或葡萄糖酸钙的质量分数。

2. "胃舒平"药片中 Al_2O_3 含量的测定

1）原理

"胃舒平"药片的主要成分为 Al_2O_3、$Mg_2Si_3O_8$·$5H_2O$ 以及糊精等辅料,药片溶解后,分离不溶物质,制成试液,其中 Al 含量可用配位滴定法测定。于部分试液中准确加入已知过量 EDTA 标准溶液,调节 pH 为 3～4,煮沸使 EDTA 与 Al^{3+} 反应完全,再调节 pH 至 5～6,以二甲酚橙为指示剂,用 Zn 标准溶液返滴定过量的 EDTA 可测出药片中 Al_2O_3 含量。

2）步骤

准确称取已研细的药粉 0.3～0.4 g,加入 1：1 HCl 6 mL,并加水煮沸,冷却后过滤,收集滤液及洗液于 100 mL 容量瓶中,摇匀,定容。准确移取 10.00 mL 上述试液于 250 mL 锥形瓶中,加水 25 mL,并准确加入 25.00 mL EDTA,摇匀,加入 2 滴二甲酚橙,加氨水至溶液呈紫红色,再滴加 2 滴 HCl(1：3),此时溶液为黄色。将溶液煮沸 3 min 左右,冷却,再加入六次甲基四胺溶液 15 mL,溶液应为黄色，pH 为 5～6，再滴入二甲酚橙 2 滴，用锌标准溶液滴定至溶液由黄色突变为紫红色，即为终点。平行测定 3 次，计算"胃舒平"药片中 Al_2O_3 的含量。

七、思考题

什么是水的总硬度？怎样计算水的总硬度？如何得到镁硬？

（陈中兰）

实验 6　蛋壳中碳酸钙含量的测定

一、实验目的

（1）掌握酸碱返滴定法测定碳酸钙的原理。
（2）进一步巩固滴定操作技术。

二、预习要求

关于蛋壳中碳酸钙含量的测定，除用本法外还有什么方法？请举例。

三、实验原理

碳酸钙是蛋壳成分之一，此外还有碳酸镁、蛋白质、色素及少量的铁、铝等。首先用一定量的盐酸标准溶液将其溶解，其反应方程式为

$$CaCO_3 + 2HCl =\!\!=\!\!= CaCl_2 + H_2O + CO_2 \uparrow$$

然后用 NaOH 标准溶液返滴定过量的盐酸，以甲基橙作指示剂指示终点。根据与 $CaCO_3$ 反应的盐酸量可计算出蛋壳中 $CaCO_3$ 的含量，以 CaO 的质量分数表示。

四、实验器材与试剂

器材：万分之一电子天平，锥形瓶，烘箱，酸式滴定管，碱式滴定管。
试剂：蛋壳粉，HCl 标准溶液（0.5 mol·L^{-1}），NaOH 标准溶液（0.5 mol·L^{-1}），甲基橙指示剂。

五、实验内容

将适量蛋壳去掉蛋白膜，研碎，用蒸馏水洗涤两三遍，置于烘箱中烘干。

准确称取 0.3 g 蛋壳粉于锥形瓶中，加入 0.5 mol·L^{-1} HCl 标准溶液 30 mL，用小火加热溶解（不能沸腾），冷却至室温后加入甲基橙指示剂 1～2 滴，用 NaOH 标准溶液滴定至溶液为橙黄色为终点，读取滴定所消耗的 NaOH 的体积，

平行测定 3 次,计算 CaO 的质量分数。

六、思考题

(1) 蛋壳粉的称量范围是如何估算的?

(2) 溶样过程中应注意什么?

(3) 为何用 CaO 表示结果?

(陈中兰)

实验 7　铅、铋混合液中铅、铋含量的测定

一、实验目的

(1) 掌握用控制溶液酸度的方法实现多种金属离子连续滴定的配位滴定方法和原理。

(2) 熟悉配位滴定指示剂二甲酚橙的应用。

二、预习要求

本实验中能否在 pH 为 5～6 的溶液中测定 Pb^{2+}、Bi^{3+} 的含量,然后再调整溶液 pH＝1,测定 Bi^{3+} 的含量? 为什么?

三、实验原理

混合离子的测定可根据其稳定常数的差异,采用不同的方法分别进行,如控制酸度分别滴定或采用掩蔽法等。Pb^{2+}、Bi^{3+} 均与 EDTA 生成 1∶1 稳定配合物,$lgK_稳$ 值分别为 18.04 和 27.94,$\Delta lgK_稳$＝9.90＞6,因此,可通过控制酸度来实现对 Pb^{2+}、Bi^{3+} 的分别滴定,例如,pH≈1 时滴定 Bi^{3+},pH＝5～6 时滴定 Pb^{2+}。指示剂二甲酚橙是一种三苯甲烷类显色剂,易溶于水,在溶液 pH＜6.3 时呈黄色,pH＞6.3 时呈红色,二甲酚橙与 Pb^{2+}、Bi^{3+} 形成的配合物呈紫红色,它们的稳定性与 Pb^{2+}、Bi^{3+} 和 EDTA 所形成的配合物的稳定性相比要低一些,二甲酚橙适用于 pH＜6.3 的酸性溶液。

在 Pb^{2+}、Bi^{3+} 混合液中,首先调节 pH≈1,以二甲酚橙作指示剂,用 EDTA 标准溶液滴定 Bi^{3+},终点颜色是溶液由紫红色变为亮黄色,即为 Bi^{3+} 的终点。在滴定 Bi^{3+} 后的溶液中,加入六次甲基四胺溶液,调节溶液 pH＝5～6,此时 Pb^{2+} 与二甲酚橙形成紫红色配合物,溶液呈紫红色,然后用 EDTA 标准溶液继续滴定,第二个终点即 Pb^{2+} 的终点,颜色由紫红色变为亮黄色。

四、实验器材与试剂

器材：锥形瓶，移液管，酸式滴定管。

试剂：Pb^{2+}、Bi^{3+} 混合液（含 Pb^{2+}、Bi^{3+} 各约为 $0.01\ mol \cdot L^{-1}$），EDTA 标准溶液（$0.02\ mol \cdot L^{-1}$），二甲酚橙指示剂（0.2% 水溶液），六次甲基四胺溶液（20%），HNO_3（$0.01\ mol \cdot L^{-1}$），HCl（1:1），氨水（1:1）。

五、实验内容

1）Bi^{3+} 的测定

用移液管移取 25.00 mL 混合液于 250 mL 锥形瓶中，加 1～2 滴二甲酚橙指示剂，用 EDTA 标准溶液滴定至溶液由紫红色变为亮黄色，即为 Bi^{3+} 的终点，记录消耗 EDTA 的体积。

2）Pb^{2+} 的测定

在滴定 Bi^{3+} 后的溶液中，加 4～6 滴二甲酚橙指示剂，并逐滴加入氨水（1:1）至溶液由黄色变为橙色，然后再加 20% 六次甲基四胺至溶液呈稳定的紫红色，再过量 5 mL，此时溶液 pH 为 5～6，用 EDTA 标准溶液滴定至溶液由紫红色变为亮黄色，即为滴定 Pb^{2+} 的终点。记录消耗 EDTA 的体积。

平行测定 3 次，计算混合液中 Pb^{2+}、Bi^{3+} 的物质的量浓度。

六、思考题

（1）本实验为何不用氨、HAc 缓冲溶液或碱来调节 pH 为 5～6，而用六次甲基四胺来调节溶液 pH？

（2）试分析实验中金属指示剂的变色过程和原因。

（3）用哪种基准物质来标定 Pb^{2+}、Bi^{3+} 的 EDTA 标准溶液？

（陈中兰）

实验 8　配位滴定法测定铝盐或铝合金中的铝

一、实验目的

（1）了解配位滴定法测定铝的原理。

（2）掌握返滴定法测定简单试样中的铝或置换滴定法测定复杂试样中的铝的方法。

（3）学习铝盐或铝合金试样的溶解方法。

二、预习要求

(1) 预习返滴定法或置换滴定法的基本原理及操作步骤。

(2) 预习配位滴定法中影响配位稳定性的因素。

(3) 思考返滴定法或置换滴定法各适用哪些含铝试样的测定。

三、实验原理

由于 Al^{3+} 水解倾向较强,易形成一系列多核羟基配合物,这些多核羟基配合物与 EDTA 配位缓慢,因此通常采用返滴定法测定铝。为此,可先加入一定量过量的 EDTA 标准溶液,在 $pH \approx 3.5$ 时煮沸数分钟,使 Al^{3+} 与 EDTA 配位完全,继续在 pH 为 5~6 时,以二甲酚橙为指示剂,用 Zn^{2+} 盐溶液返滴定过量的 EDTA 而得铝的含量。此法可用于简单试样,如明矾 $KAl(SO_4)_2 \cdot 12H_2O$、氢氧化铝、复方氢氧化铝片和氢氧化铝凝胶等药物中铝含量的测定。铝盐药物试样一般用 HCl 溶解。

返滴定法测定铝缺乏选择性,除了碱土金属以外,所有能与 EDTA 生成稳定配合物的元素都有干扰。对于像合金、硅酸盐、水泥和炉渣等复杂试样中铝的测定,一般采用置换滴定法以提高选择性,即在用 Zn^{2+} 返滴定过量的 EDTA 后,加入过量的 NH_4F[1],加热至沸腾,使 AlY^- 与 F^- 之间发生置换反应,并释放出与 Al^{3+} 等物质的量的 H_2Y^{2-}(EDTA)。

$$AlY^- + 6F^- + 2H^+ \rightleftharpoons AlF_6^{3-} + H_2Y^{2-}$$

释放出来的 EDTA,再用 Zn^{2+} 盐标准溶液返滴定而得铝的含量。

置换滴定法测定铝,试样中含 Ti^{4+}、Zr^{4+}、Sn^{4+} 等离子时,也发生与 Al^{3+} 相同的反应而干扰 Al^{3+} 的测定。Ti^{4+} 的干扰可利用苦杏仁酸掩蔽加以消除。少量 Mn^{2+} 不影响 Al^{3+} 的测定。但 Mn^{2+} 量较多时,在终点,过量的 Zn^{2+} 会置换 Mn-EDTA 中的 Mn^{2+},使终点不稳定而影响 Al^{3+} 的测定。大量 Ca^{2+} 在 pH 为 5~6 时,会有部分与 EDTA 配位,使测定 Al^{3+} 的结果不稳定。

DCTA(环己烷二胺四乙酸)在室温下能与 Al^{3+} 迅速定量配位,用 DCTA 测定 Al^{3+} 可使操作简化,不过 DCTA 价钱较贵。

铝合金所含杂质元素主要有 Si、Mg、Cu、Mn、Fe、Zn,个别还含有 Ti、Ni、Ca 等,通常用 HNO_3-HCl 混合酸溶液,也可在银坩埚或塑料烧杯中以 $NaOH$-H_2O_2 分解后再用 HNO_3 酸化。

四、实验器材与试剂

器材:酸式滴定管,容量瓶,锥形瓶,移液管。

试剂:HCl 溶液(3 mol·L^{-1}),HNO_3-HCl-H_2O 混合溶液(体积比 1:1:2),

$NH_3 \cdot H_2O$ 溶液(1:4)，EDTA 溶液($0.02\ mol \cdot L^{-1}$)，锌标准溶液($0.02\ mol \cdot L^{-1}$)，pH 为 5.8 的缓冲溶液(20%六次甲基四胺溶液，在 pH 计上用盐酸调至 pH 为 5.8)，NH_4F 溶液(20%，配制后储存于塑料瓶中)，二甲酚橙水溶液(0.2%)。

五、实验内容

1. $0.02\ mol \cdot L^{-1}$ EDTA 溶液的配制和标定

参看实验 5"水的总硬度测定"。

2. 返滴定法测定铝盐(如明矾)中铝的含量

用减量法准确称取试样置于烧杯中，加 $3\ mol \cdot L^{-1}$ HCl 溶液 5 mL，加热溶解。适当稀释并冷至室温后，定量转移至 100 mL 容量瓶中，加水稀释至刻度，摇匀。

用移液管移取上述试液 25.00 mL 于锥形瓶中(平行吸取 3 份)，加入 $0.02\ mol \cdot L^{-1}$ EDTA 溶液 25.00 mL，加二甲酚橙指示剂 2 滴，用 1:4 的$NH_3 \cdot H_2O$ 溶液调至溶液由黄色刚好变为红色，然后滴加 $3\ mol \cdot L^{-1}$ HCl 溶液 3 滴，将溶液煮沸 3 min 左右。冷却至室温，加入 pH 为 5.8 的六次甲基四胺溶液 20 mL，再补加二甲酚橙 2 滴，用 $0.02\ mol \cdot L^{-1}$锌标准溶液滴定至溶液由黄色变为紫色即为终点。计算试样中 Al 的质量分数。

3. 置换滴定法测定铝合金中铝的含量

准确称取 0.10～0.11 g 铝合金试样[2]于 150 mL 烧杯中，加入 10 mL 混合酸，立即盖上表面皿，小心加热至溶解。用水冲洗表面皿和杯壁，适当稀释后定量转移至 100 mL 容量瓶中，稀释至刻度，摇匀。

用移液管吸取 10.00 mL 试液于锥形瓶中，加入 $0.02\ mol \cdot L^{-1}$EDTA 溶液 25 mL，接着按步骤 2 的操作，直至用锌标准溶液滴至红紫色终点，但不必记录锌标准溶液的体积。加入 20%的 NH_4F 溶液 10 mL，将溶液加热至微沸，流水冷却。再补加二甲酚橙指示剂 2 滴，此时溶液应呈黄色。若溶液呈红色[3]，应滴加 $3\ mol \cdot L^{-1}$ HCl 溶液使溶液呈黄色。再用锌标准溶液滴定至红紫色为终点。根据消耗的锌标准溶液的体积，计算铝合金中铝的质量分数。

【注释】

[1] 氟化铵(钾或钠)是 Al^{3+} 的强有力掩蔽剂，用 $c(Al):c(F)$ 为 1:5～1:6 的 F^- 就可以掩蔽 Al^{3+}，从 Al-EDTA 配合物中置换出 EDTA 也只需过量(相对于 1:6)30%～50%的 F^-。氟化物对 Fe^{3+} 的掩蔽作用比较复杂。氟化铵(钾或

钠)虽均含有 F^-,但作用不完全相同。氟化铵在返滴定法中不能掩蔽 Fe^{3+},也不能从 Fe-EDTA 中置换出 EDTA。在直接滴定法中,若以二甲酚橙为指示剂,尽管氟化铵能与 Fe^{3+} 生成 FeF_6^{3-},但 FeF_6^{3-} 中的 Fe^{3+} 仍能与二甲酚橙反应并封闭它;若以对 Fe^{3+} 灵敏度低的铬天青 S 作指示剂,则可用氟化铵掩蔽 Fe^{3+},以 EDTA 直接滴定铝。氟化钾与 Fe^{3+} 生成难溶的 K_3FeF_6 微晶,在以二甲酚橙为指示剂的直接滴定或返滴定中,都可用氟化钠掩蔽 Fe^{3+};在有过量 Zn^{2+} 存在下,氟化钾甚至能从 Fe-EDTA 中置换出 EDTA。氟化钠也能掩蔽 Fe^{3+},但不能从 Fe-EDTA 中置换出 EDTA,它的溶解度较小,限制了对 Fe^{3+} 的掩蔽量。鉴于上述原因,以氟化物置换法测定铝时,一般以用氟化铵为佳。

[2] 称样量的确定,除了考虑合金中铝的质量分数和每次滴定中铝的合适量之外,还要考虑称量误差。

[3] 加热往往会使六次甲基四胺部分水解,以致 pH 高于 6.3 而二甲酚橙显红色。

六、数据记录与处理

(1) EDTA 溶液的标定。
(2) 试样中的铝含量测定。

七、思考题

(1) 试分析整个测定过程中溶液颜色几次变红、变黄的原因。
(2) 返滴定法与置换滴定法中所使用的 EDTA 有什么不同?
(3) 对于复杂的铝合金试样,不用置换滴定法,而用返滴定法,所得结果是偏高还是偏低?
(4) 返滴过量 EDTA 测定 Al^{3+} 时,能否改用其他金属离子的标准溶液?这时要用什么指示剂?

(陈中兰)

实验 9　$KMnO_4$ 溶液的配制与标定及 H_2O_2 含量的测定

一、实验目的

(1) 掌握高锰酸钾标准溶液的配制和标定方法。
(2) 掌握氧化还原滴定的特点和方法。

二、预习要求

(1) 配制 $KMnO_4$ 时,过滤器上黏附的物质是什么?如何洗涤除去?

(2) 用高锰酸钾法测 H_2O_2 时,能否用 HNO_3 或 HCl 控制酸度? 为什么?

三、实验原理

$KMnO_4$ 是常用的强氧化剂之一。市售的 $KMnO_4$ 常含有杂质,蒸馏水中常含有微量还原性物质,它们可与 $KMnO_4$ 反应而析出 $MnO(OH)_2$ 沉淀,热、光、酸、碱等外界条件的改变均会促进 $KMnO_4$ 的分解,因而 $KMnO_4$ 标准溶液不能直接配制,只能将过滤后的 $KMnO_4$ 溶液储存于棕色试剂瓶中,并存放于暗处。标定 $KMnO_4$ 溶液的基准物质较多,如 $Na_2C_2O_4$、$H_2C_2O_4$、H_2O_2、As_2O_3 等。其中 $Na_2C_2O_4$ 因其容易提纯、性质稳定、不含结晶水等良好性质较为常用。反应在酸性、较高温度和 Mn^{2+} 作催化剂的条件下进行。

$$2MnO_4^- + 5C_2O_4^{2-} + 16H^+ =\!=\!= 10CO_2\uparrow + 2Mn^{2+} + 8H_2O$$

滴定开始不久,反应速率很慢,$KMnO_4$ 溶液逐滴加入,随着反应的进行,逐渐生成的 Mn^{2+} 有催化作用,使反应速率逐渐加快。此反应指示剂为 $KMnO_4$ 自身。

在稀硫酸溶液和室温条件下,过氧化氢可被高锰酸钾定量氧化,其反应式为

$$5H_2O_2 + 2MnO_4^- + 6H^+ =\!=\!= 2Mn^{2+} + 5O_2\uparrow + 8H_2O$$

测定时可用高锰酸钾作滴定剂,根据稍过量的高锰酸钾本身的紫红色显示终点。滴定注意事项与高锰酸钾溶液的标定相同。

四、实验器材与试剂

器材:移液管,(100 mL 容量瓶),锥形瓶,微孔玻璃砂芯漏斗,酸式滴定管。

试剂:H_2SO_4(1.0 mol·L^{-1}),$Na_2C_2O_4$(s,在 105~110 ℃烘干 2 h 备用),$KMnO_4$(s),硫酸(3 mol·L^{-1}),硫酸锰(1 mol·L^{-1})。

五、实验内容

1. 0.02 mol·L^{-1} $KMnO_4$ 溶液的配制

称取 1.6 g $KMnO_4$ 溶解于 500 mL 水中,盖上表面皿,加热至沸并保持微沸状态 1 h,冷却后,用微孔玻璃砂芯漏斗过滤,滤液储存在洁净带玻璃塞的棕色试剂瓶中,然后将溶液在室温条件下静置 2~3 天后过滤备用。

2. $KMnO_4$ 溶液的标定

准确称取 0.15~0.18 g $Na_2C_2O_4$ 基准物质 3 份,分别置于 250 mL 锥形瓶中,各加 50 mL 去离子水使其溶解,再加入 15 mL 1.0 mol·L^{-1} H_2SO_4 溶液,于水浴上加热到 75~85 ℃(开始冒蒸气时的温度),趁热用待标定的 $KMnO_4$ 溶液进行滴定。开始滴定速度可稍慢,待溶液中产生了 Mn^{2+} 后,滴定速度可加快,但仍

是逐滴加入,直到溶液呈现微红色,0.5 min 内不褪色即为终点。滴定结束时,溶液温度不应低于 60 ℃。记录所用 KMnO₄ 体积,计算 KMnO₄ 溶液的物质的量浓度,相对平均偏差不大于 0.2%。

3. H₂O₂ 含量的测定

用移液管移取 30% H₂O₂ 溶液 1.00 mL 置于 100 mL 容量瓶中,加去离子水稀释至刻度,充分摇匀,然后移取 25.00 mL 上述溶液于 250 mL 锥形瓶中,加入 50 mL 去离子水、10 mL 3 mol·L⁻¹ 硫酸溶液和 2～3 滴 1 mol·L⁻¹ 硫酸锰溶液,用高锰酸钾标准溶液滴定至溶液呈微红色,0.5 min 内不褪色为终点。记录所消耗的高锰酸钾溶液体积,平行测定 3 次。

六、思考题

(1) 配制 KMnO₄ 标准溶液时,为什么要将 KMnO₄ 的水溶液煮沸一定时间(或放置几天)?配好的 KMnO₄ 溶液为什么要过滤后才能保存?配好的 KMnO₄ 溶液为什么要装在棕色玻璃瓶中放暗处保存?

(2) 用 Na₂C₂O₄ 标定 KMnO₄ 溶液浓度时,为什么必须在 H₂SO₄ 介质中进行?硝酸或盐酸可以吗?酸度过高或过低有无影响?温度有何影响?

(3) 标定 KMnO₄ 溶液时,为什么第一滴 KMnO₄ 溶液加入后红色褪得很慢,随着反应的进行颜色褪得较快?

(4) 配制 KMnO₄ 时,过滤器上黏附的物质是什么?如何洗涤除去?

(5) 用高锰酸钾法测 H₂O₂ 时,能否用 HNO₃ 或 HCl 控制酸度?为什么?

(陈中兰)

实验 10　生活废水中化学需氧量的测定——高锰酸钾法

一、实验目的

(1) 了解测定化学需氧量的意义。

(2) 掌握酸性高锰酸钾测定水中化学需氧量的分析方法。

二、预习要求

(1) 配制 KMnO₄ 溶液时为什么要把 KMnO₄ 水溶液煮沸?配好的 KMnO₄ 溶液为什么要过滤后才能使用?

(2) 哪些因素影响 COD 测定的结果?为什么?

三、实验原理

化学需氧量（chemical oxygen demand，COD）是量度水体受还原性物质（主要是有机物）污染程度的综合性指标，是指水体中易被强氧化剂氧化的还原性物质所消耗的氧化剂的量，换算成氧的质量浓度（以 mg·L^{-1} 计）来表示。COD 值越高，说明水体受污染越严重。

COD 的测定分为酸性高锰酸钾法、碱性高锰酸钾法和重铬酸钾法。酸性高锰酸钾法记为 COD$_{Mn}$（酸性），碱性高锰酸钾法记为 COD$_{Mn}$（碱性），重铬酸钾法记为 COD$_{Cr}$。目前，我国在废水监测中主要采用 COD$_{Cr}$ 法，而 COD$_{Mn}$ 法主要用于地面水、地表水、饮用水和生活污水的测定。以高锰酸钾法测定的 COD 值，又称为高锰酸盐指数。

本实验采用酸性高锰酸钾法。在酸性条件下，向被测水样中定量加入高锰酸钾溶液，加热水样，使高锰酸钾与水样中还原性物质充分反应，剩余的高锰酸钾则加入一定量过量的乙二酸钠还原，最后用高锰酸钾溶液返滴过量的乙二酸钠，由此计算出水样的需氧量。反应方程式为

$$4MnO_4^- + 5C + 12H^+ \Longrightarrow 4Mn^{2+} + 5CO_2\uparrow + 6H_2O$$
$$2MnO_4^- + 5C_2O_4^{2-} + 16H^+ \Longrightarrow 10CO_2\uparrow + 8H_2O + 2Mn^{2+}$$

四、实验器材与试剂

器材：托盘天平和万分之一天平，试剂瓶（棕色），玻璃砂芯漏斗，酸式滴定管（棕色，50 mL），锥形瓶（250 mL），容量瓶（250 mL），移液管（10 mL、25 mL），水浴锅。

试剂：H$_2$SO$_4$（3 mol·L^{-1}），KMnO$_4$（s，分析纯），Na$_2$C$_2$O$_4$（s，基准试剂），硝酸银溶液（10%）。

五、实验内容

1. 0.02 mol·L^{-1} 高锰酸钾溶液的配制

称取 1.7 g 左右的 KMnO$_4$ 放入烧杯中，加水 500 mL，使其溶解后，转入棕色试剂瓶中。放置 7~10 天后，用玻璃砂芯漏斗过滤，弃去残渣和沉淀。把试剂瓶洗净，将滤液倒回瓶内，待标定。

2. 0.02 mol·L^{-1} KMnO$_4$ 溶液的标定

准确称取 0.15~0.20 g 预先干燥过的 Na$_2$C$_2$O$_4$ 3 份，分别置于 250 mL 锥形瓶中，各加入 40 mL 蒸馏水和 10 mL 3 mol·L^{-1} H$_2$SO$_4$，水浴加热至 75~85 ℃

（开始冒蒸气时的温度）。趁热用待标定的 $KMnO_4$ 溶液进行滴定,开始时,滴定速度宜慢,在第一滴 $KMnO_4$ 溶液滴入后,不断摇动溶液,当紫红色褪去后再滴入第二滴。溶液中有 Mn^{2+} 产生后,滴定速度可适当加快,近终点时,紫红色褪去很慢,应减慢滴定速度,同时充分摇动溶液。当溶液呈现微红色并在 30 s 内不褪色即为终点。计算 $KMnO_4$ 溶液的浓度。滴定过程要保持温度不低于 60 ℃。

3. 0.005 mol·L^{-1} 高锰酸钾溶液的配制

将上述标定后的溶液稀释 4 倍,得 0.005 mol·L^{-1} 的高锰酸钾标准溶液。

4. 乙二酸钠溶液的配制

准确称取乙二酸钠基准物质 0.4 g 左右,置于烧杯中,加入少量蒸馏水,使其溶解,定量转移至 250 mL 容量瓶中,稀释至刻度,摇匀,计算其准确浓度。

5. 水样的测定

取水样适量（体积 V_s）,置于 250 mL 锥形瓶中,补加蒸馏水 100 mL,加 10 mL 3 mol·L^{-1} H_2SO_4 溶液,再加入硝酸银溶液 2 mL 以除去水样中的 Cl^-（当水样 Cl^- 浓度很小时,可以不加硝酸银）,摇匀后准确加入高锰酸钾溶液（0.005 mol·L^{-1}）10.00 mL,将锥形瓶置于沸水浴中加热 30 min,使其还原性物质充分被氧化。取出稍冷后（约 80 ℃）,准确加乙二酸钠标准溶液 10.00 mL,摇匀（此时溶液应为无色）,保持温度在 70～80 ℃,用高锰酸钾标准溶液滴定至微红色,30 s 内不褪色即为终点,记下高锰酸钾溶液的用量为 V_1。

6. 空白实验

在 250 mL 锥形瓶中加入 100 mL 蒸馏水和 10 mL 3mol·L^{-1} H_2SO_4 溶液,在 70～80 ℃ 下,用高锰酸钾溶液（0.005 mol·L^{-1}）滴定至溶液呈微红色,30 s 内不褪色即为终点,记下高锰酸钾溶液的用量为 V_2。

7. 高锰酸钾溶液与乙二酸钠溶液的换算系数 K

在 250 mL 锥形瓶中加入蒸馏水 100 mL 和 10 mL 3 mol·L^{-1} H_2SO_4 溶液,加入乙二酸钠标准溶液 10.00 mL,摇匀,水浴加热至 70～80 ℃,用高锰酸钾溶液（0.005 mol·L^{-1}）滴定至溶液呈微红色,30 s 内不褪色即为终点,记下高锰酸钾溶液的用量为 V_3。

六、数据处理

换算系数按下式计算

$$K = \frac{10.00}{V_3 - V_2}$$

水样中化学需氧量 COD 的值按下式计算

$$COD_{Mn(酸性)} = \frac{[(1.00 + V_1)K - 10.00]c_{Na_2C_2O_4} \times 16.00 \times 1000}{V_s}$$

七、注意事项

（1）$KMnO_4$ 溶液在加热及放置时均应盖上表面皿。

（2）$KMnO_4$ 作为氧化剂通常是在 H_2SO_4 酸性溶液中进行，不能用 HNO_3 或 HCl 来控制酸度。在滴定过程中如果发现棕色浑浊，这是酸度不足引起的，应立即加入稀 H_2SO_4，如已达到终点，应重做实验。

（3）标定 $KMnO_4$ 溶液浓度时，加热可使反应加快，但不应热至沸腾，因为过热会引起乙二酸分解，适宜的温度为 75～85 ℃。在滴定到终点时溶液的温度应不低于 60 ℃。

（4）开始滴定时反应速率较慢，所以要缓慢滴加，待溶液中产生了 Mn^{2+} 后，由于 Mn^{2+} 对反应的催化作用，反应速率加快，这时滴定速度可加快，但注意不能过快，近终点时更需小心地缓慢滴入。

（5）水样取样体积根据在沸水浴中加热反应 30 min 后，应剩下加入量 1/2 以上的高锰酸钾溶液量来确定。

（6）本实验在加热氧化有机污染物时完全敞开，如果废水中易挥发性化合物含量较高，应使用回流冷凝装置加热，否则结果将偏低。

（7）废水中有机物种类繁多，但对于主要含烃类、脂肪、蛋白质以及挥发性物质的生活污水，其中的有机物可以被氧化 90% 以上，吡啶、甘氨酸等有机物则难以氧化，因此，在实际测定中，氧化剂种类、浓度和氧化条件等对测定结果均有影响，必须严格按照操作步骤进行分析，并在报告结果中注明所用方法。

八、思考题

（1）本实验过滤用玻璃砂芯漏斗，能否用定量滤纸过滤？

（2）用 $Na_2C_2O_4$ 标定 $KMnO_4$ 溶液浓度时，酸度过高或过低有无影响？溶液的温度对滴定有无影响？

（3）可以采用哪些方法避免废水中 Cl^- 对测定结果的影响？

（孔　玲）

实验 11　生理盐水氯化钠含量的测定

一、实验目的

（1）掌握用莫尔法测定氯离子含量的原理和方法。

（2）学会 $AgNO_3$ 标准溶液的配制和标定。

二、预习要求

本实验为什么不能在酸性溶液中进行？pH 过高会有什么影响？如果测定的是氯化钡，应该怎样测定？

三、实验原理

用莫尔法测定可溶性氯化物中氯的含量是在中性或弱碱性溶液中，以 K_2CrO_4 为指示剂，以 $AgNO_3$ 标准溶液进行滴定。由于 AgCl 的溶解度（8.7×10^{-8} mol·L^{-1}）小于 Ag_2CrO_4 的溶解度（3.92×10^{-7} mol·L^{-1}），根据分步沉淀的原理，溶液中首先析出 AgCl 沉淀，到达化学计量点后，稍过量的 $AgNO_3$ 溶液即与 CrO_4^{2-} 生成砖红色 Ag_2CrO_4 沉淀，指示滴定终点的到达。

$$Ag^+ + Cl^- \Longrightarrow AgCl \downarrow （白色） \qquad K_{sp} = 1.8 \times 10^{-10}$$
$$2Ag^+ + CrO_4^{2-} \Longrightarrow Ag_2CrO_4 \downarrow （砖红色） \ K_{sp} = 2.0 \times 10^{-12}$$

滴定必须在中性或弱碱性溶液中进行，适宜 pH 范围为 6.5～10.5，如果有铵盐存在，则 pH 应为 6.5～7.2。一般而言，K_2CrO_4 的浓度以 5.0×10^{-3} mol·L^{-1} 为宜（指示剂 K_2CrO_4 用量对滴定终点的准确判断有影响）。由于生成的 AgCl 沉淀易吸附溶液中的 Cl^-，从而使滴定终点提前到达，故滴定时必须充分摇动溶液，使被吸附的 Cl^- 释放出来。

凡能与 Ag^+ 生成沉淀的阴离子如 PO_4^{3-}、AsO_4^{3-}、SO_3^{2-}、S^{2-}、CO_3^{2-} 等，与 CrO_4^{2-} 能生成沉淀的阳离子如 Ba^{2+}、Pb^{2+} 等，大量有色离子 Cu^{2+}、Co^{2+}、Ni^{2+} 等以及在中性或弱碱性溶液中易水解的离子如 Al^{3+}、Fe^{3+}、Bi^{3+}、Sn^{4+} 等会干扰测定，都不应存在。

四、实验器材与试剂

器材：锥形瓶，移液管，台秤，滴定管。

试剂：$AgNO_3$ 溶液（0.1 mol·L^{-1}，在电子天平上称取 8.5 g $AgNO_3$，溶于 500 mL 不含 Cl^- 的去离子水中，将溶液转入棕色试剂瓶中，置暗处保存），NaCl 基准试剂（在 500～600 ℃ 高温炉中灼烧 0.5 h 后，置于干燥器中冷却），K_2CrO_4

（5％），生理盐水样品。

五、实验内容

1. AgNO₃ 溶液的标定

准确称取 0.15～0.20 g NaCl 基准物 3 份，分别置于 3 个锥形瓶中，各加 25 mL 去离子水使其溶解，再加入 1.0 mL 5％ K_2CrO_4 溶液，在充分摇动下，用 AgNO₃ 标准溶液滴定至溶液出现稳定的砖红色沉淀时，即为终点。记录所消耗的 AgNO₃ 体积并计算 AgNO₃ 浓度。

2. 测定生理盐水中 NaCl 含量

用移液管移取已稀释 1 倍的生理盐水 25.00 mL 置于 250 mL 锥形瓶中，加入 1.0 mL 5％ K_2CrO_4 溶液，用 AgNO₃ 标准溶液滴定至溶液刚出现稳定的砖红色（边摇边滴）。平行测定三四次，计算 NaCl 的含量，相对平均偏差不大于 0.2％。

六、思考题

（1）滴定液的酸度应控制在什么范围为宜？为什么？

（2）指示剂 K_2CrO_4 用量多少对滴定终点的判断有何影响？

（3）滴定中为什么要充分摇动溶液？

（陈中兰）

实验 12 氯化钡中钡的含量测定

一、实验目的

（1）了解晶形沉淀的沉淀条件和沉淀方法。

（2）练习沉淀的过滤、洗涤和灼烧的操作技术。

（3）测定氯化钡中钡的含量，并用换算因数计算测定结果。

二、预习要求

预习 1.3 节重量分析法。

三、实验原理

Ba^{2+} 能生成一系列的微溶化合物，如 $BaCO_3$、$BaCrO_4$、BaC_2O_4、$BaSO_4$ 等，其中以 $BaSO_4$ 的溶解度最小［25 ℃时为 0.25 mg · (100 mL H_2O)⁻¹］，$BaSO_4$ 性质

非常稳定,组成与化学式相符合,因此常以 $BaSO_4$ 重量法测钡。虽然 $BaSO_4$ 的溶解度较小,但还不能满足重量法对沉淀溶解度的要求,必须加入过量的沉淀剂以降低 $BaSO_4$ 的溶解度。H_2SO_4 在灼烧时能挥发,是沉淀 Ba^{2+} 的理想沉淀剂,使用时可过量 $50\% \sim 100\%$。$BaSO_4$ 沉淀初生成时一般形成细小的晶体,过滤时易穿过滤纸,为了得到纯净而颗粒较大的晶形沉淀,应当在热的酸性稀释液中,在不断搅拌下逐滴加入热的稀 H_2SO_4。反应介质一般为 $0.05\ mol \cdot L^{-1}$ 的 HCl 溶液,加热温度以近沸较好。在酸性条件下沉淀 $BaSO_4$ 还能防止 $BaCO_3$、$BaCrO_4$、BaC_2O_4 等沉淀。

将所得的 $BaSO_4$ 沉淀经过陈化、过滤、洗涤、灼烧,最后称量,即可求得试样中 Ba^{2+} 的含量。

四、实验器材与试剂

器材:万分之一电子天平,泥三角,瓷坩埚,紧密定量滤纸,长颈漏斗。

试剂:HCl($2\ mol \cdot L^{-1}$),H_2SO_4($1\ mol \cdot L^{-1}$),$AgNO_3$($0.1\ mol \cdot L^{-1}$)。

五、实验内容

1. 空坩埚恒量

洗净两只瓷坩埚,在 $800 \sim 850\ ℃$ 煤气灯火焰下灼烧,第一次灼烧 30 min,取出稍冷片刻,放入干燥器中冷至室温(约 30 min),称量。第二次灼烧 $15 \sim 20$ min,冷至室温,再称量。如此操作直到两次称量相差不超过 0.3 mg,即已恒量。

2. 测定

准确称取 $0.4 \sim 0.6$ g $BaCl_2 \cdot 2H_2O$ 试样 2 份,分别置于 250 mL 烧杯中,各加入 $2 \sim 3$ mL $2\ mol \cdot L^{-1}$ HCl,盖上表面皿,加热近沸,但勿使溶液沸腾,以防溅失。与此同时,再取 $1\ mol \cdot L^{-1}$ H_2SO_4 $3 \sim 4$ mL 2 份,分别置于 2 支 100 mL 烧杯中,各加水稀释至 30 mL,加热近沸,然后将 2 份热的 H_2SO_4 溶液用滴管逐滴分别滴入 2 份热的钡盐溶液中,并用玻璃棒不断搅拌,搅拌时玻璃棒不要碰烧杯底内壁以免划伤烧杯,使沉淀黏附在烧杯壁上难以洗下。沉淀完毕后,待溶液澄清后,于上层清液中加入稀 H_2SO_4 $1 \sim 2$ 滴,以检验其沉淀是否完全。如果上层清液中有浑浊出现,必须再加入 H_2SO_4 溶液,直至沉淀完全为止。盖上表面皿,将玻璃棒靠在烧杯嘴边(切勿将玻璃棒拿出杯外,为什么)置于水浴上加热,陈化 $0.5 \sim 1$ h,并不时搅拌(也可在室温下放置过夜作为陈化)。溶液冷却后(为什么),用慢速定量滤纸过滤,先将上层清液倾注在滤纸上,再以稀 H_2SO_4 洗涤液(自配 $0.01\ mol \cdot L^{-1}$ 的稀 H_2SO_4 200 mL)用倾斜法洗涤沉淀三四次,每次约 10 mL。然后将沉淀小心转移到滤纸上，并用一小片滤纸擦净杯壁，将滤纸片放在漏斗内的滤纸上，再用水洗涤沉淀至无氯离子为止（用 $AgNO_3$ 溶液检查）。将盛有沉淀的滤纸折成小包，放入已恒量的坩埚中，在煤气灯上烘干和炭化后，继续在 $800\sim850\ ℃$ 的高温下灼烧 1 h，取出置于干燥器内冷却至室温，称量；第二次灼烧 $15\sim20$ min，冷却，称量。如此操作直至恒量。

3. 数据记录

如实记录实验结果。

六、思考题

（1）称取 $BaCl_2 \cdot 2H_2O$ 试样 $0.4\sim0.6$ g 是怎样计算出来的？

（2）为什么试液和沉淀剂都要预先稀释，而且试液要预先加热？

（3）如何检验沉淀是否完全？

（4）沉淀完毕后，为什么要保温放置一段时间才进行过滤？

（5）为什么要用无灰、紧密滤纸过滤 $BaSO_4$ 沉淀？

（陈中兰）

第 2 章　光 谱 分 析

学习指导

　　光谱分析是以原子和分子的光谱学为基础建立起来的一大类分析方法,它是仪器分析中光学分析法的一个重要分支,应用范围很广。本章重点介绍一些重要的原子光谱和分子光谱的原理、方法、仪器和常用的实验技术。通过本章的学习,应掌握各种方法的原理,熟悉各种方法的实验技术,从而熟练地将各种方法用于实验操作,为实际样品的分析打下良好的基础。

2.1　光谱分析概述

　　物质中的原子、分子永远处于运动状态,这种物质内部的运动,在外部可以用辐射或吸收能量的形式表现出来,就是电磁辐射。光谱分析是基于物质发射、吸收电磁辐射以及物质与电磁辐射相互作用后产生辐射信号的变化而建立起来的一类分析方法。

2.1.1　概述

1. 电磁波谱与光学分析方法

　　光是一种以极大的速度通过空间,不需要以任何物质作为媒介的能量形式,具有波动性和微粒性。光的波动性常用 3 个基本参数,即波长(λ)、频率(ν)和光速(c)来描述。不同波长的光子,具有不同的能量(E),能量大小与光的频率有关。

　　电磁波按波长或频率的有序排列,称为电磁波谱(简称光谱),它是物质内部运动变化的客观反应,按波长区分电磁波时,多采用 7.1.5 节的方法来区分。

　　不同能级的跃迁,其能量不同,电磁波波长不同,产生机理也不同。γ 射线来源于核能级跃迁,X 射线来源于内层电子能级的跃迁,紫外与可见光主要来源于原子和分子外层电子能级的跃迁,近红外、中红外和远红外来源于分子的振动能级和转动能级的跃迁,而微波和射频波来源于分子的转动能级跃迁和电子自旋磁能级与核自旋磁能级的跃迁。

　　由于物质的结构不同,能级结构就不相同,因而各物质的光谱也不相同,具有各自的特征,因此我们可以利用光谱来分析物质的组成和结构。

　　电磁辐射与物质的相互作用方式很多,有发射、吸收、反射、折射、散射、干涉、衍射、偏振等,各种相互作用的方式均可建立相应的分析方法,因此,光学分析法的类型很多,但基本上可分为两大类,即光谱分析法和非光谱分析法。

光谱分析法是基于测量辐射的波长及强度的一类分析方法。这类方法中通常需要测定试样的光谱,而这些光谱是由于物质的原子和分子的特定能级的跃迁所产生的,因此可以根据其特征光谱的波长进行定性分析,而光谱的强度与物质的含量有关,可进行定量分析。

非光谱分析法是基于辐射与物质相互作用时,测量辐射的某些性质,如折射、散射、干涉、衍射和偏振等变化的分析方法。非光谱法不涉及物质内部能量的跃迁,不测定光谱,电磁辐射只改变了传播方向、速度或某些物理性质。属于这类分析方法的有折射法、偏振法、光散射法(比浊法)、干涉法、衍射法、旋光法和圆二色谱法等。它不属于成分分析的范畴。

2. 光谱的特征

光谱的波长、强度和谱型是光谱的三要素,光化学分析一般根据特征谱线的波长进行定性分析,利用光谱的强度与浓度的关系进行定量分析,根据谱型了解主要量子跃迁类型和光谱产生的内在规律。

1) 线光谱、带光谱和连续光谱

线光谱:每条光谱只具有很狭窄的波长范围,光谱的分布是线状的。它多发生于气态原子或离子上,如气态氢原子光谱便是线光谱。

带光谱:光谱的分布是带状的,即在一定波长范围内连续发射或吸收,分不出很狭窄的线光谱而连成带,这种光谱便称为带光谱。分子由于在电子跃迁(或不跃迁)的同时还有振动与转动能级的跃迁,而后两者能级间隔很小,再加上液态或固态分子间的相互作用使能级宽化,所以液态与固态分子的光谱多是带光谱。

连续光谱:光谱的分布在很大的波长范围内是连续的,即分不开线光谱与带光谱。它是由赤热的固体和液体、高压气体、电子离子复合或激发态分子解离等发射或吸收一定波长范围内的连续辐射。例如,发射光谱分析中炽热的电极头就发射连续光谱。

物质只有处于气态时,其原子、离子或分子才相应出现线光谱或分子带光谱的特征。因为只有在气态时,发射辐射的粒子之间的相互作用才可忽略不计,能量变化的不连续性才能充分显示。然而,固体或液体中的原子、离子或分子,相互之间紧靠在一起,其发射光谱将是连续的。

2) 光谱的强度

光谱的强度与能级间的跃迁概率、粒子(原子、离子或分子等)数目及粒子在能级间的分布三者有关。如果某两个能级之间的电磁跃迁概率为0,则相应的光谱强度为 0,即不出现这条谱线,将这种跃迁称为禁阻跃迁。如果跃迁概率不为 0,则称这种跃迁是允许的。说明能级之间的跃迁是否允许的规律称为光谱选律。如果考虑各谱线(或各谱带)之间的相对强度,则只与能级间的跃迁概率及粒子在能级间的相对数目有关。

2.1.2　光谱分析的分类、特点与应用

1. 光谱分析的分类

1) 根据电磁辐射的本质分类

(1) 原子光谱分析:原子光谱(包括离子光谱)主要是由原子核外电子在不同能级间跃迁而产生的辐射或吸收,它的表现形式为线状光谱。属于这类分析方法的有原子发射光谱(AES)、原子吸收光谱(AAS)、原子荧光光谱(AFS)及 X 射线荧光光谱(XFS)等。

(2) 分子光谱分析:分子光谱是由于分子中电子能级、振动和转动能级的跃迁所产生的光谱,其表现形式为带状光谱。属于这类分析方法的有紫外-可见分光光度法(UV-Vis)、红外光谱法(IR)、分子荧光法(MFS)和磷光光谱法(MPS)等。此外,基于核自旋及电子自旋能级的跃迁而对射频辐射的吸收所产生的核磁共振和电子自旋共振波谱法,也归属于分子光谱。

2) 根据辐射能量传递的方式分类

(1) 发射光谱分析:通过测量物质发射光谱的波长和强度来研究物质的结构或进行定性、定量分析的方法称为发射光谱法。在发射光谱分析中应用最广的是原子发射光谱分析。

(2) 吸收光谱分析:根据原子或分子的特征吸收光谱来研究物质的结构或测定物质的化学成分的方法,称为吸收光谱分析。分子吸收光谱一般由连续光源(如钨丝灯)激发,它的波长与分子的电子能级、振动能级和转动能级有关。原子吸收光谱一般由锐线光源(如空心阴极灯)激发,它的波长与原子的共振能级有关。吸收光谱根据其所在光谱区不同又分为紫外-可见分光光度法、红外分光光度法、核磁共振波谱法、原子吸收光谱法、穆斯堡尔谱法等。

(3) 荧光光谱分析:根据原子或分子的特征荧光光谱来研究物质的结构或测定物质的化学成分的方法,称为荧光光谱分析。分子荧光光谱、原子荧光光谱一般位于紫外-可见光谱区。

(4) 拉曼光谱分析:根据光的散射建立起来的分析方法。光子与物质分子相互碰撞,可以产生弹性碰撞和非弹性碰撞。在非弹性碰撞过程中,散射光不仅改变传播方向,而且光子的频率发生了变化,这种散射现象称为拉曼散射。其散射光的谱线称为拉曼谱线。拉曼散射光的频率与入射光的频率不同,称为拉曼位移。拉

曼位移的大小与分子的振动和转动的能级有关，利用拉曼位移研究物质结构的方法称为拉曼光谱法。

物质在吸收电磁波由低能级跃迁到高能级，或辐射电磁波由高能级回到低能级时，由于能级差值是一定的，并不随发射和吸收而改变，即同一物质相同能级间隔的发射光谱和吸收光谱波长是相同的，所以发射光谱和吸收光谱都可以用来分析物质的组成和结构。

一般物质的发射光谱较为复杂，吸收光谱次之，荧光光谱最简单，这些光谱在近代分析化学中都具有重要意义。物质的原子光谱多采用发射、吸收及荧光的方法来获得，而物质的分子光谱则多采用吸收法及荧光法来得到。

2. 光谱分析的特点

光谱分析方法很多，不同光谱分析方法都有其各自的特点，共同的特点归纳如下：

（1）具有较好的灵敏度、较低的检出限和较快的分析速度。

（2）适用试样量少，适合于微量和超微量分析，还可作无损分析、远距离的遥控分析。

（3）可以进行多元素同时测定，应用范围广泛。

（4）不仅能进行成分分析，还可进行特征分析，如微观分析、存在状态以及结构分析等。

常见光谱分析方法特点及应用范围可参见 7.3.1 节。

光谱分析法有一系列优越性，但一切分析方法都不是完美无缺的。光谱分析法是一种相对测定方法，一般需用纯品作标准样品，各类光谱分析方法在应用上都有一定局限性，因此，光谱分析法需要与其他仪器分析方法相互配合，彼此取长补短才能完成繁杂的分析任务。

3. 光谱分析仪器的基本部件

用来研究吸收、发射或荧光的电磁辐射的强度和波长的关系的仪器称为光谱仪或分光光度计。这一类仪器主要包括以下几个基本单元：光源、单色器、样品容器、检测器和读出器件。

不同光谱分析方法的仪器对部件的要求不同，将在以下各节中予以介绍。

4. 光谱分析法的研究方向简介

随着生命科学与材料科学的发展，激光技术、光导纤维技术、等离子体技术和纳米技术的应用，为光化学分析注入了新的活力。近年来，光谱分析与各种分离与分析技术的联用，产生了很多新的研究领域和新的交叉点，在超高灵敏度分析、实时与动态检测、表面与微区分析以及高通量与非破坏性测定方面，发挥了越来越重要的作用。常用光谱分析方法的热点研究方向有以下方面。

1）单分子与单细胞的光谱分析

单分子检测是分析化学的前沿领域之一，这一技术的发展对人类认识生命的形成过程、探索疾病的成因、进行药物的分子设计等具有十分重要的作用。目前人们已利用单分子技术开展对蛋白质的折叠、酶催化、离子通道、DNA/RNA 结合蛋白、细胞膜结构、分子电机、复杂细胞结构等研究。

2）纳米材料的光谱分析

纳米材料的测试与表征是分析化学的一个挑战性课题。光谱分析作为一种传统的分析手段，在纳米材料分析方面具有很大的适应性和潜力。近年来，经过光谱分析化学家的努力，包括红外光谱、拉曼光谱、荧光光谱、飞秒激光光谱、光子相关光谱以及紫外可见光谱等，在纳米材料的测试与表征中发挥了越来越重要的作用。

3）光谱指纹图谱与复杂物质分析

光谱分析化学家发现，光谱指纹图谱特别是振动光谱的指纹图谱包含着许多化合物的分子结构特征，每个研究对象的图谱都不一样。因此通过光谱指纹图谱的分析，能够获得特异性、重现性和再现性的分子组成、结构和所处周边环境的信息，对于复杂物质的鉴定具有重要意义。光谱指纹图谱是一种无损鉴别技术，具有快速简单的操作特点，不必对样品进行分离提取即可直接获得指纹图谱，适合复杂物质的快速鉴别和分析。近年来在中医药真伪鉴别、生物大分子分析、文物鉴定以及遥测遥感等方面获得了较快的发展。

4）光谱高通量分析

光谱技术作为高通量筛选的方法之一，具有很强的竞争实力，这主要是由于光谱高通量筛选的方法具有以下几个特点：光谱信号的获取不需要破坏样品，因此能够实现无损分析；光谱的多道光源和阵列检测器技术已经十分成熟，为光谱高通量分析提供了仪器基础；光谱信号的获取通常能够瞬间完成，容易实现超快速的光谱高通量分析；光谱特别是振动光谱与分子的结构密切相关，因此光谱高通量分析在提供样品量变化的同时，还能提供样品分子结构的信息。

另外，光谱联用技术与元素形态分析、生物大分子的光谱探针分析、光化学传感器的研究等都是近年来研究的热点。

【思考题】

2-1　吸收光谱法和发射光谱法有何异同？

2-2　光吸收定律成立的条件是什么？吸收系数的物理意义是什么？它有几种表示方法？其相互关系如何？

2-3　光学仪器最基本的组成部分及其作用是什么？

2-4　对光与物质作用所产生的各种物理和物理化学现象进行小结。

（彭敬东）

2.2　原子光谱分析

在原子光谱分析中原子发射光谱法起步较早,但应用最广的是原子吸收光谱法,原子荧光光谱法近年来才得到应用,本节将分别介绍这三种光谱法的原理、仪器、方法和实验技术。

2.2.1　原子发射光谱法

原子发射光谱法(atomic emission spectrometry,AES)是一种成分分析方法,是根据处于激发态的待测元素原子回到基态时发射的特征谱线进行分析的方法。它具有快速、灵敏和选择性好等优点,应用广泛。

定性分析——由于待测原子的结构不同,因此发射谱线特征不同。

定量分析——由于待测原子的浓度不同,因此发射谱线强度不同。

1. 原子发射光谱的分析过程

原子的核外电子一般处在基态运动,当获取足够的能量后,就会从基态跃迁到激发态,处于激发态不稳定(寿命小于 10^{-8} s),迅速回到基态时就要释放出多余的能量,若此能量以光的形式释放,即得到发射光谱。

根据这个原理,原子发射光谱的分析过程如下:

(1) 试样在外界能量(电、热、光)作用下转变为气态原子,并使气态原子的外层电子由低能态激发至高能态。

(2) 当外层电子从高能态返回低能态时,原子将释放多余的能量而发射出特征谱线。

$$\Delta E = E_2 - E_1 = h\nu = hc/\lambda$$

(3) 对所产生的辐射经过分光记录系统按波长顺序排列记录,即为光谱图。

(4) 根据所得光谱图进行定性鉴定和定量分析。

2. 原子发射光谱分析仪器

1) 光源

光源的作用是使样品发生蒸发、解离、原子化、激发和电子跃迁。原子发射光谱分析仪器使用的光源有多种。

$$\text{光源}\begin{cases}\text{经典光源}\begin{cases}\text{火焰}\\\text{电弧}\begin{cases}\text{直流电弧}\\\text{交流电弧}\end{cases}\\\text{火花}\end{cases}\\\text{现代光源}\begin{cases}\text{电感耦合等离子体}\\\text{激光光源}\end{cases}\end{cases}$$

实践中,对光源有 4 项基本的要求,即温度高、稳定和重现性好、背景小(无或少带光谱)以及简单安全。光源直接关系到仪器的检出限、精密度和准确度。

(1) 电弧光源。

直流电弧光源:适于定性分析,绝对灵敏度高,弧焰中心温度为 4000～7000 K,电极头温度可达 4000 K,有利于原子激发和试样的蒸发。电弧在电极表面无常游动,重现性比较差。

低压交流电弧光源:适于定量分析,灵敏度低,高频高压引火,低频低压燃弧。交流电弧是介于直流电弧和电火花之间的一种光源,其电极温度比高压火花光源高,比交流电弧的稍低一些,试样蒸发量适中,可用作光谱定性分析。最大优点是稳定性比直流电弧高,重现性及精密度较好,适用于光谱定量分析。

(2) 高压电容火花光源。使用电压 10～25 kV,瞬间温度高达 10 000 K,适用于难激发元素测定。火花作用于电极的面积小,时间短,电极温度低,不适于难蒸发的物质。稳定性好,适于定量分析。灵敏度低,不适于痕量分析。

(3) 电感耦合等离子体。电感耦合高频等离子体(ICP)光源是 20 世纪 70 年代迅速发展起来的新型激发光源。等离子体是一种呈电中性的气体,由离子、电子、中性原子和分子粒组成,正负电荷密度几乎相等。

电感耦合高频等离子体光源装置由高频发生器、等离子炬管和雾化器三部分组成。高频发生器是产生高频磁场、供给等离子体能量的装置。等离子炬管由一个三层同心石英玻璃管组成。外层管内通入 Ar 冷却气,防止等离子炬管烧坏石英管。中层石英管内通入 Ar,维持等离子体,称为辅助气。内层石英管由载气(一般用 Ar)将试样气溶胶引入等离子体。使用惰性气体 Ar,因为它易纯化且性质稳定,是单原子分子,能量不会损失在分子解离上,光谱简单。试液引入使用气动雾化器或超声波雾化器。

ICP 光源的特点:具有好的检出限;稳定性好,精密度高,相对标准偏差约 1%;基体效应小,光谱背景小,准确度高,相对误差为 1%;干扰少,自吸效应小。

2) 单色器

单色器用于将复合光按照不同波长分开,包括光栅和棱镜两类。

ICP 光源具有很高的温度和电子密度,对各种元素有很强的激发能力,可以激发产生原子谱线和离子谱线，由于等离子体各部分的温度不同，还可以发射出分子光谱，所产生的光谱的复杂性对分光装置提出了很高的要求，主要有①宽的工作波段；②较高的色散能力和实际分辨能力；③良好的波段长定位精度；④低的杂散光；⑤良好的热稳定性和机械稳定性；⑥快速检测能力。

3）检测器

在摄谱法中用感光板作检测器，在光电直读光谱仪中用光电转换器作检测器。

原子发射光谱仪常用的光电转换器件有光电倍增管和电荷转移器件两种。由光电转换器将光强度转换成电信号，在积分放大后，通过输出装置给出定性或定量分析结果。

3. 光谱定性分析

光谱定性分析的依据：元素不同→电子结构不同→光谱不同→特征光谱。

1）元素的谱线

分析线：复杂元素的谱线可能多至数千条，只选择其中几条特征谱线检验，称其为分析线。

最后线：浓度减小，谱线强度减小，最后消失的谱线称为最后线。

灵敏线：最易激发的能级所产生的谱线，每种元素都有一条或几条最强谱线，即灵敏线。通常，最后线也是最灵敏线。

第一共振线：由第一激发态回到基态所产生的谱线。

2）定性分析方法

最常用的定性分析方法（摄谱法）是以铁谱作为标准（波长标尺）的标准光谱比较法。铁谱具有下列优点：

（1）谱线多。在 210～660 nm 范围内有数千条谱线。

（2）谱线间距离分配均匀。容易对比，适用面广。

（3）定位准确。已准确测量了铁谱每一条谱线的波长。将其他元素的分析线标记在铁谱上，铁谱起到标尺的作用，从而构成元素标准光谱图。

（4）谱线检查。将试样与纯铁在完全相同条件下摄谱，将两谱片在映谱器（放大器）上对齐并放大 20 倍，检查待测元素的分析线是否存在，并与标准谱图对比确定。可同时进行多元素测定。

（5）用光电直读光谱法可直接确定元素的含量及存在。

4. 光谱定量分析

1）发射光谱定量分析的基本关系式

谱线强度 I 与待测元素含量 c 的关系可用经验式表示为

$$I = ac^b$$

(2-1)

式中, a 为与蒸发、激发过程和试样浓度等有关的常数; b 为与自吸现象有关的自吸常数。式(2-1)取对数,则

$$\lg I = b \lg c + \lg a \qquad (2\text{-}2)$$

式(2-2)是发射光谱分析的基本关系式,称为塞伯-罗马金公式(经验式)。自吸常数 b 随浓度 c 的增加而增大,当浓度很小、自吸消失时, $b = 1$ 。

2) 内标法基本原理和关系式

影响谱线强度的因素较多,直接测定谱线绝对强度难以获得准确结果,实际工作多采用内标法(相对强度法)。

在被测元素的光谱中选择一条作为分析线(强度 I),再选择内标物的一条谱线(强度 I_0),组成分析线对,则

$$I = ac^b \qquad (2\text{-}3)$$

$$I_0 = a_0 c_0{}^{b_0} \qquad (2\text{-}4)$$

相对强度 R

$$R = \frac{I}{I_0} = \frac{ac^b}{a_0 c_0{}^{b_0}} = Ac^b \qquad (2\text{-}5)$$

$$\lg R = b \lg c + \lg A \qquad (2\text{-}6)$$

式中, A 为其他三项合并后的常数项。式(2-6)是内标法定量的基本关系式。

3) 内标元素与分析线对的选择

内标元素可以选择基体元素或另外加入,含量固定。内标元素与待测元素要具有相近的蒸发特性、激发电位和电离电位。

分析线对应匹配,同为原子线或离子线,谱线靠近。强度相差不大,无相邻谱线干扰,无自吸或自吸小。

4) 定量分析方法

(1) 内标标准曲线法。由式(2-6)以 $\lg R$ 对 $\lg c$ 作图,绘制标准曲线,在相同条件下,测定试样中待测元素的 $\lg R$,在标准曲线上求得未知试样 $\lg c$ 。

(2) 摄谱法中的标准曲线法。

$$\Delta S = \gamma \lg R = \gamma b \lg c + \gamma \lg A \qquad (2\text{-}7)$$

在完全相同的条件下,将标准样品与试样在同一感光板上摄谱,由标准试样分析线对的黑度差(ΔS)对 $\lg c$ 作标准曲线(3 个点以上,每个点取多次平均值),再由试样分析线对的黑度差,在标准曲线上求得未知试样 $\lg c$ 。该法即是标准试样法。

(3) 标准加入法。无合适内标物时,采用标准加入法。

取若干份体积相同的试液(c_x),依次按比例加入不同量的待测物的标准溶液(c_0),浓度依次为 c_x , $c_x + c_0$, $c_x + 2c_0$, $c_x + 3c_0$ …在相同条件下测定 R_x ,

$R_1,R_2,R_3,R_4\cdots$以 R 对浓度 c 作图得一直线,图中 c_x 点即待测溶液浓度(图 2-1)。

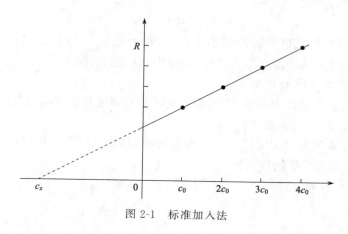

图 2-1　标准加入法

5. 光谱半定量分析

1) 谱线黑度比较法

将试样与已知不同含量的标准样品在一定条件下摄谱于同一光谱感光板上,然后在映谱仪上用目视法直接比较被测试样与标准样品光谱中分析线黑度,若黑度相等,样品中欲测元素的含量近似等于标准样品中该元素的含量。

2) 显线法

元素含量低时,仅出现少数灵敏线,随元素含量增加,谱线随之增多。可编成一张谱线出现与含量关系表,依此估计试样中该元素的大致含量。

例如,铅的光谱参见表 2-1。

表 2-1　铅的光谱

铅的含量	谱线特征
0.001	2833.069 清晰可见,2614.178 和 2802.00 弱
0.003	2833.069 清晰可见,2614.178 增强,2802.00 变清晰
0.01	2833.069、2614.178、2802.00 增强,2663.17 和 2873.32 出现
0.03	2833.069、2614.178、2802.00 都增强
0.10	2833.069、2614.178、2802.00 更增强,没有出现新谱线
0.30	2393.8,2577.26 出现

3）哈维法

在激发条件一定、谱线自吸可以忽略的情况下，谱线强度 I_L 与其邻近背景强度 I_B 之比，与试样中被测元素的浓度 c 成正比。可推得公式

$$c = \frac{kI_L}{I_B} \tag{2-8}$$

$$c = k\left(\frac{I_L + I_B}{I_B} - 1\right) \tag{2-9}$$

$$c = k\left(\frac{I_{L+B}}{I_B} - 1\right) \tag{2-10}$$

式中，k 为比例常数；I_{L+B} 为元素谱线加背景的强度，若指定背景为 1，则 $c = k(I_{L+B}-1)$。

若选择 $I_{L+B}/I_B = 1.5$、$I_L/I_B = 0.5$ 作为谱线从背景中分辨出来的觉察极限，设觉察极限浓度为 c_0，则有 $k = 2c_0$，代入上式，$c = 2c_0(I_{L+B}-1)$，此法准确度达到 30%～50%。

6. 基本实验技术

1）经典电光源的试样处理

（1）固体金属及合金等导电材料的处理。

块状金属及合金试样处理：用金刚砂纸将金属表面打磨成均匀光滑表面。表面不应有氧化层，试样应有足够的质量和大小，至少应大于燃斑直径 3～5 mm。

棒状金属及合金试样处理：用车床加工成直径 8～10 mm 的棒，顶端成直径 2 mm 的平面。若加工成锥体更佳，这样放电易于稳定。棒状金属的圆柱也不应有氧化层，以免影响导电。

丝状金属及合金试样处理：细金属丝可卷作一团置于石墨电极孔中，或者重新熔化成金属块，较粗的金属丝可卷成直径为 8～10 mm 的棒状。

碎金属屑试样处理：首先用酸或丙酮洗去表面污物，烘干后磨成粉状，用石墨电极全燃烧法测定，或者将粉末混入石墨粉末后压成片状进行分析。

（2）非导体固体试样。非金属氧化物、陶瓷、土壤等试样在 400 ℃ 灼烧 20～30 min 后，磨细，加入缓冲剂及内标，置于石墨电极孔中用电弧激发。

（3）植物样品的处理。将植物样品置于坩埚内于马弗炉中灰化，灰化后的灰分混入缓冲剂及内标进行分析，或将灰化后的灰分用酸溶解，滴在用液体石蜡涂过的平头电极上进行分析。

（4）其他生物试样的处理。可用高压罐溶样法处理，然后滴到电极上分析。

（5）液体试样的处理。液体试样经稀释或加内标后可用转盘石墨电极分析，也可滴到铜电极或石墨电极上，或者用石墨粉吸收后置于电极孔中分析。

2）等离子体光谱法的试样处理

电感耦合等离子体光谱法一般采用溶液样品。各类样品均应转化为溶液进行分析（个别仪器有固体进样器，可分析块状金属试样）。

转化成液体样品的方法常用酸溶解法，个别试样可用碱熔融法。

等离子体光谱用试样处理的原则是尽量不引入盐类或其他成盐试剂，以免增加溶液中固体物的量，含盐量高会造成进样雾化器的堵塞及雾化效率的改变，引入较大误差。

一般采用硝酸或盐酸等处理样品，尽量不用硫酸或高氯酸等黏度较大的酸溶解样品。处理后试液中残余酸不宜过高，一般为 $5\%\sim10\%$，样品溶液的酸度和标准溶液的酸度应一致。

3）经典光源光谱分析标准试样的制备

用于块状、棒状固体金属分析的标准试样均采用相应组成和形状的标准试样。一般由相应金属熔炼而成，然后再确定其准确的化学成分。

用于溶液样品分析的标准样品也采用相应组成的液体标样，它可由相应的金属或盐类溶解后按比例合成。由于经典光源稳定性较差，故应加入内标元素。

4）等离子体光源光谱分析标准试样的制备

通常用合成法配制标准溶液。应用纯金属或高纯盐配成单一元素的储备液，然后按试样组成要求混合在一起，并调整酸度为一定值。这种方法制备标准溶液时应考虑混合后的阴离子可能对某些阳离子的影响，如氯离子对银离子的影响等。

另一制备等离子体光谱分析用标准溶液的方法是用相应组成的固体标准试样溶于酸来制成。这种方法比较简单，而且阴离子种类容易控制，但目前尚不能按需要得到想用的固体标准样品。

2.2.2　原子吸收光谱法

原子吸收光谱法（atomic absorption spectrometry，AAS）是澳大利亚物理学家 A. Walsh 在 1953 年建议使用的原子光谱分析法，是一种重要的痕量分析方法。它可测定 70 多种元素，且准确、快速，应用广泛。

1. 基本原理

原子由原子核及核外电子组成，电子绕核运动，原子核外的电子按一定的规律分布在各能级上，每个电子的能量都由它所处的能级所决定，不同能级的能量差是不同的，而且是量子化的。原子光谱是由原子核外电子的跃迁所产生的，原子光谱中用原子的价电子的表征来描述原子的状态。

当基态原子接受的辐射频率与原子中的电子从基态跃迁到激发态所需要能量的频率相等时，就会吸收辐射能量，使其外层电子跃迁到激发态而产生原子吸收光谱。其分析流程图如图 2-2 所示。

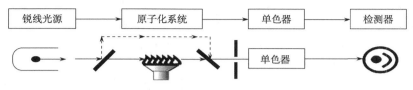

图 2-2　原子吸收分析流程图

2. 仪器

原子吸收光谱法所用仪器是原子吸收分光光度计,它由光源、原子化器、分光系统、检测系统四大部件组成。

1) 光源

原子吸收光源的作用是发射待测元素的特征谱线,且获得较高的灵敏度和准确度。为了测定待测元素的极大吸收,必须使用待测元素制成的锐线光源。

(1) 光源应满足的基本要求:能发射待测元素的共振线;能发射锐线;辐射光强度大,稳定性好。

(2) 空心阴极灯的原理。常用的锐线光源是空心阴极灯,其结构如图 2-3 所示。其优点在于辐射光强度大,稳定,谱线窄,灯容易更换;缺点是每测一种元素需更换相应的灯。

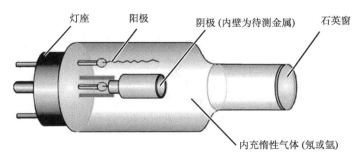

图 2-3　空心阴极灯结构示意图

施加适当电压时,电子将从空心阴极内壁流向阳极,与充入的惰性气体碰撞而使气体电离产生正电荷。在电场作用下,正电荷向阴极内壁猛烈轰击,使阴极表面的金属原子溅射出来,溅射出来的金属原子再与电子、惰性气体原子及离子发生撞碰而被激发,于是阴极内辉光中便出现了阴极物质和内充惰性气体的光谱。用不同待测元素作阴极材料,可制成相应空心阴极灯。空心阴极灯的辐射强度与灯的工作电流有关。

2）原子化器

原子化器的功能是提供能量，使试液干燥、蒸发和原子化（分解转化成气态原子），入射光束在这里被基态原子吸收。原子化器的基本要求是必须有足够高的原子化效率，必须具有良好的稳定性和重现性，操作简便及低的干扰水平等。

常用的原子化器有火焰原子化器和非火焰原子化器。

（1）火焰原子化器。火焰原子化器的作用是使试样雾滴在火焰中，经蒸发、干燥、解离（还原）等过程产生大量基态原子。

常用的是预混合型原子化器，它是由雾化器（图 2-4）、雾化室和燃烧器三部分组成。

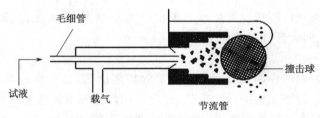

图 2-4　雾化器的结构示意图

在保证待测元素充分解离为基态原子的前提下，应注意火焰温度的选择，尽量采用低温火焰。火焰温度越高，产生的热激发态原子越多。火焰温度取决于燃气与助燃气类型，常用空气乙炔火焰，最高温度为 2600 K，能测 35 种元素。

常见火焰类型有

（i）化学计量火焰（燃助比等于化学计量关系）：温度高，干扰少，稳定，背景低，常用。

（ii）富燃火焰（燃助比大于化学计量关系）：还原性火焰，燃烧不完全，测定较易形成难熔氧化物（如元素 Mo、Cr、稀土等）。

（iii）贫燃火焰（燃助比小于化学计量关系）：火焰温度低，氧化性气氛，适用于碱金属测定。

各种火焰的温度对比如表 2-2 所示。火焰原子化器的主要缺点是雾化效率低。

表 2-2　各种火焰的温度

火焰	发火温度/ ℃	燃烧速率/(cm³ · s⁻¹)	火焰温度/ ℃
煤气-空气	560	55	1840
煤气-氧	450		2730
丙烷-氧	490		2850
丙烷-空气	510	82	1935

续表

火焰	发火温度/ ℃	燃烧速率/(cm³·s⁻¹)	火焰温度/ ℃
氢-空气	530	320	2050
氢-氧	450	900	2700
乙炔-空气	350	160	2300
乙炔-氧	335	1130	3060
乙炔-氧化亚氮	400	180	2955
乙炔-氧化氮		90	3095
氰-空气		20	2330
氰-氧		140	4640
氧氮(50%)-乙炔		640	2815

　　(2) 非火焰原子化器。非火焰原子化器以石墨炉原子化器的应用最为广泛。外气路中氩气沿石墨管外壁流动,冷却保护石墨管;内气路中氩气由管两端流向管中心,从中心孔流出,用来保护原子不被氧化,同时排除干燥和灰化过程中产生的蒸气。

　　原子化过程分为干燥、灰化(去除基体)、原子化、净化(去除残渣)四个阶段,待测元素在高温下生成基态原子(图 2-5):

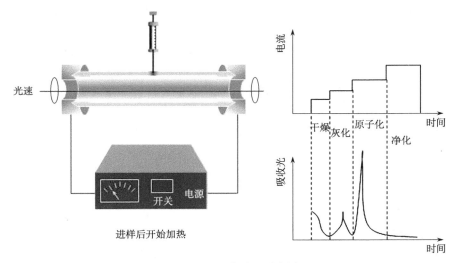

图 2-5　原子化过程示意图

非火焰原子化器的优点是原子化程度高，试样用量少（$1\sim100~\mu L$），可测固体及黏稠试样，灵敏度高，检测极限为 $10^{-12}~g\cdot L^{-1}$。缺点是精密度差，测定速度慢，操作不够简便，装置复杂。

（3）其他原子化方法。低温原子化方法：主要是氢化物原子化方法，原子化温度为 $700\sim900~^\circ C$，主要应用于 As、Sb、Bi、Sn、Ge、Se、Pb、Ti 等元素。原理是在酸性介质中，与强还原剂硼氢化钠反应生成气态氢化物。例如

$$AsCl_3+4NaBH_4+HCl+8H_2O \xrightarrow{\hspace{1cm}} AsH_3+4NaCl+4HBO_2+13H_2$$

使待测试样在专门的氢化物生成器中产生氢化物，送入原子化器中检测。

低温原子化方法的温度低，灵敏度高（对砷、硒可达 $10^{-9}~g\cdot L^{-1}$），基体干扰和化学干扰小。

冷原子化法：将试样中的汞离子用 $SnCl_2$ 或盐酸羟胺完全还原为金属汞后，用气流将汞蒸气带入具有石英窗的气体测量管中进行吸光度测量。主要应用于各种试样中 Hg 元素的测量。

冷原子化法用于常温测量，灵敏度、准确度较高（可达 $10^{-8}~g\cdot L^{-1}$）。

3）分光系统

分光系统的作用是将被测元素的分析线与邻近谱线分开。它主要由入射狭缝、出射狭缝和色散元件（光栅和棱镜）组成。

4）检测系统

检测系统的作用是把单色器分出的光信号转变成电信号，经放大器放大后以透射率或吸光度的形式显示出来，主要由检测器、放大器、对数变换器、显示记录装置组成。

检测器：将单色器分出的光信号转变成电信号，如光电池、光电倍增管、光敏晶体管等。

放大器：将光电倍增管输出的较弱信号经电子线路进一步放大。

对数变换器：用于光强度与吸光度之间的转换。

显示、记录仪：新仪器配置，如原子吸收计算机工作站。

3. 干扰及其抑制

1）光谱干扰及抑制

待测元素的共振线与干扰物质谱线分离不完全，这类干扰主要来自光源和原子化装置，主要有以下几种：

（1）在分析线附近有单色器不能分离的待测元素的邻近线，可以通过调小狭缝的方法来抑制这种干扰。

（2）空心阴极灯内有单色器不能分离的干扰元素的辐射，换用纯度较高的单元素灯减小干扰。

（3）灯的辐射中有连续背景辐射,用较小通带或更换灯减小干扰。

2）物理干扰及抑制

物理干扰指试样在转移、蒸发过程中因物理因素变化引起的干扰效应,主要影响试样喷入火焰的速度、雾化效率、雾滴大小等,可通过控制试液与标准溶液的组成尽量一致的方法来抑制。

3）化学干扰及抑制

化学干扰指待测元素与其他组分之间的化学作用所引起的干扰效应,主要影响待测元素的原子化效率,是主要干扰源。

（1）化学干扰的类型。待测元素与其共存物质作用生成难挥发的化合物,致使参与吸收的基态原子减少。

待测离子发生电离,生成离子,不产生吸收,总吸收强度减弱,电离电位≤ 6 eV 的元素易发生电离;火焰温度越高,干扰越严重,如碱及碱土元素。

（2）化学干扰的抑制。通过在标准溶液和试液中加入某种光谱化学缓冲剂来抑制或减少化学干扰。

释放剂:与干扰元素生成更稳定化合物使待测元素释放出来。锶和镧可有效消除磷酸根对钙的干扰。

保护剂:与待测元素形成稳定的配合物,防止干扰物质与其作用。例如,加入 EDTA 生成 Ca-EDTA,避免磷酸根与钙作用。

饱和剂:加入足够的干扰元素,使干扰趋于稳定。例如,用 $N_2O-C_2H_2$ 火焰测钛时,在试样和标准溶液中加入 300 mg · L^{-1} 以上的铝盐,使铝对钛的干扰趋于稳定。

电离缓冲剂:加入一种大量易电离的缓冲剂以抑制待测元素的电离。例如,加入足量的铯盐,抑制 K、Na 的电离。

4）背景干扰及校正方法

背景干扰主要是指原子化过程中所产生的光谱干扰,主要有分子吸收干扰和散射干扰,干扰严重时不能进行测定。

分子吸收干扰:原子化过程中,存在或生成的分子对特征辐射产生的吸收。分子光谱是带状光谱,势必在一定波长范围内产生干扰。

光散射干扰:原子化过程中,存在或生成的微粒使光产生的散射现象。光散射干扰产生正偏差,石墨炉原子化法比火焰法产生的干扰严重。

背景干扰校正方法有以下两种:

（1）氘灯连续光谱背景校正。旋转斩光器使氘灯提供的连续光谱和空心阴极灯提供的共振线交替通过火焰。连续光谱通过时,测定的为背景吸收(此时的共振线吸收相对于总吸收可忽略);共振线通过时,测定的为总吸收。总吸收与背景吸收的差值为有效吸收。其原理如图 2-6 所示。

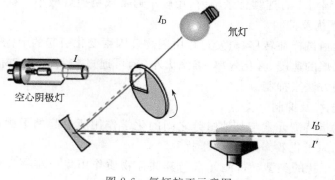

图 2-6　氘灯校正示意图

（2）塞曼效应背景校正。在磁场作用下简并的谱线发生裂分的现象称为塞曼（Zeeman）效应。

校正原理：原子化器加磁场后，随旋转偏振器的转动，当平行磁场的偏振光通过火焰时，产生总吸收；当垂直磁场的偏振光通过火焰时，只产生背景吸收，如图 2-7所示。

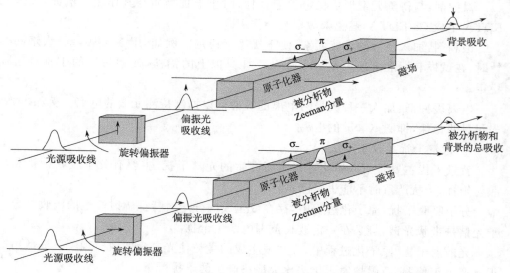

图 2-7　塞曼效应背景校正示意图

方式：有光源调制法和共振线调制法（应用较多），后者又分为恒定磁场调制方式和可变磁场调制方式。

优点：校正能力强（可校正背景吸光度 1.2～2.0）；可校正波长范围宽（190～

900 nm);当垂直磁场的偏振光通过火焰时,只产生背景吸收;平行磁场的偏振光通过火焰时,产生总吸收。

4. 分析方法

因各种仪器的结构、性能不同,试样组成的差别以及含量的变化都会影响测定的结果,因此,选用合适的分析方法获得满意的分析结果之前应通过选择确定最佳实验条件。

1) 特征参数

(1) 灵敏度。

灵敏度(S):分析标准函数 $x=f(c)$ 的一次导数,用 $S=\mathrm{d}x/\mathrm{d}c$ 表示。它表示当被测元素浓度或含量改变一个单位时,吸光度的变化值。S 是校正曲线的斜率,S 值越大,灵敏度越高。

特征浓度(相对灵敏度,S_c):指对应于 1‰ 吸光度的待测物浓度(S_c),或对应于 0.0044 吸光度的待测元素浓度。$S_c=0.0044c_x/A$,单位为 $\mu\mathrm{g}\cdot\mathrm{mL}^{-1}/1‰$。

特征质量(S_m):$S_m=0.0044m_x/A$,单位为 g 或 $\mu\mathrm{g}/1‰$。

(2) 检出限 D。

在适当置信度下,能检测出的待测元素的最小浓度(D_c)或最小量(D_m)称为检出限。用接近于空白的溶液,经若干次(10～20 次)重复测定所得吸光度的标准偏差的 3 倍求得。

$$D_c=\frac{3c_x\delta}{A}\qquad(\mu\mathrm{g}\cdot\mathrm{mL}^{-1})\qquad(2\text{-}11)$$

$$D_m=\frac{3m_x\delta}{A}=\frac{3c_xV\delta}{A}\qquad(\mathrm{g\ 或\ }\mu\mathrm{g})\qquad(2\text{-}12)$$

2) 测定条件的选择

(1) 分析线。通常选择元素的共振线作为分析线。Se、As、Hg 等共振线在 200 nm 以下的元素对火焰气体和空气有强烈的吸收,应选择其他谱线作分析线。对于 Pb、Te、Zn 等主吸收线靠近远紫外区且又存在背景吸收的元素,应校正背景或另选分析线。对于浓度较高的试样,可选择次灵敏的谱线作分析线,以便既能得到适当的吸收值,又能减少因过度稀释而引入的误差。

(2) 灯电流。灯电流的大小决定空心阴极灯的发射效果。灯电流太小,光的强度不够,放电不稳定,信噪比下降;灯电流太大,发射谱线变宽,灵敏度下降,灯的寿命缩短。实际工作中,在保证空心阴极灯有稳定辐射和足够大的入射光强度的前提下,应尽量选用较低的灯电流。一般灯的工作电流可在空心阴极灯标示最大电流值的 1/3～1/2 内选择,实际分析用的最佳灯电流可通过吸光度灯电流曲线选定。

（3）光谱通带。光谱通带的选择通过对单色器狭缝宽度进行调节来实现。狭缝宽度的调节以排除光谱干扰和具有足够大的透光强度为原则。实际操作通过实验来确定，即调节不同的狭缝宽度，测定吸光度的变化。当有干扰线进入光谱通带时，吸光度值立即减小。合适的狭缝宽度应为不引起吸光度减小的最大狭缝宽度。

（4）火焰类型。常见火焰类型及性质列于表 2-3。

表 2-3　常见火焰类型及性质

燃气	助燃气	火焰温度/℃	燃烧速率/℃	适用范围
氢气	空气	2000～2100	324～440	分析线≤200 nm 的元素
乙炔	空气	2100～2400	160～266	30 多种元素，适用于易生成难解离化合物的元素
乙炔	氧化亚氮	2600～2800	260	70 多种元素，尤其适用于难原子化的元素
天然气	空气	1700～1900	39～43	易解离的元素

（5）燃烧器高度。根据被测组分在火焰中发生的物理、化学过程，自下而上可将火焰分成干燥、蒸发、热解原子化和氧化还原四个区域。火焰的区域不同，基态原子的密度不同，因而测定的灵敏度也不同。通常，热解原子化区内基态原子密度最大，应使共振线通过该区。一般来说，热解原子化区在距燃烧器狭缝口上方 10 mm 左右，但随被测元素和火焰的种类而不同，应上下调节燃烧器的高度，使空心阴极灯发射的发射线通过自由原子浓度最大的火焰区，以获得最大的吸光度读数时的位置为止。

（6）燃气与助燃气的比例。燃气与助燃气比例的选择列于表 2-4。

表 2-4　燃气与助燃气的比例及火焰性质

燃气与助燃气的比例	火焰类型	火焰性质	适用范围
与它们之间的化学反应计量关系相近	中性火焰	温度高、干扰小、背景低	多数元素
大于它们之间的化学反应计量关系	富焰火焰	燃烧不完全、温度低、背景高、干扰多	易形成难解离氧化物的元素，氧化物熔点高的元素
小于它们之间的化学反应计量关系	贫焰火焰	氧化性强、温度低	易解离、易电离的元素，氧化物不稳定的元素

当然,燃气与助燃气比例的选择最好还是根据实验确定,一般采用先固定助燃气流量,然后改变燃气流量,由吸光度和燃气流量之间的关系来确定。

(7) 原子化条件。对于火焰原子吸收光谱法,通过调节火焰的类型和状态而确定适当的燃助比,可以获得最佳的火焰原子化条件;通过调节燃烧器高度,使入射光束从基态原子密度最大的区域通过,可获得较高的灵敏度;通过对雾化器的调节使之达到最佳雾化状态,有利于提高火焰原子化效率和分析方法的灵敏度。

3) 定量分析方法

原子吸收光谱分析常用的定量分析方法有校正曲线法和标准加入法。

(1) 校正曲线法。配制一系列不同浓度(c)的标准试样,由低到高依次分析,将获得的吸光度(A)数据对应于浓度作标准曲线,在相同条件下测定试样的吸光度,在标准曲线上查出相应的浓度值。或由标准试样数据获得线性方程,将测定试样的吸光度数据代入计算。

注意在高浓度时,标准曲线易发生弯曲,这是压力变宽影响所致(图 2-8)。

应用校正曲线法应保证标准系列溶液的组成与待测试液的组成相近。一般配制标准系列时,应加入与试液相同的基体组分。所配制的

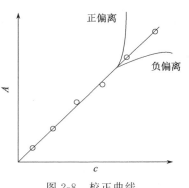

图 2-8 校正曲线

试液浓度应在校正曲线的直线范围之内。最好能让试液的吸光度在 0.015~0.6 内读数,以保证分析结果具有较高的准确度。在测定过程中,要确保各测定条件稳定不变,以防校正曲线的斜率发生变化。若试样测定量大,测定时还要注意用标准溶液校正仪器和检查测定条件。

(2) 标准加入法。操作方式同 2.2.1 节的图 2-1。取若干份体积相同的试液(c_x),依次按比例加入不同量的待测物的标准溶液(c_0),定容后浓度依次为 c_x、$c_x + c_0$、$c_x + 2c_0$、$c_x + 3c_0$、$c_x + 4c_0$ 分别测得吸光度为 A_x、A_1、A_2、A_3、A_4,以 A 对浓度 c 作图得一直线,图中 c_x 点即待测溶液浓度。

该法可消除基体干扰,不能消除背景干扰。

2.2.3 原子荧光光谱法

原子荧光光谱法(atomic fluorescent spectrometry,AFS)是利用光能激发产生的原子荧光谱线的波长和强度进行物质的定性和定量分析的方法。它在机理上与原子发射光谱法相似,所用仪器与操作技术与原子吸收光谱法相近。

1) 特点

(1) 检出限低,灵敏度高。例如检出限,Cd 为 10^{-12} g·cm^{-3},Zn 为 10^{-11} g·

cm^{-3}。20 种元素的检出限优于 AAS。

（2）谱线简单，干扰小。

（3）线性范围宽（可达 3～5 个数量级）。

（4）易实现多元素同时测定（产生的荧光向各个方向发射）。

2）缺点

存在荧光猝灭效应、散射光干扰等问题。

1. 基本原理

1）原子荧光光谱的产生

当气态原子受到强特征辐射时，由基态跃迁到激发态，约在 10^{-8} s 后，再由激发态回到基态，辐射出与吸收光波长相同或不同的荧光。

原子荧光光谱的特点是①属光致发光，是二次发光；②激发光源停止后，荧光立即消失；③发射的荧光强度与照射的光强有关；④不同元素的荧光波长不同；⑤浓度很低时，强度与蒸气中该元素的密度成正比，适用于微量或痕量定量分析。

2）原子荧光类型

（1）共振荧光。气态原子吸收共振线被激发后，激发态原子再发射出与共振线波长相同的荧光。如图 2-9 共振荧光线 A 和 C。

热共振荧光：若原子受热激发处于亚稳态，再吸收辐射进一步激发，然后再发射出相同波长的共振荧光。如图 2-9 共振荧光线 B 和 D。

（2）非共振荧光。当荧光与激发光的波长不相同时，产生非共振荧光，分为直跃线荧光、阶跃线荧光、anti-Stokes 荧光 3 种。

直跃线荧光（Stokes 荧光）：跃回到高于基态的亚稳态时所发射的荧光。荧光波长大于激发线波长（荧光能量间隔小于激发线能量间隔）。

阶跃线荧光：光照激发，非辐射方式释放部分能量后，再发射荧光返回基态。荧光波长大于激发线波长（荧光能量间隔小于激发线能量间隔）。以非辐射方式如碰撞、放热释放能量。光照激发，再热激发，返回至高于基态的能级，发射荧光，如图 2-9 阶跃荧光线 B 和 D。例如 Cr 原子，吸收线 359.35 nm，再热激发，荧光发射线 357.87 nm。

anti-Stokes 荧光：荧光波长小于激发线波长，先热激发再光照激发（或反之），再发射荧光直接返回基态。例如铟原子，先热激发，再吸收光跃迁 451.13 nm，发射荧光 410.18 nm，如图 2-9 anti-Stokes 荧光 A 和 C。

（3）敏化荧光。受光激发的原子与另一种原子碰撞时，把激发能传递给另一个原子使其激发，后者发射荧光。火焰原子化中观察不到敏化荧光，而非火焰原子化中可观察到。

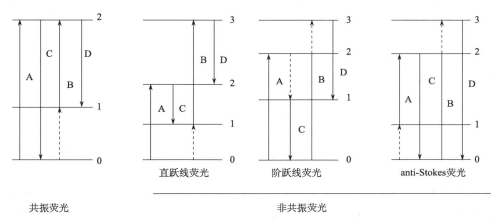

共振荧光　　　　　　　　　　　　　　　　　　　　非共振荧光

图 2-9　原子荧光产生的过程

所有类型中,共振荧光强度最大,最为有用。

3)荧光猝灭与荧光量子效率

荧光猝灭:受激发原子与其他原子碰撞,能量以热或其他非荧光发射方式放出,产生非荧光去激发过程,使荧光减弱或完全不发生荧光的现象。

荧光猝灭程度与原子化气氛有关,氩气气氛中荧光猝灭程度最小。荧光量子效率 φ 是衡量荧光猝灭程度的因素

$$\varphi = \varphi_f / \varphi_a \tag{2-13}$$

式中,φ_f 为发射荧光的光量子数;φ_a 为吸收的光量子数。

4)待测原子浓度与荧光的强度

当光源强度稳定、辐射光平行时,自吸可忽略,发射荧光的强度 I_f 正比于基态原子对特定频率吸收光的吸收强度 I_a。

$$I_f = \varphi I_a \tag{2-14}$$

在理想情况下

$$I_f = \varphi I_0 A K_0 l N = kc \tag{2-15}$$

式中,I_0 为原子化火焰单位面积接受到的光源强度;A 为受光源所照射的检测器中观察到的有效面积;K_0 为峰值吸收系数;l 为吸收光程;N 为单位体积内的基态原子数。

2. 仪器

原子荧光光谱法所用仪器为原子荧光光度计,原子荧光光度计的主要部件与原子吸收分光光度计相似,也包括光源、原子化器(火焰和非火焰)、分光系统以及

检测系统四大部分。两者的不同之处在于在原子荧光光度计中,为避免激发光源的辐射被检测,光源照射和荧光检测轴成直角,如图 2-10 所示。

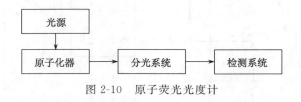

图 2-10　原子荧光光度计

1) 定量分析方法

在一定实验条件下,当原子浓度十分稀薄、激发光源强度一定时,相对荧光强度 I_f 与溶液中待测元素的浓度 c 呈线性关系,即

$$I_f = kc \tag{2-16}$$

式中,k 为常数。此式即为荧光定量分析的基本关系式,根据所测量的相对荧光强度就可进行定量分析。以相对荧光强度为纵坐标,以浓度为横坐标绘制标准曲线,然后在相同的条件下,测量试液的相对荧光强度,由标准曲线查得试液的浓度。

2) 氢化法

氢化法是原子荧光分析中的重要方法,主要用于易形成氢化物的金属,如砷、锑、铋、硒、碲、锡、锗和铅等,汞则生成汞蒸气。

氢化法是以强还原剂硼氢化钠在酸性介质中与待测元素反应,生成气态的氢化物后,再引入原子化器中进行分析。氢化反应如下

$$MCl_3 + 4NaBH_4 + HCl + 16H_2O \Longrightarrow MH_3 + 4NaCl + 4HBO_2 + 21H_2$$

$$HgCl_2 + 3NaBH_4 + HCl + 6H_2O \Longrightarrow Hg + 3NaCl + 3HBO_2 + 11H_2$$

由于硼氢化钠在弱碱性溶液中易于保存,使用方便,反应速率快,灵敏度较高,且很容易将待测元素转变为气体,因此在原子荧光分析中得到广泛应用。

【思考题】

2-5　原子发射光谱分析常用的激发光源有哪几种? 比较它们各自的性能。

2-6　简述原子发射光谱定量分析中内标法的原理。

2-7　在原子吸收光谱法中,如何选择测定条件?

2-8　简述原子荧光光谱法的基本原理。

(刘昌华)

2.3　分子光谱分析

2.3.1　概述

分子和原子一样有其特征分子能级。分子内部运动可分为价电子运动、分子内原子在其平衡位置附近的振动和分子本身绕其重心的转动。因此,分子具有电子能级、振动能级和转动能级。由于分子具有 3 种不同的能级跃迁,因而可以产生 3 种不同的吸收光谱,即电子光谱、振动光谱和转动光谱。除以上提到的 3 种运动外,分子中某原子核能旋转,在磁场中由自旋核产生的吸收光谱即为核磁共振光谱。

紫外光谱与红外光谱都属于分子吸收光谱。紫外光谱属于电子光谱,而红外光谱属于振动-转动光谱。紫外光谱多适用于具有共轭结构的有机化合物及某些无机物的研究,而红外光谱能测得所有有机化合物的特征红外吸收。

红外光谱的特征性要比紫外光谱强得多,因为紫外光谱是分子的价电子或 n 电子跃迁所产生的,吸收峰形比较简单。而红外光谱是分子振动-转动能级跃迁所产生的,官能团有几种振动形式,相应产生几个吸收峰,光谱复杂,特征性强。

红外光谱与拉曼光谱也同属分子光谱。从产生光谱的机理来看,拉曼光谱是分子对激发光的散射,而红外光谱是分子对红外光的吸收。拉曼光谱适于研究相同原子的非极性键的振动,如 C—C、S—S、N—N 键等对称分子的骨架振动,不同原子的极性键,如 C＝O、C—H、N—H 和 O—H 等,则在红外光谱上有反映。

1. 光吸收定律

光吸收定律不仅是紫外和可见分光光度法定量分析的理论依据,而且同样适用于红外吸收光谱法。

当一束平行单色光通过均匀的、非散射的吸光物质溶液时,溶液的吸光度(A)与溶液浓度(c)和液层厚度(b)成正比。

$$A = Kbc \tag{2-17}$$

吸光度与溶液透射比(T)的关系

$$A = \lg \frac{I_0}{I} = \lg \frac{1}{T} \tag{2-18}$$

吸光度具有加和性。在含有多种吸光物质的溶液中,由于各吸光物质对某一波长的单色光均有吸收作用,如果各吸光物质的吸光质点之间互相不发生化学反应,当某一波长的单色光通过含有多种吸光物质的溶液时,溶液的总吸光度等于各物质的吸光度之和。这一规律称吸光度的加和性。根据这一规律,可以进行多组分的测定及某些化学反应平衡常数的测定。

2. 吸收曲线

物质对光的选择性吸收特性可以用吸收曲线定量描述。吸收曲线是分子吸收光谱法定量分析中选择入射光波长的重要依据。吸收曲线有如下特点：

同一种物质对不同波长的光吸收是不同的，吸光度最大处对应的波长称为最大吸收波长，用 λ_{max} 表示。

不同浓度的同一种物质，其吸收曲线形状相似，λ_{max} 不变。不同物质它们的吸收曲线形状和 λ_{max} 则不同。各种物质都有其特征的吸收曲线和最大吸收波长，吸收曲线可以提供物质的结构信息，此特性可作为物质定性分析的依据之一。

同种物质的不同浓度的溶液，在某一波长处的吸光度随物质浓度的增加而增大，这是物质定量分析的依据。因为在 λ_{max} 处吸光度随浓度变化的幅度最大，所以测定最灵敏。

3. 分光光度计基本部件

分光光度计是建立在光电效应的基础之上的，基本原理是光源发射的光经单色器获得实验所需的单色光，再透过样品池照射到光电元件上，所产生的光电流大小与透射光的强度成正比。通过测量光电流强度即可得到样品的透光率或吸光度。

尽管光度计的种类和型号繁多，但它们都是由下列几个部件组成的（表 2-5）。

表 2-5　分光光度计的基本部件

	光源 （光谱范围）	单色器	样品池	检测器	记录系统
紫外	氢灯或氘灯 160～375 nm	石英棱镜（或光栅）	石英皿	光电管及光电倍增管等	电位计、检流计、自动记录仪、示波器及数字显示装置
可见	钨丝灯或氙灯 320～2500 nm、 250～700 nm	玻璃棱镜（或光栅）	玻璃皿	光电管及光电倍增管等	电位计、检流计、自动记录仪、示波器及数字显示装置
红外	能斯特灯、硅碳棒 760 nm～1000 μm	光栅色散系统、迈克尔孙干涉仪	NaCl、KBr、CsI 等材料制成的窗片	高真空热电偶、热释电检测器和碲镉汞检测	记录仪自动记录谱图
荧光	氙灯、高压汞灯或激光	2 个光栅（激发和发射）	石英皿	光电倍增管	记录仪、数字显示装置

1）光源

提供强而稳定的入射光。近年来，具有高强度和高单色性的激光已被开发用作光源。已商品化的激光光源有氩离子激光器和可调谐染料激光器等。

2）单色器

单色器是能将光源发出的复合光分解为单色光，并可从中选出任一波长单色光的系统。一般由入射狭缝、准光装置、色散元件、聚焦系统、出射狭缝构成。其中色散元件为核心部分，它有棱镜和光栅两种形式，现代分析仪器通常采用光栅作为色散元件。此外，常用的滤光片也起单色器的作用。

无论是何种单色器，出射光束中通常混有少量与仪器所指示的波长十分不同的光波，这些异常波长的光称为杂散光。杂散光往往会严重地影响吸光度的正确测量。杂散光产生的主要原因有各光学部件和单色器的外壳内壁的反射、大气或光学部件表面上尘埃的散射等。为了消除杂散光，单色器可用罩壳封闭起来，罩壳内涂有黑体以吸收杂散光。

3）样品室

放置各种类型的吸收池和相应的试样。

4）检测系统

将光信号转变为电信号的装置。对检测器的要求是产生的光电流与照射于检测器上的光强度成正比，响应灵敏度高，响应速度快，噪声低，稳定性高，产生的电信号易于检测放大等。

5）显示系统

显示系统的作用是将检测器输出的电信号以吸收光谱的形式（或 A，T）显示出来。常用的显示测量仪器有电位计、检流计、自动记录仪、示波器及数字显示装置等。随着电子技术的飞速发展，目前许多分光光度计应用电子计算机处理数据，可直接读取分析结果。

2.3.2　紫外-可见吸收光谱法

1. 概述

根据所吸收光的波长范围不同，紫外可见光区分为远紫外（10～200 nm）、近紫外（200～360 nm）和可见光部分（360～760 nm）。由于远紫外的吸收测量必须在真空条件下进行，故使用受到限制。通常紫外-可见分光光度法是指研究 200～800 nm 光谱区域内溶液中分子或离子对光辐射的吸收特性，并以此为基础建立的分析方法。对于气（基）态原子吸收紫外光或可见光得到锐线的原子吸收光谱，不在此范畴内。

当用不同波长的光照射物质分子时，分子只选择吸收与其能级间隔相应波长的光子能量,而其他波长的光透过,这就是分子对光的选择性吸收特性。如果将两种不同颜色的光按一定比例混合能得到白光,则这两种光称为互补色光。物质所呈现的颜色就是由于该物质选择性地吸收了可见光中某一波段的光而让其他波长的光透过(或反射)所产生的。物质所呈现的颜色总是与所吸收的光的颜色为互补色。

在式(2-17)中,若 c 的单位不同,则 K 的单位和名称也不同(表2-6)。

表 2-6　不同单位下的吸收定律表达式

b 的单位	c 的单位	K 的单位	K 的符号	K 的名称	吸收定律表示式
cm	$g \cdot L^{-1}$	$L \cdot cm^{-1} \cdot g^{-1}$	a	吸光系数	$A = abc$
cm	$mol \cdot L^{-1}$	$L \cdot cm^{-1} \cdot mol^{-1}$	ε	摩尔吸光系数	$A = \varepsilon bc$

a 或 ε 反映了吸光物质对光的吸收能力,也反映了吸光光度分析法测定该吸光物质的灵敏度。它们与物质本性、入射光波长及温度等有关,而与物质浓度无关。

规定仪器的检测极限 $A = 0.001$ 时,单位截面积光程内所能检测出来的吸光物质的最低含量为桑德尔灵敏度(S),单位为 $\mu g \cdot cm^{-2}$。S 与 ε 的关系是

$$S = \frac{M}{\varepsilon} \tag{2-19}$$

式中,S 为桑德尔灵敏度,在一定的温度和波长下是常数。S 越大,测定的灵敏度越低;S 越小,灵敏度越高。

用于分析的物料称为样品,一般都需对样品进行预处理以满足仪器检测器的要求,参见第5章。

在紫外-可见吸收光谱法中,对光谱分析溶剂的要求是良好的溶解能力,在测定波段没有明显的吸收,被测组分在溶剂中具有良好的吸收峰形,挥发性小,不易燃,无毒性,价格便宜等。

为了使测定获得满意的结果,必须注意选择合适的测定条件,主要从这样几个方面考虑:测定波长、狭缝宽度、吸光度范围、反应条件、参比溶液、共存离子的干扰消除等。

紫外-可见分光光度计包括单光束分光光度计,如常用的722型光度计[参见《化学基础实验(Ⅱ)》(彭秧等,科学出版社)中5.3.4节]以及双光束分光光度计(参见本书7.4.3节)。

2. 定量测定方法

1) 普通分光光度法

(1) 单组分的测定,多用标准曲线法。

（2）多组分的测定。若各组分的吸收曲线互不重叠,则可在各自最大吸收波长处分别进行测定。若各组分的吸收曲线互有重叠,则可根据吸光度的加和性求解联立方程组得出各组分的含量。从理论上讲,任何数目的组分均可用此法求解,但随着组分的增多,不仅计算繁琐,而且实验误差也将增大,因此在实际应用中此法只适于较少组分的同时测定。

2）示差分光光度法

当溶液吸光度 $A > 0.8$ 或 $A < 0.2$ 时,直接测量会引入较大误差,采用示差分光光度法使溶液吸光度在适宜的范围内,可提高测定结果的准确度。

示差分光光度法与普通分光光度法的主要区别在于它们所采用的参比溶液不同。示差法一般采用某合适浓度的标准溶液作参比溶液。实际测得的吸光度相当于普通分光光度法中待测溶液与标准溶液的吸光度之差 ΔA,且与 Δc 呈直线关系。

3）双波长分光光度法

需要 2 个单色器获得两束单色光(λ_1 和 λ_2),通过以参比波长 λ_1 处的吸光度 A_{λ_1} 为参比,消除共存组分的干扰,可直接进行多组分同时测定而无需解联立方程组。双波长法在分析浑浊或背景吸收较大的复杂试样时显示出很大的优越性。另外,在灵敏度、选择性、测量精密度等方面都比单波长法有所提高。按波长选择方式的不同,双波长分光光度法主要分为等吸收波长法和系数倍率法。

双波长法中的关键问题是测定波长 λ_1 和参比波长 λ_2 的选择,一般应满足以下两个基本条件:干扰组分在 λ_1 和 λ_2 处具有相等的吸光度;待测组分在 λ_1 和 λ_2 处的吸光度差值足够大。

双波长法进行定量测定时,同样可使用标准曲线法。

4）导数分光光度法

导数分光光度法对多组分的重叠吸收带有较好的分辨能力,可简便快速地实现多组分的同时测定。导数分光光度法可顺利地进行浑浊样品的分析,消除背景干扰。导数光谱的获得一般有光学法和电子法两种:光学法是通过特殊的光学设计而产生导数光谱信号的方法;电子法是利用电子技术对普通分光仪的输出信息进行微分处理,从而获得模拟的导数光谱的方法。

导数光谱定量分析的基础是其导数信号与待测组分的浓度呈线性关系。在进行导数光谱定量分析时,必须准确地测量其导数值。实际工作中常用于测量导数值的方法有切线法、峰-谷法、峰-零法。

5）动力学分光光度法

动力学分光光度法是利用反应速率与物质浓度间的定量关系,通过测定吸光度对待测组分进行定量的一种方法。它可分为非催化动力学方法(包括速差动力学分析法)和催化动力学方法(包括酶催化动力学分析法)。催化动力学分光光度法测定的方法有固定时间法、固定浓度法、斜率法（又称正切法）。

　　6）其他光度法

　　（1）与分离富集相结合的光度法。

　　浮选光度法：通过浮选剂将待测组分从溶液中分离出来，除去浮选剂，再用光度法进行测定的一类方法。该法具有很高的灵敏度。按照浮选剂的不同可分为溶剂浮选和泡沫浮选分光光度法。

　　固相光度法：其基本原理是利用固相载体（离子交换树脂、泡沫塑料或滤纸等）对待测组分进行分离、富集并显色，而后直接测定固相吸光度。与其他溶液光度法相比，灵敏度可提高 1～2 个数量级，选择性也得到改善。

　　萃取光度法：用少量与水不互溶的有机溶剂，将水相中的有色配合物直接萃取，然后进行光度测定的方法。尤其在对复杂试样中痕量组分进行测定时，能有效地提高测定的灵敏度和选择性。

　　（2）光度滴定法。光度滴定法是将滴定操作与吸光度测量相结合的一种测定方法，即根据测定过程中溶液吸光度的突变来确定终点。

　　具体步骤是在选定的波长下，待测溶液中每加入一定体积的滴定剂后即测量吸光度，然后绘出吸光度-滴定剂体积曲线即光度滴定曲线。光度滴定曲线上吸光度有显著变化的转折点即为滴定终点。

　　光度滴定法可用于酸碱滴定、氧化还原滴定、沉淀滴定和配位滴定。与普通滴定法相比，具有判断终点准确、抗干扰能力强、能在底色较深的溶液中滴定等优点。

　　3. 紫外-可见吸收光谱法的应用

　　1）有机化合物的定性鉴定和结构的推断

　　由于紫外可见光区的吸收光谱比较简单，特征性不强，并且大多数简单基团在近紫外光区只有微弱吸收或无吸收，所以紫外-可见分光光度法在定性鉴定和结构分析中的应用有一定局限性。但它可以用于鉴定共轭生色团，以此推断未知物的结构骨架，配合红外光谱、核磁共振波谱等进行定性鉴定和结构分析。

　　利用紫外-可见分光光度法确定未知不饱和化合物的结构骨架时，一般有两种方法：一是比较吸收光谱曲线；二是用经验规则计算最大吸收波长，然后与实测值比较。吸收光谱曲线的形状、吸收峰的数目以及最大吸收波长的位置和相应的摩尔吸光系数，是进行定性鉴定的依据。

　　2）配合物研究

　　（1）配合物组成的测定。确定各种配合物组成常用的方法有光度法和电位滴定法、元素分析等方法。光度法确定化合物组成有摩尔比法、连续改变法、斜率比法、平衡移动法等。

　　（2）配合物稳定常数的测定。稳定常数是配合物最重要的参数之一，对简单配合物有连续改变法、解离度-稀释法、摩尔比法(或配合物浓度法)、平衡移动法等方法测定。如果各分级配合物的稳定常数相差不大或者它们的吸收峰重叠,不能将它们作为单一配合物处理时,可采用 pH 光度滴定法测定。

(3) 摩尔吸光系数的测定。配合物解离可忽略时,有 3 种方法求摩尔吸光系数:直接处理法、过量试剂法、金属离子过量法。当配合物的解离比较明显,在过量试剂存在下金属离子也不能完全转化为配合物时,用计算法或图解法。

3) 理化参数的测定

(1) 酸碱解离常数的测定,参见《化学基础实验(Ⅱ)》(彭秧等,科学出版社) 3.3.1 节。

(2) 相对分子质量的测定。根据光吸收定律,可得化合物相对分子质量 M_r 与其摩尔吸光系数 ε、吸光度 A 及质量 m、容积 V 之间的关系为

$$M_r = \frac{\varepsilon m b}{VA} \tag{2-20}$$

此式表明,当测得一定质量的化合物的吸光度后,只要知道其摩尔吸光系数,即可求得其相对分子质量。在紫外-可见吸收光谱法中,只要化合物具有相同生色骨架,其吸收峰的 λ_{max} 和 ε_{max} 几乎相同。因此,只要求出与待测物有相同生色骨架的已知化合物的 ε 值,根据光吸收定律,即可求出待测化合物的相对分子质量。

(3) 氢键强度的测定。我们知道,$n \rightarrow \pi^*$ 吸收带在极性溶剂中比在非极性溶剂中的波长短一些。在极性溶剂中,分子间形成了氢键,实现 $n \rightarrow \pi^*$ 跃迁时,氢键也随之断裂。此时物质吸收的光能,一部分用以实现 $n \rightarrow \pi^*$ 跃迁,另一部分用以破坏氢键。而在非极性溶剂中,不可能形成分子间氢键,吸收的光能仅为了实现 $n \rightarrow \pi^*$ 跃迁,故所吸收的光波的能量较低,波长较长。由此可见,只要测定同一化合物在不同极性溶剂中的 $n \rightarrow \pi^*$ 跃迁吸收带,就能计算其在极性溶剂中氢键的强度。

(4) 纯度检查。如果化合物在紫外区没有吸收峰,而其中的杂质有较强吸收,就可方便地检出该化合物中的痕量杂质。

2.3.3　红外吸收光谱法

红外吸收光谱法(简称 IR)是由分子振动能级的跃迁而产生的,因为同时伴随有分子中转动能级的跃迁,故又称振转光谱。红外吸收光谱法广泛用于分子结构的基础研究、化学反应过程的控制和反应机理的研究等,应用范围涉及生物化学、高聚物、环境、染料、食品、医药等领域。

1. 概述

1) 红外光谱产生的条件

辐射应具有满足物质振动跃迁所需的能量。只有当红外辐射频率等于振动量

子数的差值与分子振动频率的乘积时，分子才能吸收红外辐射，产生红外吸收光谱。

辐射与物质之间有相互耦合作用。只有发生偶极矩变化（$\Delta\mu\neq0$）的振动才能引起可观测的红外吸收光谱。即当一定频率的红外光照射分子时，如果分子中某个基团的振动频率和它一样，二者就会产生共振，此时光的能量通过分子偶极矩的变化传递给分子，这个基团就会吸收该频率的红外光而发生振动能级跃迁，产生红外吸收峰。

2）红外光谱区的划分

红外光谱在可见光和微波之间，其波长范围为 $0.75\sim1000~\mu m$。根据实验技术和应用的不同，通常将红外光谱划分为 3 个区域，如表 2-7 所示。其中中红外区是研究最多的区域，一般说的红外光谱就是指中红外区的红外光谱。

表 2-7　红外光谱区的划分

区域	波长 $\lambda/\mu m$	波数 σ/cm^{-1}	能级跃迁类型
近红外（泛频区）	$0.75\sim2.5$	$13\,185\sim4\,000$	OH，NH 及 CH 键的倍频吸收区
中红外（基本振动区）	$2.5\sim25$	$4\,000\sim400$	分子振动，伴随着转动
远红外（转动区）	$25\sim500(1\,000)$	$400\sim20(10)$	分子转动

红外光谱的波长除了用 λ 表示外，还常用波数表示。波数为光在真空中通过单位长度距离（通常为 1 cm）时的振动次数，是波长的倒数，即频率与真空中光速的比值。

$$\sigma=1/\lambda=\nu/c \qquad (2\text{-}21)$$

在红外光谱中，波长的单位为 μm，波数的单位为 cm^{-1}，因为 $1~\mu m=10^{-4}~cm$，所以

$$\sigma(cm^{-1})=10^4/\lambda(\mu m) \qquad (2\text{-}22)$$

3）吸收峰的峰位

在红外光谱中，基团是否存在可通过一些易于辨认的有代表性的吸收峰的位置来确定，并将其称为特征吸收峰，简称特征峰。

一个特征峰仅代表基团的一种振动形式，而一个基团往往有数种振动形式。每一种红外活性振动一般均产生相应的吸收峰，故仅依据某一特征峰来推断某基团的存在是不可靠的。来自某一基团的各种振动形式所产生的一组特征峰称为相关峰，相关峰的数目由分子结构及光谱的波长范围决定。用一组相关峰来鉴别一个基团的存在，是红外光谱图解析的一个重要原则。

4）吸收峰的强度

在红外光谱中，吸收峰强度的量度一般用摩尔吸光系数表示。$\varepsilon>100$ 表示非

常强峰(vs);20＜ε＜100 表示强峰(s);10＜ε＜20 表示中强峰(m);1＜ε＜10 表示弱峰(w)。

　　红外吸收峰的强度与偶极矩变化的大小有关,吸收峰的强弱与分子振动时偶极矩变化的平方成正比。一般来说,永久偶极矩大的,振动时偶极矩变化也大,如 C＝O(或 C—O)的强度比 C＝C(或 C—C)要大得多,若偶极矩变化为 0,则无红外活性,即无红外吸收峰。

　　5) 红外光谱法的应用范围

　　紫外吸收光谱常用于研究不饱和有机物,特别是具有共轭体系的有机化合物,而红外光谱法主要研究在振动中伴随有偶极矩变化的化合物(没有偶极矩变化的振动在拉曼光谱中出现)。因此,除了单原子和同核分子如 Ne、He、O_2、H_2 等之外,几乎所有的有机化合物在红外光谱区均有吸收。凡是具有结构不同的两个化合物(除光学异构体、某些高相对分子质量的高聚物以及在相对分子质量上只有微小差异的化合物外),一定不会有相同的红外光谱。

　　6)红外光谱法的特点

　　(1) 应用面广,提供信息多且具有特征性。红外吸收带的波数位置、波峰的数目以及吸收谱带的强度反映了分子结构上的特点,可以用来鉴定未知物的结构组成或确定其化学基团,而吸收谱带的吸收强度与分子组成或化学基团的含量有关,可以进行定量分析和纯度鉴定。

　　(2) 不受样品相态的限制,也不受熔点、沸点和蒸气压的限制。无论是固态、液态以及气态样品都能直接测定,甚至对一些表面涂层和不溶、不熔融的弹性体(如橡胶),也可直接获得其红外光谱。

　　(3) 样品用量少且可回收,不破坏试样,分析速度快,操作方便等。

　　2. 红外光谱仪

　　1) 色散型红外光谱仪

　　色散型红外光谱仪的组成部件与紫外-可见分光光度计相似,但对每一个部件的结构、所用的材料及性能与紫外-可见分光光度计不同。它们的排列顺序也略有不同,红外光谱仪的样品是放在光源和单色器之间,而紫外-可见分光光度计是放在单色器之后。

　　2) 傅里叶变换红外光谱仪

　　20 世纪 70 年代出现了与色散型仪器原理完全不同的傅里叶变换红外光谱仪(FT-IR)。它与色散型红外光谱仪的主要区别在于干涉仪和电子计算机两部分。

　　傅里叶变换红外光谱仪没有色散元件,主要由光源(硅碳棒、高压汞灯)、迈克尔孙(Michelson)干涉仪、检测器、计算机和记录仪组成。由于傅里叶变换红外光谱仪摒弃了狭缝结构,它在任何测量时间内都能获得辐射源的所有频率的信息,消除了狭缝对光谱能量的限制,使光能的利用率大大提高。核心部分为迈克尔孙干涉仪,它将光源来的信号以干涉图的形式送往计算机进行傅里叶变换的数学处理,最后将干涉图还原成光谱图。

傅里叶变换红外光谱法的本质是光谱信息数字化,而数字化的信息非常有利于光谱的各种计算,如谱库自动检索、差谱、积分谱、微分谱、多组分自动定量等。傅里叶变换红外光谱仪大致有如下软件功能:数据处理功能(基线校正、平滑曲线、曲线拟合、任取波段放大或缩小、T 与 A 互换、绘制任意大小的谱图并打印出相应的数据),定性方面的功能[差谱、谱库自动检索(Sadtler 谱图 10 万张)、计算机推定结构等],定量方面的功能(峰高法、面积法、微分光谱定量法),多组分自动分析(多达 16 组分),联机检测(GC-IR、LC-IR),动态光谱(如时间分辨光谱等)。

傅里叶变换红外光谱仪扫描速度极快,可用于测定不稳定物质的红外光谱;具有很高的分辨率,可以进行气体或低温固体的振动光谱的研究,有利于进行谱峰检索,有利于混合物差谱检测和准确进行多组分定量分析;灵敏度高,用计算机使样品信号累加储存,能够测量一些弱吸收、低浓度的样品和痕量组分;可以研究整个红外区(10 000～10 cm^{-1})的光谱,其远红外区可用于金属有机化合物、金属络盐的鉴定。

20 世纪 80 年代以来,傅里叶变换红外技术发展非常迅速,随着计算机技术的发展及普及,傅里叶变换红外光谱仪已逐步取代色散型光谱仪。

3. 实验技术

1) 红外光谱法样品的制备

红外光谱法对试样的要求:试样应该是单一组分的纯物质,纯度应大于 98%或符合商业规格;试样中不应含有游离水;试样的浓度和测试厚度应选择适当,以使光谱图中的大多数吸收峰的透射比处于 10%～80%。制样的方法有以下几种。

(1) 气体样品:可直接用惰性气体当载体,充入以氯化钠或溴化钾等材料为窗口的样品池中进行测定。样品池的长度可根据气体的浓度(压力)和被测样品吸收带的强度而定,一般常用的长度为 100 mm。因为绝大多数较为复杂的有机化合物在常温常压下都是液体或固体,所以在有机分析中较少测试气体样品的红外光谱。

(2) 液体样品:包括纯液体和溶液两种。

纯液体:可滴 1～2 滴样品夹在两片磨得很平的盐片间形成薄膜进行直接测试,样品厚度一般为 0.01～0.1 mm。使用纯液体样品直接测试的优点是方法简单,且光谱中没有溶剂吸收的干扰,而缺点是样品厚度不易重复。

溶液:对于一些吸收较强或样品量较少的液体,为了得到满意的图谱,可将液体配成溶液样品进行测试。使用的溶剂必须认真选择,一般来说,除了对溶质应有较大的溶解度外，必须具有对红外光透明、不腐蚀池窗材料、对溶质不发生强的溶剂效应等特点，常用的溶剂有二硫化碳、四氯化碳和三氯甲烷等。

样品池厚度一般为 0.01～1 mm，样品浓度可为 1%～20%，溶液法的优点是光谱的再现性好，因此特别适用于定量分析。

（3）固体样品。

KBr 压片法：取 0.5～2 mg 样品，用玛瑙研钵研细后，加入 100～200 mg 干燥 KBr 粉末，继续研细，在 7～10 t·cm^{-2} 压力下（抽真空～10 mmHg）1～5 min 压成透明薄片进行测试。样品在 KBr 中的浓度为 0.1%～0.5%。

压片法操作方便，没有溶剂、糊剂的吸收干扰，能一次完整地获得样品的吸收光谱。样品浓度和薄片厚度易于控制，可用于定量分析。

糊状法：把 5～10 mg 干燥样品用玛瑙研钵充分研细，加入几滴液体石蜡油或全氟煤油作为悬浮剂，继续研磨使两者混合成均匀的糊状物，然后把所制得的糊状物夹在两窗片之间，压紧后成均匀膜层即可测定。

薄膜法：对熔点低且在熔融时不发生分解、升华和其他化学变化的固体样品，可制成薄膜进行测定。薄膜的制备方法有两种：一是直接加热熔融样品；二是溶于易挥发的溶剂中制成溶液，然后蒸干溶剂以形成薄膜而进行测定。

2）红外图谱解析的一般步骤

解析图谱的具体步骤常根据各人的经验不同而异，这里提供一种方法仅供参考。

（1）确定有无不饱和键。如果已知化合物的分子式，则可先利用经验公式计算不饱和度。

（2）根据红外光谱的主要区域，按以下顺序进行解析。首先，识别特征区中的第一强峰的起源（何种振动引起）和可能属于什么基团（可查主要基团的红外吸收特征峰表），然后找到该基团主要的相关峰（查红外吸收相关图），其次，解析特征区的第二、第三等强峰及其相关峰，最后，再依次解析指纹区的第一、第二等强峰及其相关峰。

根据经验可归纳为：先特征后指纹，先强峰后弱峰；先粗查后细找，先否定后肯定。一个化合物会有很多吸收带，即使是一个基团，由于振动方式的不同，也会产生几条吸收带，还有其他原因也会改变吸收带的数目、位置、强弱和形状。解析主要找化合物的特征吸收频率及相关的吸收，不可能将红外图谱上的每一个谱带吸收峰都给予解释。

3）红外光谱技术

（1）衰减全反射法。衰减全反射法（ATR）在许多文献中也称为内反射法（IRS）。它是用于一般透射法测量有困难的黏稠液体和在普通溶剂中不溶解的固体、弹性体以及不透明表面上涂层的有效测量方法。衰减全反射法可测高聚物，如橡胶制品、纺织品、纸张以及表面涂层等的反射光谱,反射光谱与透射光谱十分接近。用色散仪器进行 ATR 测定时,经多次反射,光能损失较大,为保证足够的光能,就需适当加宽狭缝,故 ATR 法以用傅里叶变换红外光谱仪为好。

(2)镜面反射光谱技术。镜面反射光谱技术是收集平整、光洁固体表面的光谱信息,如金属表面的薄膜、金属表面处理膜、食品包装材料和饮料罐表面涂层、厚的绝缘材料、油层表面、矿物摩擦面、树脂和聚合物涂层、铸模塑料表面等。

(3)漫反射光谱技术。漫反射光谱技术是收集高散射样品的光谱信息,适合于粉末状的样品。测量时,无需 KBr 压片,直接将粉末样品放入试样池内,用 KBr 粉末稀释后,测其漫反射光谱。

漫反射法可直接测定粉末、纤维、泡沫塑料、弹性物质的光谱。由于色散仪器中检测器上的漫反射光强太小,而且探测器灵敏度较低,故进行漫反射测定时,采用傅里叶变换红外光谱仪可以得到理想的光谱。

4. 应用

1)定性分析和有机化合物的结构鉴定

将样品的红外光谱与标准谱图或已知结构的化合物的光谱进行比较,鉴定化合物,或者根据各种实验数据,结合红外光谱进行结构测定。

2)定量分析

红外光谱定量分析是通过对特征吸收谱带强度的测量来求组分含量。其理论依据是朗伯-比尔定律。

定量分析方法的选择与样品性质有关,当样品中组分简单时,多采用对照法(或称补偿法)或校正曲线法;对于较复杂的样品,可采用差示法、比例法或解联立方程法。

定量分析测量和操作条件的选择主要有定量谱带的选择、溶剂的选择、透光率区域选择、测量条件的选择、吸收池厚度的测定等。

红外光谱的定量分析存在许多缺陷,主要是来自对朗伯-比尔定律的偏差和光谱的复杂性。红外光谱用于定量分析,其灵敏度远不如紫外-可见分光光度法,这是由于红外光谱的摩尔吸光系数小于 10^3,而紫外可见光谱的摩尔吸光系数可达 10^5。红外光谱对于含量小于 1% 的组分常不能测出。再者,因为红外光谱在测定时选用的透光狭缝常较大,所以用于定量分析时常不是单一波长,因而精密度不高。但大多数有机化合物和无机化合物在红外光区都有吸收,因此红外光谱法测定的范围要宽得多,红外光谱对于分析性质相似的多组分混合物非常有用,例如,红外光谱可以定量分析乙苯与 3 种二甲苯的混合物。一般来说,只有待测试样在紫外可见光区无吸收,定量数据要求也不必十分精密的情况下,才可选用红外光谱法进行定量分析。

2.3.4 荧光和磷光光谱法

许多化学体系会光致发光,即它们可被电磁辐射所激发并再发射出波长相同或波长较长的辐射。两种最常见的光致发光现象是荧光和磷光,它们是由两种机理略有不同的过程所产生的。荧光发射一般发生在光照后 10^{-8} s 内,而磷光则可延续到 $10^{-4} \sim 10$ s。基于对化合物的荧光或磷光测量而建立起来的分析方法称为分子荧光或分子磷光光谱法。

1. 荧光和磷光的产生

激发态分子不稳定,以辐射或无辐射跃迁方式回到基态,这就是激发态分子的失活。辐射跃迁去激发过程有光子发射时,产生荧光或磷光现象。非辐射跃迁指以热的形式辐射多余的能量,包括振动弛豫、内部转移、系间跨越、外部转移等。各种跃迁方式发生的可能性及其程度既和物质分子结构有关,也和激发时的物理和化学环境等因素有关。

分子产生荧光必须具备两个条件:分子结构要对激发光具有较大的吸光系数,同时具有较大的荧光量子产率(物质分子发射荧光的能力用荧光量子产率表示)。许多强吸光物质吸收光子之后不能发生荧光,就是因为荧光发射的速率比其他辐射和非辐射跃迁速率小,而导致荧光量子产率低。

荧光物质分子与溶剂或其他溶质分子相互作用,引起荧光强度降低的现象称为荧光猝灭。能引起荧光强度下降的物质称为猝灭剂。引起溶液荧光猝灭的因素很多,机理各不相同,主要有碰撞猝灭、化合作用猝灭、荧光物质的自猝灭。

磷光的产生涉及激发单重态(S_1)经系间跨越跃迁到激发三重态(T_1),然后由激发三重态回到基态(S_0)。磷光是由禁阻跃迁 T_1—S_0 产生的,因此磷光的产生容易受其他辐射或无辐射跃迁的干扰,使得磷光减弱,甚至得不到磷光。

2. 测定方法原理

在一定光源强度下,若保持激发波长 λ_{ex} 不变,扫描得到的荧(磷)光强度与发射波长 λ_{em} 的关系曲线,称为荧(磷)光发射光谱。反之,若保持 λ_{em} 不变,扫描得到的荧(磷)光强度与 λ_{ex} 的关系曲线,则称为荧(磷)光激发光谱。

对低浓度溶液样品而言,一定 λ_{ex} 和 λ_{em} 条件下测得的荧(磷)光强度 $I_f (I_p)$ 可表示为

$$I_f = 2.303 \Phi_f I_0 \varepsilon bc \tag{2-23}$$

$$I_p = 2.303 \Phi_p I_0 \varepsilon bc \tag{2-24}$$

式中,Φ_f、Φ_p 分别为荧光、磷光量子效率;I_0 为激发光强度;b 为液池厚度;ε 和 c 分

别为发光物质的摩尔吸光系数和浓度。由此可见，只要发光物质的浓度不是太大（$\varepsilon bc < 0.05$），在一定条件下，荧（磷）光强度与其浓度成正比，这是荧（磷）光分析的定量基础。

3. 荧光分析仪器与应用

1）荧光分析仪器

荧光分析所用的仪器主要有荧光分光光度计与荧光计两类。

荧光分光光度计由激发光源、单色器、试样池、检测器和放大显示系统组成，如图 2-11 所示。由光源发出的光，经第一单色器（激发单色器）后，得到所需要波长的激发单色光。激发单色光通过样品池时，部分被荧光物质所吸收，部分透过。荧光物质被激发后，向四面八方发射荧光。与激发光入射方向垂直的荧光进入第二单色器（荧光单色器），除去激发光所产生的反射光、散射光和溶液中的杂质荧光，只让待测物质的荧光（或其中某一波长带）通过，到达检测器，得到相应的电信号，经放大后记录下来。这些信号既可用于定量分析，也可用于测绘激发光谱和荧光光谱。

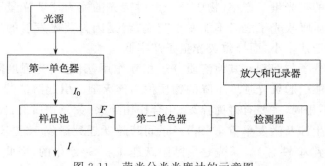

图 2-11　荧光分光光度计的示意图

荧光计使用滤光片获得谱带，常用于定量分析。

科学技术的迅速发展和激光、微机、电子学等新技术的引入，大大推动了荧光分析法在理论上的发展，促进了时间分辨、相分辨、荧光偏振、荧光免疫、同步荧光、三维荧光技术和荧光光纤化学传感器、荧光光纤免疫传感器等荧光分析新方法与新技术的发展，同时也促使了各种各样新型荧光分析仪器的出现。目前，荧光分析法已经发展成为一种重要而有效的光谱分析技术。

2）荧光分析法的特点及应用

荧光分析法具有灵敏度高（比紫外-可见分光光度法高 2～3 个数量级），选择性好，工作曲线线性范围宽，且能提供激发光谱、发射光谱、发光强度、发光寿命、量子产率等多种信息的优点，在生物、医学、药物、环境、石油工业等领域有广泛的应用。荧光分析在有机化合物中的应用较广。许多食品、药物、临床样品、天然产物中的一些有机化合物都能发出强烈的荧光。直接能产生荧光并用于测定的无机化合物为数不多,但通过与有机试剂反应形成荧光配合物,或通过催化或猝灭荧光反应就能进行许多无机元素的测定。

4. 磷光测定方法

磷光分析法相对于荧光,具有以下优点:发光寿命长,更易于实现时间分辨测定;发光波长处于长波区,更易于消除其他物质(特别是生物体液中荧光物质)的干扰;选择性更好。20 世纪 70 年代发展起来的室温磷光分析法(RTP),克服了低温磷光法(LPT)中需要把试样预先冷却到液氮温度(77 K)形成刚性玻璃体后测定磷光的缺点,使测定操作更为简便。继而又出现了固体基质室温磷光法、胶束增稳室温磷光法、敏化/猝灭室温磷光法、胶态-微晶室温磷光法、环糊精诱导室温磷光法、衍生室温磷光法、微乳状液增稳室温磷光法、混合有序介质室温磷光法等测定方法。

与荧光法一样,磷光分析也可利用磷光猝灭效应,用间接磷光法测定某些物质。

2.3.5　化学发光和生物发光分析简介

化学发光是指在化学反应的过程中,受化学能的激发,使反应产物的分子处在激发态,这种分子由激发态回到基态时,便产生一定波长的光。此现象发生在生物体系中就称为生物发光。化学发光和生物发光分析就是借助这种发光现象而建立起来的分析方法。这种方法的最大优点是方法的灵敏度很高。例如,用荧光素酶和腺苷三磷酸(ATP)的化学发光反应,可测定 2×10^{-17} mol·L^{-1} 的 ATP,即可以检测一个细菌中的 ATP 含量。另一个优点是分析方法简单快速,不需要复杂的仪器,不需要光源和色散装置等,也没有光学分析方法中常见的散射光和杂散光等引起的背景值。线性范围宽也是本法的特点。但是可供发光用的试剂不多,使本法的应用受到了限制。

1. 化学发光的基本原理

化学发光过程可以用下述反应式表示

$$A+B \longrightarrow C^* +D \qquad 化学激发$$
$$C^* \longrightarrow C+h\nu \qquad 化学发光$$

这个过程包括化学激发和化学发光两个关键步骤。

实现化学发光应满足以下几个条件:

(1) 化学发光反应应提供足够的激发能,以引起分子的电子激发。能在可见光范围观察到化学发光现象,要求化学反应提供的化学能在 150 ~

$300\ kJ \cdot mol^{-1}$。许多氧化还原反应所提供的能量与此相当,因此大多数化学发光反应是氧化还原反应,而且要求反应具有一定的速率。

（2）要有有利的化学反应机理,至少能生成一种分子处在激发态的产物。对有机分子来说,芳香族化合物和羰基化合物容易生成激发态产物。

（3）激发态分子要以释放光子的形式回到基态,或者能将能量转移给另一个分子,而使该分子激发,然后该激发态分子以辐射光子的形式回到基态。总之,不能以热的形式消耗能量。

2. 化学发光反应类型

按化学体系的状态来分类,在气相进行的化学发光反应称为气相化学发光,在液相进行的化学发光反应称为液相化学发光。按参与化学发光的反应来分类,可以分为直接化学发光和间接化学发光。分析物质直接参加化学发光反应的称为直接化学发光;若发光体是被化学反应的激发态产物所激发,称为间接化学发光。

1）气相化学发光

气相化学发光反应主要有 O_3、NO 和 S 的化学发光反应。可以用于监测空气中的 O_3、NO、NO_2、H_2S、SO_2 和 CO 等。

2）液相化学发光

用于液相化学发光的物质有鲁米诺、光泽精、洛粉碱、没食子酸、过氧化乙二酸盐、硅氧烯和芳香游离基离子等。其中对鲁米诺(3-氨基苯二甲酰肼)的化学发光反应的机理研究历史最为悠久。

3）生物发光分析

生物发光反应常涉及催化反应和发光反应。这类反应选择性很好,而且有很高的灵敏度,可使生化分析趋于微量、特异、灵敏和快捷,为生化分析提供了一条新的途径。腺苷三磷酸的测定就是一个十分成功的实例。

3. 化学发光及生物发光的分析应用

化学发光分析法是一种有效的痕量分析方法。在工业环境监测中应用较为广泛,例如,国内对工业废水中各种有害物质含量的分析方法中,已越来越多地采用化学发光分析法,并在灵敏度和检测手段上进行了改进。在医学、生物学和免疫学研究、生命信息及其传递过程的实时检测等方面,化学发光及生物发光也已成为一种重要的分析手段。

【思考题】

2-9　红外吸收光谱与紫外-可见吸收光谱在谱图的描述及应用方面有何不同?

2-10　当研究一种新的显色剂时,必须做哪些实验条件的研究? 为什么?

2-11 试比较紫外-可见分光光度计与荧光光度计的异同点。

2-12 用复合光进行吸光度测定,会出现正偏离(实测透过率小于理论值)吗?

2-13 通过本章的学习,我们知道电子受激后从高能态回落到低能态时,必定伴随着辐射的发生,因此产生了发光现象,而且辐射的波长反映了高、低两能级的特征。根据激发方式的不同与辐射特征的研究,就构成不同的发光分析方法。请在对已学过的发光分析方法从激发方式、辐射特征、分析应用等方面进行归纳总结的基础上,根据想象设计出几种发光分析技术。

(彭 秧)

实验 13 电感耦合高频等离子发射光谱法测定人发中微量铜、铅、锌

一、实验目的

(1)了解电感耦合高频等离子体光源的原理及与光电直读光谱仪联用进行定量分析的优越性。

(2)学习生化样品的处理方法。

二、实验原理

1. 基本原理

原子发射光谱分析法是根据受激发的物质所发射的光谱来判断其组成的一门技术。

在室温下,物质中的原子处于基态(E_0),当受外能(热能、电能等)作用时,核外电子跃迁至较高能级(E_n),即处于激发态。激发态的原子是十分不稳定的,其寿命大约为 10^{-8} s。当原子从高能级跃迁至低能级或基态时,多余的能量以辐射的形式释放出来,其辐射能量与辐射波长之间的关系用爱因斯坦-普朗克公式表示

$$\Delta E = E_n - E_i = \frac{hc}{\lambda}$$

式中,E_n、E_i 分别为高能级和低能级的能量;h 为普朗克常量(6.626×10^{-34} J·s);c 为光速;λ 为波长。

当外加的能量足够大时,可以把原子中的外层电子从基态激发至无限远,使原子成为离子,这种过程称为电离。当外加能量更大时,原子可以失去 2 个或 3 个外层电子成为二级离子或三级离子。离子的外层电子受激发后产生跃迁,辐射出离子光谱。原子光谱和离子光谱都是线性光谱。

由于各种元素的原子结构不同,受激发后只能辐射出特定波长的谱线,这就是发射光谱定性分析的依据。

谱线的强度（I）与被测元素浓度（c）有如下关系：

$$I = ac^b$$

式中，a 与 b 是两个常数，a 是与试样的蒸发、激发过程及试样组成等有关参数，b 是自吸系数。这就是发射光谱定量分析的依据。

原子发射光谱法可以分析的元素近 80 种。用电弧或火花作光源，大多数元素相对检出限为 $10^{-3}\% \sim 10^{-5}\%$；电感耦合高频等离子炬作光源，对溶液相对检出限为 $10^{-3} \sim 10^{-5}$ μg·mL^{-1}；激光显微光谱，绝对检出限为 $10^{-6} \sim 10^{-12}$ g。原子发射光谱法分析速度快，可以多元素同时分析，带有计算机的多道（或单道扫描）光电直读光谱仪，可以在 $1 \sim 2$ min 给出试样中几十种元素的含量结果。

2. 电感耦合高频等离子发射光谱法原理

电感耦合高频等离子发射光谱（ICP-AES）分析是将试样在等离子体光源中激发，使待测元素发射出特征波长的辐射，经过分光后测量其强度而进行定量分析的方法。ICP 光电直读光谱仪是用 ICP 作光源，光电监测器（光电倍增管、光电二极管阵列、硅靶光导摄像管、折像管等）检测，并配备计算机自动控制和数据处理。它具有分析速度快，灵敏度高，稳定性好，线性范围广，基本干扰小，可多元素同时分析等优点。

用 ICP 光电直读光谱仪测定人发中微量元素，可以将头发样品用浓 HNO_3 和 H_2O_2 混合消化处理，用这种湿法处理样品时 Pb 损失少。将处理好的样品进行上机测试，2 min 内即可得出结果。

3. 电感耦合高频等离子体

电感耦合高频等离子体光源是 20 世纪 70 年代迅速发展起来的新型激发光源。等离子体在总体上是一种呈中性的气体，由离子、电子、中性原子和分子组成，其正负电荷密度几乎相等。该光源示意图如图 2-12 所示。

电感耦合高频等离子体光源装置由

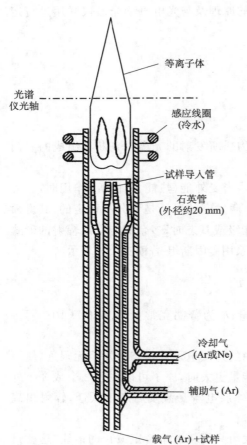

图 2-12　电感耦合高频等离子体光源示意图

高频发生器、等离子炬管和雾化器三部分组成。高频发生器是产生高频磁场、供给等离子体能量的装置。等离子炬管由一个三层同心石英玻璃管组成。外层管内通入冷却气氩气,防止等离子炬管烧坏石英管。中层石英管内通入氩气,维持等离子体,称为辅助气。内层石英光管由载气(一般用氩气)将试样气溶胶引入等离子体。之所以使用惰性气体氩气,是因为它易纯化且性质稳定;Ar 是单原子分子,能量不会损失在分子解离上;光谱简单。试液的引入使用气动雾化器或超声波雾化器。

电感耦合高频等离子体光源工作温度高,最高可达 10 000 K 以上,所以灵敏度高,检测限低,稳定性好,结果精度高,线性范围宽,可达 4～6 个数量级,基体和共存元素干扰小,应用范围广。

三、实验器材与试剂

器材:TPS-7000 型等离子体单道扫描光谱仪,容量瓶(1000 mL 3 个,100 mL 3 个,25 mL 2 个),吸管(10 mL 3 支),吸量管(5 mL 3 支),石英坩埚,量筒,烧杯。

试剂:铜储备液(溶解 1.0000 g 光谱纯铜于少量 6 mol · L⁻¹ HNO₃,移入 1000 mL 容量瓶,用去离子水稀释至刻度,摇匀,含 Cu^{2+} 1.000 mg · mL⁻¹),铅储备液(称取光谱纯铅 1.0000 g,溶于 20 mL 6 mol · L⁻¹ HNO₃ 中,移入 1000 mL 容量瓶,用去离子水稀释至刻度,摇匀,含 Pb^{2+} 1.000 mg · mL⁻¹),锌储备液(称取光谱纯锌 1.0000 g,溶于 20 mL 6 mol · L⁻¹ 盐酸,移入 1000 mL 容量瓶,用去离子水稀释至刻度,摇匀,含 Zn^{2+} 1.000 mg · mL⁻¹),HNO₃、HCl、H₂O₂(分析纯)。

四、实验内容

1. 标准溶液的配制

铜标准溶液:用 10 mL 吸管取 1.000 mg · mL⁻¹ 铜储备液至 100 mL 容量瓶中,用去离子水稀释至刻度,摇匀,此溶液含铜 100.0 μg · mL⁻¹。

用上述相同方法,配制 100.0 μg · mL⁻¹ 的铅和锌标准溶液。

配制 Cu^{2+}、Pb^{2+}、Zn^{2+} 混合标准溶液:

取 2 个 25 mL 容量瓶,一个分别加入 100.0 μg · mL⁻¹ Cu^{2+}、Pb^{2+}、Zn^{2+} 标准溶液 2.50 mL,加 3 mL 6 mol · L⁻¹ HNO₃,用去离子水稀释至刻度,摇匀。此溶液含 Cu^{2+}、Pb^{2+}、Zn^{2+} 的浓度均为 10.0 μg · mL⁻¹。

另一个 25 mL 容量瓶中加入上述 10.0 μg · mL⁻¹ Cu^{2+}、Pb^{2+}、Zn^{2+} 混合标准溶液 2.50 mL,加 3 mL 6 mol · L⁻¹ HNO₃,用去离子水稀释至刻度,摇匀。此溶液含 Cu^{2+}、Pb^{2+}、Zn^{2+} 的浓度均为 1.0 μg · mL⁻¹。

2. 试样溶液的制备

取头发试样,将其剪成长约 1 cm 发段,用洗发香波洗涤,再用自来水清洗多次,将其移入布氏漏斗中,用 1 L 去离子水淋洗,于 110 ℃ 下烘干。准确称取试样 0.3 g 左右,置于石英坩埚内,加 5 mL 浓 HNO_3 和 0.5 mL H_2O_2,放置数小时,在电热板上加热,稍冷后滴加 H_2O_2,加热至近干,再加少量浓 HNO_3 和 H_2O_2,加热,溶液澄清,浓缩至 1～2 mL,加少许去离子水稀释,转移至 25 mL 容量瓶中,用去离子水稀释至刻度,摇匀,待测定。

3. 测定

将配制的 1.0 $\mu g \cdot mL^{-1}$ 和 10.0 $\mu g \cdot mL^{-1}$ Cu^{2+}、Pb^{2+}、Zn^{2+} 标准溶液和试样溶液上机测试。测试条件为

分析线:Cu 324.754 nm,Pb 216.999 nm,Zn 213.856 nm;

冷却气流量:12 $L \cdot min^{-1}$,载气流量:0.3 $L \cdot min^{-1}$,护套气:0.2 $L \cdot min^{-1}$。

五、数据处理

计算发样中铜、铅、锌含量($\mu g \cdot g^{-1}$)。

六、注意事项

溶样过程中加 H_2O_2 时,要将试样稍冷却,且要慢慢滴加,以免 H_2O_2 剧烈分解,将试样溅出。

七、思考题

(1) 人发样品为何通常用湿法处理？若用干法处理,会有什么问题？

(2) 通过实验,你体会到 ICP-AES 分析法有哪些优点？

(刘昌华)

实验 14　原子吸收测定铝合金中的铜、镍

一、实验目的

(1) 巩固原子吸收光谱法的基本原理。

(2) 了解 TAS-986 型原子吸收分光光度计的构造。

（3）学习该仪器各部件的作用及正确使用。

（4）掌握测定条件的选择方法和测试方法。

二、实验原理

原子吸收光谱分析是根据基态自由原子对该元素特征谱线（共振线）的吸收程度而确定待测元素的含量。当具有一定强度的某波长辐射通过原子蒸气时，由于原子蒸气对光源辐射的吸收，光源强度减弱，减弱的强度与原子蒸气中待测元素原子浓度成正比，即遵循朗伯-比尔定律

$$A = \ln \frac{I_0}{I} = KcL$$

式中，A 为吸光度；I_0 为入射光强度；I 为经原子蒸气吸收后的透射光强度；K 为吸光系数；c 为待测元素浓度；L 为辐射光穿过原子蒸气的光程长度。

固定实验条件，有

$$A = Kc$$

原子吸收分光光度法具有灵敏度高、选择性好、操作简单和准确度好的特点，一般条件下相对误差在 $1\%\sim2\%$，适用于 70 多种元素的痕量分析。

本实验是借助火焰的热量和气氛使待测试样产生基态原子的火焰原子化系统来使样品原子化。通过此实验，掌握该仪器的测试方法，学会作标准工作曲线并用标准工作曲线法求出待测试样中 Cu、Ni、Zn 含量的方法。

三、实验器材与试剂

器材：TAS-986 型原子吸收分光光度计，KJ-B 型空气压缩机，SVC-3000VA型稳压电源，乙炔钢瓶，容量瓶、吸液管若干。

试剂：铜标准溶液，镍标准溶液，铝合金试样液。

四、实验内容

1. 溶液配制

表 2-8　实验 14 溶液的配制方案　　　　　　　　（单位：mL）

分项　　　　　编号	1	2	3	4	5	待测液
待测样品液 0.4000 g/5000mL	0	0	0	0	0	5
铜标准溶液（50 μg·mL^{-1}）	1.00	2.00	3.00	4.00	5.00	

续表

编号 分项	1	2	3	4	5	待测液
镍标准溶液(50 μg·mL⁻¹)	1.00	2.00	3.00	4.00	5.00	
定容	50	50	50	50	50	25

2. 测定

将配制的 Cu、Ni 标准溶液和铝合金试样溶液上机测试。

表 2-9　实验 14 测定条件

仪器参数 元素	理论波长 /nm	实际波长 /nm	光谱带宽 /nm	燃烧器 高度 /mm	空气流量/ (mL·min⁻¹)	乙炔流量/ (mL·min⁻¹)	灯电流/ mA	负高 压/V
Cu								
Ni								

五、数据处理

根据打印出的标准工作曲线图和 X 值计算出铝合金中 Cu、Ni 的含量。

$$w = \frac{10^6 X \dfrac{V_1}{V_2} V_总}{W} \times 100\%$$

式中，W 为试样量(g)；$V_总$ 为试样溶液的总体积(mL)；V_1 为吸取试样的体积(mL)；V_2 为稀释试样后的体积(mL)；X 为试样浓度($\mu g·mL^{-1}$)。

六、思考题

(1) 为什么要选择共振线和燃烧器高度？
(2) 本实验如何做到安全操作？

（刘昌华）

实验 15　豆奶粉中铁、锌、钙的测定

一、实验目的

(1) 掌握原子吸收光谱法测量食品中微量元素的方法。

（2）学习食品样品的处理方法。

（3）比较标准工作曲线法和标准加入法的异同点。

二、实验原理

原子吸收光谱法是测定多种试样中金属元素的常用方法。测定食品中微量金属元素，首先要处理试样，使其中的金属元素以可溶的状态存在。试样可以用湿法处理，即试样在酸中消解制成溶液；也可以用干法灰化处理，即将试样置于马弗炉中，在 $400\sim500$ ℃高温下灰化，再将灰化物溶解在盐酸或硝酸中制成溶液。

本实验采用干法灰化处理样品，然后测定其中 Fe、Zn、Ca 等营养元素。此法也可用于其他食品，如豆类、水果、蔬菜、牛奶中微量元素的测定。

三、实验器材与试剂

器材：TAS-986 型原子吸收分光光度计，空压机，Fe、Zn、Ca 空心阴极灯，稳压电源，马弗炉，瓷坩埚，容量瓶、吸液管若干。

试剂：铜标准溶液，锌标准溶液，钙标准溶液，豆乳粉样品，盐酸。

四、实验内容

1. 试样制备

准确称取 2 g 豆奶粉试样，置于瓷坩埚中放在 300 W 电炉上脱水 0.5 h，再放入马弗炉中，在 500 ℃灰化 3～4 h，取出冷却，加 10 mL 6 mol·L^{-1}盐酸，加热促使残渣完全溶解。移入 50 mL 容量瓶中，用蒸馏水稀释至刻度线并摇匀。

2. 标准溶液的配制

表 2-10 实验 15 标准溶液配制方案（标准工作曲线法） （单位：mL）

编号 分项	1	2	3	4	5
Fe 标准溶液（50 $\mu g\cdot mL^{-1}$）	1.00	2.00	3.00	4.00	5.00
Zn 标准溶液（20 $\mu g\cdot mL^{-1}$）	0.50	1.00	1.50	2.00	2.50
定容	50	50	50	50	50

表 2-11　　实验 15 标准溶液配制方案（标准加入法）　　　　（单位：mL）

编号 分项	空白	1	2	3	4	5
待测液 0.2000 g/100mL	0.00	1.00	1.00	1.00	1.00	1.00
Ca 标准溶液（50 μg·mL⁻¹）	0.00	0.00	1.00	2.00	3.00	4.00
氯化锶（15%）	2.00	2.00	2.00	2.00	2.00	2.00
定容	50	50	50	50	50	50

3. 测定

将配制的 Fe、Zn、Ca 标准溶液和豆奶粉样液进行上机测试。仪器操作步骤同实验 14。

表 2-12　　实验 15 测定条件

仪器参数 元素	理论波长 /nm	实际波长 /nm	光谱带宽 /nm	燃烧器 高度 /mm	空气流量/ (mL·min⁻¹)	乙炔流量/ (mL·min⁻¹)	灯电流/ mA	负高 压/V
Fe								
Zn								
Ca								

五、数据处理

根据打印出的标准工作曲线图、标准加入法工作曲线图及 X 值，计算出豆奶粉中 Ca、Fe、Zn 的含量，计算公式同实验 14。

六、思考题

（1）何谓标准加入法？其作用是什么？

（2）何谓化学干扰？如何抑制？

（刘昌华）

实验 16　原子吸收光谱法测定自来水中钙、镁含量

一、实验目的

（1）掌握测定灵敏度和检出限的方法，了解影响灵敏度和检出限的因素。

（2）学习用原子吸收光谱法测定水中钙、镁的方法。

二、实验原理

在原子吸收光谱法中，灵敏度和检出限是经常用到的重要概念，也是原子吸收分光光度计的重要技术指标。

根据国际纯粹与应用化学联合会（IUPAC）的规定，灵敏度定义为校正曲线 $A=f(c)$ 的斜率，表示为 $S=\dfrac{\mathrm{d}A}{\mathrm{d}c}$，即当被测元素浓度或含量改变一个单位时吸光度的变化量。S 越大，表示灵敏度越高。

灵敏度用于检验仪器的固有性能和估计最适宜的测量范围及取样量。测试灵敏度的通常方法是选择最佳测量条件和一组浓度合适的标准溶液，测量其吸收值，作一条标准溶液浓度-吸光度校正曲线，求其斜率，计算其灵敏度值。

检出限定义为能产生吸收信号为 3 倍噪声电平所对应被检出元素的最小浓度或最小量，量纲是 $\mu g \cdot mL^{-1}$ 或 g。噪声电平是用空白溶液进行不少于 10 次的吸收值测量，计算其标准偏差求得。

检出限说明仪器的稳定性和灵敏度，它反映了在测量中总噪声电平的大小，是一台仪器的综合性技术指标。测试检出限时，试验溶液的浓度应当很低，通常取约 5 倍于检出限浓度的溶液与空白溶液进行 10 次以上连续交替测量。以空白溶液测量数值的标准偏差 σ 的 3 倍所对应的浓度为检出限。由于检出限测试着重于减小噪声电平，因此最佳测量条件往往不完全与灵敏度的测量条件相同。

三、实验器材与试剂

器材：WFX-1F2B 型或 WFX-110 型原子吸收分光光度计，容量瓶，移液管。

试剂：镁标准储备溶液（$1.0\ mg \cdot mL^{-1}$），钙标准储备溶液（$1.0\ mg \cdot mL^{-1}$），镁标准工作液（$50\ \mu g \cdot mL^{-1}$），钙标准工作液（$50\ \mu g \cdot mL^{-1}$）。

四、实验内容

1. 镁标准系列的配制

分别准确移取 $0.00\ mL$、$0.20\ mL$、$0.40\ mL$、$0.60\ mL$、$0.80\ mL$、$1.00\ mL$ 的 $50\ \mu g \cdot mL^{-1}$ 镁标准工作液于一系列 50 mL 容量瓶中，用蒸馏水稀释至刻度，摇匀，备用。

2. 钙标准系列的配制

分别准确移取 $0.00\ mL$、$1.00\ mL$、$2.00\ mL$、$3.00\ mL$、$4.00\ mL$、$5.00\ mL$ 的

50 μg·mL^{-1}钙标准工作液于一系列 50 mL 容量瓶中，用蒸馏水稀释至刻度，摇匀，备用。

3. 检出限实验溶液的配制

（1）0.01 μg·mL^{-1}镁标准溶液配制：采用逐级稀释，用 50 μg·mL^{-1}的镁标准工作液配制 100 mL 的 0.01 μg·mL^{-1}的实验溶液，备用。

（2）0.05 μg·mL^{-1}钙标准溶液配制：配制方法同镁实验溶液。

4. 仪器参数设置

测定参数的设置如表 2-13 所示。

表 2-13　实验 16 仪器测定参数设置

镁	波　长	灯电流	狭缝宽度	空气流量	乙炔流量	燃烧器高度
	285.2 nm	2 mA	0.2 mm	450 L·h^{-1}	70 L·h^{-1}	7 mm
钙	波　长	灯电流	狭缝宽度	空气流量	乙炔流量	燃烧器高度
	422.7 nm	2 mA	0.2 mm	450 L·h^{-1}	100 L·h^{-1}	7 mm

5. 灵敏度的测定

按仪器操作步骤分别对镁标准系列和钙标准系列进行测定，记录吸光度。

6. 检出限的测定

分别对镁、钙的实验溶液和空白溶液连续进行 10 次以上交替测量，并记录吸光度。

7. 自来水中镁、钙的测定

分别测定自来水中镁、钙的吸光度值，记录。

五、数据处理

1. 灵敏度

由镁、钙各自的标准系列浓度和吸光度值绘制标准校正曲线，求斜率，计算灵敏度值。

如果校正曲线为一直线，可在直线区域内取某一浓度所对应的吸光度按以下简便公式计算特征浓度，以此表示分析方法灵敏程度。

$$S = \frac{c \times 0.0044}{A} \quad (\mu g \cdot mL^{-1} \cdot 1\%^{-1})$$

2. 检出限

检出限计算公式为

$$c_L = \frac{c \cdot 3\sigma}{\bar{A}}$$

其中

$$\sigma = \sqrt{\frac{\sum (\bar{A} - A_i)^2}{n - 1}}$$

式中，c_L 为元素的检出限($\mu g \cdot mL^{-1}$)；c 为实验溶液浓度；σ 为空白吸光度标准偏差；$\bar{A}$ 为实验溶液的平均吸光度；A_i 为单次测量的吸光度；n 为测定次数。

用以上公式分别计算镁、钙的检出限。

六、思考题

（1）灵敏度和检出限有何意义？

（2）影响灵敏度和检出限的主要因素有哪些？

（3）测定钙、镁过程中为消除可能干扰，可加入哪些试剂？

（刘昌华）

实验 17 原子吸收分光光度法测定黄酒中的铜和镉的含量

一、实验目的

（1）学习原子吸收分光光度计的基本操作。

（2）掌握黄酒中有机物质的消化方法。

（3）掌握标准加入法测定元素含量的操作。

二、预习要求

（1）预习原子吸收分光光度计的原理和构造、使用说明。

（2）预习原子吸收分光光度法的测定方法和原理。

（3）思考如何选择最佳的测量条件。

三、实验原理

当试样组成复杂,配制的标准溶液与试样组成之间存在较大差别时,试样的基体效应对测定有影响,或干扰不易消除,分析样品数量少时,用标准加入法较好。其测定过程和原理如下。

取等体积的试液 2 份,分别置于相同容积的 2 个容量瓶中,其中一个加入一定量待测元素的标准溶液,用水稀释至刻度,摇匀,分别测定其吸光度,则

$$A_x = kc_x$$

$$A_0 = k(c_0 + c_x)$$

式中,c_x 为待测元素的浓度;c_0 为加入标准溶液后溶液浓度的增量;A_x、A_0 分别为 2 次测量的吸光度。将以上两式整理,得

$$c_x = \frac{A_x}{A_0 - A_x} \cdot c_0$$

在实际测定中,采取作图法所得结果更为准确。将已知的不同浓度的几个标准溶液加入到几个相同量的待测样品溶液中,然后一起测定,并绘制分析曲线,将绘制的直线延长,与横轴相交,交点至原点所相应的浓度即为所要测定的试样中该元素的浓度。

在使用标准加入法时应注意:

(1)为了得到较为准确的外推结果,至少要配制 4 种不同比例加入量的待测元素标准溶液,以提高测量准确度。

(2)绘制的工作曲线斜率不能太小,否则外延后将引入较大误差,为此应使一次加入量 c_0 与未知量 c_x 尽量接近。

(3)本法能消除基体效应带来的干扰,但不能消除背景吸收带来的干扰。

(4)待测元素的浓度与对应的吸光度应呈线性关系,即绘制工作曲线应呈直线,而且当 c_x 不存在时,工作曲线应该通过零点。

采用原子吸收分光光度法测定有机金属化合物中金属元素、生物材料或溶液中含大量有机溶剂时,由于有机化合物在火焰中燃烧,将改变火焰性质、温度、组成等,并且还经常在火焰中生成未燃尽的炭的微细颗粒,影响光的吸收,因此一般预先以湿法消化或干法灰化的方法予以除去。湿法消化是使用具有强氧化性酸,如 HNO_3、H_2SO_4、$HClO_4$ 等与有机化合物溶液共沸,使有机化合物分解除去。干法灰化是在高温下灰化、灼烧,使有机物质被空气中氧气所氧化而破坏。本实验采用湿法消化黄酒中的有机物质。

四、实验器材与试剂

器材:原子吸收分光光度计,无油空气压缩机或空气钢瓶,铜和镉的元素空心

阴极灯,乙炔钢瓶,通风设备。

　　试剂:金属铜(优级纯),金属镉(优级纯),浓盐酸、浓硝酸、浓硫酸均为分析纯,去离子水或蒸馏水,稀盐酸溶液(体积比 1∶1 和 1∶100),稀硝酸溶液。

　　标准溶液配制:

　　铜标准储备液($1000\ \mu g \cdot mL^{-1}$):准确称取 0.5000 g 金属铜于 100 mL 烧杯中,加入 10 mL 浓 HNO_3 溶液溶解,然后转移到 500 mL 容量瓶中,用 1∶100 HNO_3 溶液稀释至刻度,摇匀备用。

　　铜标准使用液($100\ \mu g \cdot mL^{-1}$):吸取 10 mL 上述铜标准储备液于 100 mL 容量瓶中,用 1∶100 HNO_3 溶液稀释至刻度,摇匀备用。

　　镉标准储备液($1000\ \mu g \cdot mL^{-1}$):准确称取 0.5000 g 金属镉于 100 mL 烧杯中,加入 10 mL 1∶1 HCl 溶液溶解,转移至 500 mL 容量瓶中,用 1∶100 HCl 溶液稀释至刻度,摇匀备用。

　　镉标准使用液($10\ \mu g \cdot mL^{-1}$):准确吸取 1 mL 上述镉标准储备液于 100 mL 容量瓶中,然后用 1∶100 HCl 溶液稀释至刻度,摇匀备用。

五、实验内容

1. 黄酒试样的消化

　　量取 200 mL 黄酒试样于 500 mL 烧杯中,加热蒸发至浆液状,慢慢加入 20 mL 浓硫酸,搅拌,加热消化。若一次消化不完全,可再加入 20 mL 浓硫酸继续消化。然后加入 10 mL 浓硝酸,加热,若溶液呈黑色,再加入 5 mL 浓硝酸,继续加热,如此反复直至溶液呈淡黄色,此时黄酒中的有机物质全部被消化完全,将消化液转移到 100 mL 容量瓶中,并用去离子水稀释至刻度,摇匀备用。

2. 标准溶液配制

　　铜标准溶液系列:取 5 个 100 mL 容量瓶,各加入 10 mL 上述黄酒消化液,然后分别加入 0.00 mL、2.00 mL、4.00 mL、6.00 mL、8.00 mL 上述铜标准使用液,再用水稀释至刻度,摇匀,该系列溶液加入的铜浓度分别为 $0.00\ \mu g \cdot mL^{-1}$、$2.00\ \mu g \cdot mL^{-1}$、$4.00\ \mu g \cdot mL^{-1}$、$6.00\ \mu g \cdot mL^{-1}$、$8.00\ \mu g \cdot mL^{-1}$。

　　镉标准溶液系列:取 5 个 100 mL 容量瓶,各加入 10 mL 上述黄酒消化液,然后分别加入 0.00 mL、2.00 mL、3.00 mL、4.00 mL、6.00 mL 镉标准使用液,再用水稀释至刻度,摇匀,该系列溶液加入的镉浓度分别为 $0.00\ \mu g \cdot mL^{-1}$、$0.20\ \mu g \cdot mL^{-1}$、$0.30\ \mu g \cdot mL^{-1}$、$0.40\ \mu g \cdot mL^{-1}$、$0.60\ \mu g \cdot mL^{-1}$。

3. 测定吸光度

　　根据实验条件,将原子吸收分光光度计按仪器的操作步骤进行调节,待仪器电路和气路系统达到稳定,记录仪上基线平直时,即可进样,测定铜、镉标准溶液系列的吸光度。

六、数据处理

(1) 记录实验条件:①仪器型号;②吸收线波长(nm);③空心阴极灯电流(mA);④狭缝宽度(mm);⑤燃烧器高度(mm);⑥负高压(挡);⑦量程扩展(挡);⑧时间常数(挡);⑨乙炔流量($L \cdot min^{-1}$);⑩空气流量($L \cdot min^{-1}$)。

(2) 列表记录测量的铜、镉标准系列溶液的吸光度,然后以吸光度为纵坐标,铜、镉标准系列加入浓度为横坐标,绘制铜、镉的工作曲线。

(3) 延长铜、镉工作曲线与浓度轴相交,交点为 c_x。根据求得的 c_x 分别换算为黄酒消化液中铜、镉的浓度($\mu g \cdot mL^{-1}$)。

(4) 根据黄酒试液被稀释情况,计算黄酒中铜、镉的含量。

七、思考题

(1) 采用标准加入法定量应注意哪些问题?

(2) 以标准加入法进行定量分析有什么优点?

(3) 为什么标准加入法中工作曲线外推与浓度轴的相交点就是试液中待测元素的浓度?

(4) 标准加入法为什么能够克服基体效应及某些干扰对测定结果的影响?

(彭　秋)

实验 18　氢化物发生原子荧光法测定水中痕量砷

一、实验目的

(1) 了解江河水及废水中重金属污染分析的特点和意义。

(2) 掌握氢化物发生原子荧光法测定砷的原理,了解仪器基本操作。

二、实验原理

1. 原子荧光法基本原理

在一定条件下,气态原子吸收辐射光后,本身被激发成激发态原子,处于激发态上的原子不稳定,跃迁到基态或低激发态时,以光子的形式释放出多余的能量,根据所产生的原子荧光的强度即可进行物质含量的测定。该方法称为原子荧光分析法。

假设激发光源是稳定的,则照射到原子蒸气上的某频率入射光强度可近似地看作一常量 I_0。又假设入射光是平行而均匀的光束,并将原子化器中的原子蒸气近似地看成理想气体,自吸可以忽略不计,则被基态原子吸收的辐射量可用下式表示

$$I_a = I_0 A (1 - e^{-\varepsilon l N})$$

式中,I_a 为被吸收的辐射能量;I_0 为火焰表面单位面积上接受的光强度;A 为受光源所照射的检测系统中观察到的有效面积;ε 为吸收系数;L 为吸收光程长;N 为能吸收辐射线的原子总密度。

荧光强度 I_f 与 I_a 存在以下关系

$$I_f = \varphi I_a = \varphi I_0 A (1 - e^{-\varepsilon l N})$$

式中,φ 为荧光量子效率,即发射荧光光量子数与吸收激发光光量子数之比。

将上式括号内的项按泰勒级数展开并且忽略高次项,则原子荧光强度表达式简化为

$$I_f = \varphi I_0 A K_0 l N$$

由此可见,荧光强度与原子浓度成正比。在实际工作中,仪器参数和测试条件保持一定,因此可以认为原子荧光强度和待测元素浓度成正比,即

$$I_f = kc$$

式中,k 为一常数,该式即原子荧光分析的基本关系式。

原子荧光光谱法的主要特点是灵敏度高,目前已有 20 多种元素的检测限已优于原子吸收光谱法。此外,还具有谱线简单、线性范围宽和可以进行多元素同时测定等优点。

2. 实验原理

水样(废水)用硝酸或混酸消解处理后,用适量盐酸调节酸度,再加入硫脲-抗坏血酸混合溶液以还原高价待测元素,络合去除其他金属离子的干扰;经还原后的三价砷与硼氢化钠(或者硼氢化钾)反应生成挥发性氢化物,以氩气为载气,将氢化物导入电热石英原子化器中原子化,待测元素的基态原子被激发至高能态,当其回到基态时,发射出特征波长的荧光,其荧光强度与含量成正比。

$$KBH_4 + 3H_2O + HCl \longrightarrow H_3BO_3 + KCl + 8H$$
$$(2+n)H + E^{m+} \longrightarrow EH_n + H_2 \uparrow$$

式中,E^{m+} 为可形成氢化物元素;EH_n 为气态氢化物。

三、实验器材与试剂

器材:原子荧光光度计,砷空心阴极灯,仪器操作条件列于表 2-14。电子天

平，电热板，锥形瓶，玻璃珠，比色管，移液管。

表 2-14　实验 18 仪器工作条件

待测元素	灯电流/mA	负高压/V	载气流量/(mL·min⁻¹)	屏蔽气流量/(mL·min⁻¹)	观测高度/mm	延迟时间/s	读数时间/s	载流液	还原剂
As	60.0	280	400	1000	8	1	10	5％（体积分数）盐酸	2％KBH₄溶液

试剂：所用试剂纯度为优级纯，测定时所用水为去离子水或同等纯度的水。

（1）砷标准储备液：1000 μg·mL^{-1}（由国家标准物质研究中心提供）。

（2）砷标准使用液：准确吸取一定量的砷标准储备液，用纯水稀释成含砷 100 ng·mL^{-1} 的标准使用液 100 mL，混匀，定容。

（3）还原剂溶液：称取 10 g 硼氢化钾溶于 500 mL 0.5％氢氧化钾溶液中，用时现配。

（4）5％硫脲-5％抗坏血酸混合液：称取 25 g 硫脲和 25 g 抗坏血酸，混合后用纯水稀释至 500 mL，用时现配。

（5）载流：5％盐酸。

（6）500 mL 1∶1 盐酸。

（7）浓硝酸。

四、实验内容

1. 标准溶液的配制

参见表 2-15。

表 2-15　实验 18 标准溶液的配制方法

溶液序号	加入 100 ng·mL^{-1} 砷标准溶液体积/mL	加入 1∶1 盐酸体积/mL	加入混合溶液体积/mL	最终体积/mL	最终 As 浓度/(ng·mL^{-1})
1	0.0	5	20	50	0
2	0.5	5	20	50	1
3	1.0	5	20	50	2
4	1.5	5	20	50	3
5	2.0	5	20	50	4
6	2.5	5	20	50	5

2. 样品分析

江河水样只需先用滤纸过滤,再用 0.45 μm 滤膜过滤,然后移取 25 mL 水样于 50 mL 比色管中,分别加入 5 mL 1:1 的盐酸、20 mL 5% 硫脲-5% 抗坏血酸混合溶液,定容至 50 mL,同时做空白,上机测试,并做加标回收率实验。上机测试按照仪器操作规程进行。

取 25 mL 废水水样于 150 mL 锥形瓶中,加入 5 mL 硝酸,并加入 2 颗玻璃珠,摇匀后置于电热板上加热消解至近干且澄清(若消解液处理至 10 mL 左右仍有未分解物质或颜色变深,待稍冷,补加硝酸 3~10 mL,再消解至 10 mL 左右观察,如此反复两三次,注意避免炭化变黑)。冷却,将试液转入 50 mL 比色管中,依次加入 5 mL 1:1 盐酸、20 mL 5% 硫脲-5% 抗坏血酸混合溶液,定容并摇匀,室温下至少放置 15 min 后上机测试,同时做空白样品。上机测试按照仪器操作规程进行。

五、数据处理

按下式计算水样中砷的含量

$$X = (cV_2) / (1000V_1)$$

式中,X 为水样中砷含量(mg • L^{-1});c 为从标准曲线上查的样品中砷的含量(ng • mL^{-1});V_2 为测定时水样总体积(mL);V_1 为取水样体积(mL)。

六、注意事项

(1) 消解水样时一定要小心,防止溢出,以免影响测定结果。
(2) 实验空白很关键,需要同时做空白样品,所有试剂均要求优级纯以上。

七、思考题

(1) 原子荧光法和原子吸收法有何异同点?
(2) 除了上述消解法外,水样的消解方法还有哪些? 它们各有什么特点?

(黄玉明)

实验 19 邻二氮菲吸光光度法测定铁

一、实验目的

(1) 了解分光光度计的结构和正确的使用方法。

(2) 通过本实验学习选择实验条件的方法。

(3) 掌握吸光光度法测定铁的原理和方法。

二、预习要求

(1) 预习显色反应条件的选择和影响因素。

(2) 预习吸量管的使用方法,光度计的基本操作。

(3) 预习测量结果的图解处理方法。

三、实验原理

铁的吸光光度法所用的显色剂较多,有邻二氮菲(又称邻菲啰啉)及其衍生物、磺基水杨酸、硫氰酸盐、5-Br-PADAP 等。其中邻二氮菲分光光度法的灵敏度高,稳定性好,干扰容易消除,因而是目前普遍采用的一种方法。

在 pH 为 2～9 的溶液中,Fe^{2+} 与邻二氮菲生成稳定的橙红色配合物

其 $\lg\beta_3 = 21.3$,摩尔吸光系数 $\varepsilon_{508} = 1.1\times10^4$ L·mol^{-1}·cm^{-1}。当铁为+3 价时,可用盐酸羟胺还原

$$2Fe^{3+} + 2NH_2OH \cdot HCl == 2Fe^{2+} + N_2\uparrow + 4H^+ + 2H_2O + 2Cl^-$$

Cu^{2+}、Co^{2+}、Ni^{2+}、Cd^{2+}、Hg^{2+}、Mn^{2+}、Zn^{2+} 等离子也能与邻二氮菲生成稳定配合物,但在少量情况下,不影响 Fe^{2+} 的测定,如果这些离子存在量较高时,可用 EDTA 掩蔽或预先分离。Cu^{2+} 能与邻二氮菲生成稳定的橙红色配合物,因而干扰 Fe^{2+} 的测定。

吸光光度法的实验条件,如测量波长、溶液酸度、显色剂用量、显色时间、温度、溶剂以及共存离子干扰及其消除等,都是通过实验来确定的。本实验在测定试样中铁含量之前,先做部分条件试验,以便初学者掌握确定实验条件的方法。

条件试验的简单方法是变动某实验条件,固定其余条件,测得一系列吸光度值,绘制吸光度-某实验条件的曲线,根据曲线确定某实验条件的适宜值或适宜范围。

四、实验器材与试剂

器材:分光光度计,容量瓶,移液管,pH 计。

试剂:邻二氮菲水溶液(0.15%),盐酸羟胺水溶液(10%,用时配制),NaAc(1 mol·L^{-1}),NaOH(1 mol·L^{-1}),HCl(6 mol·L^{-1})。

铁标准溶液 A(1.00×10^{-3} mol·L^{-1}):准确称取 NH$_4$Fe(SO$_4$)$_2$·12H$_2$O 0.4822 g 于 200 mL 烧杯中,加入 80 mL 6 mol·L^{-1} HCl 和适量水,溶解后转移至 1 L 容量瓶中,稀释至刻度,摇匀。

铁标准溶液 B(100 μg·mL^{-1}):准确称取 0.8634 g NH$_4$Fe(SO$_4$)$_2$·12H$_2$O 于 200 mL 烧杯中,加入 20 mL 6 mol·L^{-1} HCl 和适量水,溶解后转移至 1 L 容量瓶中,稀释至刻度,摇匀。

五、实验内容

1. 条件试验

1) 吸收曲线的制作和测量波长的选择

用吸量管吸取 0.0 mL、2.0 mL 1.00×10^{-3} mol·L^{-1}铁标准溶液 A,分别加入 2 个 50 mL 容量瓶中,各加入 1 mL 10%盐酸羟胺溶液,摇匀(原则上每加入一种试剂都要摇匀)。再加入 2 mL 0.15%邻二氮菲溶液、5 mL 1 mol·L^{-1}的 NaAc 溶液,用水稀释至刻度,摇匀。放置 10 min 后,用 1 cm 比色皿、以试剂空白(0.0 mL铁标准溶液)为参比溶液,在 440~560 nm,每隔 10 nm 测一次吸光度,在最大吸收峰附近,每隔 5 nm 测定一次吸光度。在坐标纸上,以波长为横坐标,吸光度为纵坐标,绘制 A-λ 吸收曲线。从吸收曲线上选择测定 Fe 的适宜波长。一般选用最大吸收波长 λ$_{max}$。

2) 溶液酸度的选择

取 8 个 50 mL 容量瓶,分别加入 2.0 mL 1.00×10^{-3} mol·L^{-1}铁标准溶液 A,1 mL 10%盐酸羟胺,摇匀。再加入 2 mL 0.15%邻二氮菲溶液,摇匀。然后,用 5 mL 吸量管分别加入 0.0 mL、0.2 mL、0.5 mL、1.0 mL、1.5 mL、2.0 mL、2.5 mL、3.0 mL 1 mol·L^{-1} NaOH 溶液,用水稀释至刻度,摇匀,放置 10 min。用 1 cm 比色皿,以蒸馏水为参比溶液,在选择的波长下测定各溶液的吸光度。同时,用 pH 计测量各溶液的 pH(也可用精密 pH 试纸)。以 pH 为横坐标,吸光度 A 为纵坐标,绘制 A-pH 曲线,找出测定铁的适宜酸度范围。

3) 显色剂用量的选择

取 7 支 50 mL 容量瓶,各加入 2.0 mL 1.00×10^{-3} mol·L^{-1}铁标准溶液 A,1 mL 10%盐酸羟胺,摇匀。再分别加入 0.10 mL、0.30 mL、0.50 mL、0.80 mL、1.0 mL、2.0 mL、4.0 mL 0.15%的邻二氮菲溶液和 5 mL 1 mol·L^{-1}的 NaAc 溶液,用水稀释至刻度,摇匀,放置 10 min。用 1 cm 比色皿,以蒸馏水为参比溶液,在选择的波长下测定各溶液的吸光度。以所取邻二氮菲溶液体积 V 为横坐标,吸

光度 A 为纵坐标,绘制 A-V 显色剂曲线。以确定测定过程中,应加入显色剂的最适宜用量。

4)显色时间

在一支 50 mL 容量瓶中,加入 2.0 mL 1.00×10^{-3} mol·L^{-1} 铁标准溶液 A,1 mL 10%盐酸羟胺溶液,摇匀。再加入 2 mL 0.15%邻二氮菲溶液和 5 mL 1 mol·L^{-1} 的 NaAc 溶液,用水稀释至刻度,摇匀。立刻用 1 cm 比色皿,以蒸馏水为参比溶液,在选择的波长下测量吸光度,然后依次测量放置 5 min、10 min、20 min、30 min、60 min、120 min 后的吸光度。以时间 t 为横坐标,吸光度 A 为纵坐标,绘制 A-t 曲线。从曲线上观察显色反应完全所需的时间及其稳定性,并确定合适的测量时间。

2. 铁含量的测定

1)标准曲线的制作

用移液管吸取 100 μg·mL^{-1} 的铁标准溶液 B 10.0 mL 于 100 mL 容量瓶中,加入 2 mL 6 mol·L^{-1} HCl,用水稀释至刻度,摇匀。此溶液含 Fe^{3+} 为 10 μg·mL^{-1}。

在 6 支 50 mL 容量瓶中,用吸量管分别加入 0.0 mL、2.0 mL、4.0 mL、6.0 mL、8.0 mL、10.0 mL 10 μg·mL^{-1} 铁标准溶液,分别加入 1 mL 10%盐酸羟胺,摇匀。再加入 2 mL 0.15%邻二氮菲溶液和 5 mL 1 mol·L^{-1} 的 NaAc 溶液(每加入一种试剂后都要摇匀)。用水稀释至刻度,摇匀后放置 10 min。用 1 cm 比色皿,以试剂为空白(0.0 mL 铁标准溶液),在所选择的波长下测量各溶液的吸光度。在坐标纸上以含铁量为横坐标,相应的吸光度为纵坐标,绘制标准曲线。

2)试液中铁含量的测定

准确吸取适量试液于 50 mL 容量瓶中,按标准曲线的制作步骤,加入各种试剂,测量吸光度。根据未知液的吸光度,从标准曲线上查出相应的铁含量,计算试液中铁的含量。

六、数据处理

1. 测量数据记录

本实验数据的记录最好是表格式的。例如,选择测量波长时,要作出吸光度 A 与波长 λ 的关系曲线,因此,按表 2-16 记录选择测量波长实验时的数据。

表 2-16　实验 19 波长实验的数据记录

λ/nm	440	450	460	470	480
A					

其他关系曲线也如此。

2. 绘图及计算

根据数据分别绘制 A-λ 吸收曲线，A-pH、A-$V_{显色剂}$、A-t 曲线，A-c 标准曲线。确定适宜的显色反应条件和测量条件。

根据试液的吸光度计算试液中铁含量。

七、思考题

（1）本实验量取各种试剂时应分别采用何种量器量取较为合适？为什么？

（2）吸收曲线与标准曲线各有何实用意义？

（3）试对所做条件试验进行讨论并选择适宜的测量条件。

（4）制作标准曲线和进行其他条件试验时，加入试剂的顺序能否任意改变？为什么？

（5）Fe^{3+} 标准溶液在显色前加盐酸羟胺的目的是什么？如测定一般铁盐的总铁量，是否需要加盐酸羟胺？

（6）怎样用吸光光度法测定水样中的全铁（总铁）和亚铁的含量？试拟出一简单步骤。

（彭　秧）

实验 20　紫外分光光度法测定色氨酸的含量

一、实验目的

（1）掌握紫外-可见分光光度计的原理及其待测物质的光谱特征。

（2）掌握用标准曲线法和标准加入法测定物质含量的常规实验操作步骤。

（3）能正确选择适当的实测波长值，对未知浓度的色氨酸进行定量测定。

二、预习要求

（1）了解紫外-可见分光光度计的结构和原理。

（2）了解有机化合物的结构和紫外光谱特征之间的关系。

（3）了解氨基酸的结构和紫外吸收光谱特征及其定量测定方法。

三、实验原理

组成蛋白质的 20 多种氨基酸在可见光区均无吸收，由于酪氨酸、色氨酸和苯丙氨酸特有的共轭结构，它们在紫外光区均有吸收且符合朗伯-比尔定律。酪氨酸的 λ_{max} 为 278 nm，色氨酸的 λ_{max} 为 278.5 nm，苯丙氨酸的 λ_{max} 为 259 nm。利用氨基酸的紫外吸收光谱特征，如果选择适当的测定波长就可用紫外分光光度法定量测定这三种氨基酸的含量。本实验测定单一组分色氨酸的含量。

四、实验器材与试剂

器材：紫外-可见分光光度计，石英玻璃比色皿（1 cm）一套，吸量管，容量瓶，烧杯，洗瓶。

试剂：色氨酸标准储备液（1.0 mg·mL^{-1}），色氨酸标准工作液和待测溶液（0.25 mg·mL^{-1}）。

五、实验内容

1. 实验溶液的配制

在 8 个 50 mL 的容量瓶中分别按表 2-17 的要求用吸量管定量吸取色氨酸标准溶液，用蒸馏水稀释至刻度处，混合均匀。

表 2-17　实验 20 标准溶液配制

容量瓶编号	1	2	3	4	5	6	7	8
吸取色氨酸工作液/mL	0.50	1.00	1.50	2.00	0.00	0.50	1.00	1.50
吸取色氨酸未知液/mL	0	0	0	0	5.00	5.00	5.00	5.00

2. 紫外光谱吸收曲线的绘制及最大吸收波长的选择

打开紫外-可见分光光度计并预热 0.5 h 后，将 4 号溶液装入石英玻璃比色皿，用水作参比溶液，在 200～500 nm 波长范围内扫描色氨酸光谱吸收曲线，观察色氨酸溶液的 A-λ 吸收曲线形状特征，确定最大吸收波长位置 λ_{max}。

3. 标准曲线的绘制

在 λ_{max} 处依次测量各待测液的吸光度值 A，1～4 号样的吸光度值对标准色氨酸浓度（mg·mL^{-1}）作线性回归曲线，用 Origin 绘图程序处理数据，求出标准曲线方程的数学表达式。

4. 试样的测定

测量 5 号样的吸光度值，用线性回归直接计算出未知色氨酸溶液的浓度值（标准曲线法)。

再以 5～8 号样的吸光度值对所加入色氨酸标准溶液的体积(mL)作线性回归曲线,求出在 X 轴上的负截距值,即为未知色氨酸溶液的浓度值(标准加入法)。在实验报告中分析标准曲线法和标准加入法得到的两个浓度出现差异的原因。

六、思考题

(1) 酪氨酸、色氨酸和苯丙氨酸产生紫外吸收与其结构有何联系?

(2) 本实验为何可用蒸馏水作参比?

(3) 实验中为何使用石英比色皿?

（杜新贞）

实验 21　紫外分光光度法测定氯霉素

一、实验目的

(1) 了解紫外分光光度法的应用。

(2) 进一步掌握分光光度分析的基本操作和数据处理方法。

二、实验原理

氯霉素的分子结构在抗菌素中是较简单的一种,其结构为

$$O_2N—\bigcirc—\underset{\underset{OH}{|}}{\overset{\overset{H}{|}}{C}}—\underset{\underset{H}{|}}{\overset{\overset{NHCOCHCl_2}{|}}{C}}—CH_2OH$$

它有 4 个异构体,统称为氯胺苯醇。氯霉素为白色或微带黄绿色针状、长片状结晶或结晶粉末,无臭,微苦,微溶于水,易溶于乙醇、甲醇、丙酮或丙二醇,水溶液显中性,在弱酸及中性溶液中稳定,在碱性溶液中易分解。

分光光度法测定的原理是以朗伯-比尔定律为依据。当入射光波长 λ 与吸收池厚度 L 为一定时,在一定浓度范围内,溶液的吸光度 A 与该溶液的浓度 c 成正比。氯霉素的水溶液在 $\lambda = 278$ nm 的紫外光区有最大吸收,质量分数为 1‰ 的该溶液的摩尔吸光系数是 298 $L \cdot mol^{-1} \cdot cm^{-1}$,以去离子水作参比,采用标准曲线法,即可测出未知液中氯霉素的含量。

三、实验器材与试剂

器材:紫外-可见分光光度计,石英比色皿,比色管(25 mL),容量瓶(100 mL),

吸量管(10 mL)。

试剂:无水乙醇,氯霉素标准品,待测样品。

四、实验内容

1. 标准溶液的配制

称取 10 mg 标准氯霉素,用 1 mL 乙醇溶解后转移至 100 mL 容量瓶中,用去离子水稀释至刻度,摇匀。用吸量管吸取此溶液 1.0 mL、2.0 mL、3.0 mL、4.0 mL、5.0 mL,分别置于 25 mL 比色管中,用水稀释至刻度。此系列为不同浓度的氯霉素溶液标准系列。

2. 绘制吸收曲线

取中间浓度的氯霉素标准溶液(加入 3.0 mL 氯霉素的比色管中的溶液),以去离子水作参比,使用 10 mm 石英比色皿,扫描速度 120 nm · min^{-1}。用紫外可见分光光度计在波长 220~320 nm 进行波长扫描,得到吸收光谱图。根据扫描出的图谱确定最大吸收波长 λ_{max}。

3. 绘制标准曲线

以 λ_{max} 为测定波长,使用 10 mm 石英比色皿,按定点测定方式测得标准系列的吸光度 A。以吸光度 A 为纵坐标、浓度 c 为横坐标绘制标准曲线。

4. 样品的测定

取氯霉素样品,与标准曲线同样的测定条件下,测定待测氯霉素样品的吸光度值 A。

五、数据处理

实验数据填入表 2-18 中。

表 2-18　实验 21 实验数据记录表

编号	1	2	3	4	5	待测样
氯霉素含量/(mg · mL^{-1})						
吸光度 A						

(1)画出标准曲线。

(2)计算氯霉素样品的含量。

六、思考题

（1）本实验测定时能否用玻璃比色皿？为什么？
（2）引起本实验误差的因素可能有哪些？
（3）计算相对平均偏差。

（黄新华）

实验 22　苯甲酸红外吸收光谱的测绘
——KBr 晶体压片法制样

一、实验目的

（1）学习用红外吸收光谱进行化合物的定性分析。
（2）掌握用压片法制作固体试样晶片的方法。
（3）熟悉红外分光光度计的工作原理及其使用方法。

二、预习要求

（1）预习红外分光光度计、压片机的工作原理及操作说明。
（2）预习红外分析的制样方法，思考为什么压片法要用 KBr 为固体分散介质。
（3）查阅了解红外吸收光谱谱图的检索方法。

三、实验原理

在化合物分子中，具有相同化学键的原子基团，其基本振动频率吸收峰（简称基频峰）基本上出现在同一频率区域内，但又有所不同，这是因为同一类型原子基团在不同化合物分子中所处的化学环境有所不同，使基频峰频率发生一定移动。因此掌握各种原子基团基频峰的频率及其位移规律，就可应用红外吸收光谱来确定有机化合物分子中存在的原子基团及其在分子结构中的相对位置。由苯甲酸分子结构可知（表 2-19），分子中各原子基团的基频峰的频率在 4000～650 cm^{-1} 范围内。

表 2-19　苯甲酸的基频峰频率

原子基团的基本振动形式	基频峰的频率/ cm^{-1}
ν_{C-H}（Ar 上）	3077,3012
$\nu_{C=C}$（Ar 上）	1600,1582,1495,1450
$\delta_{C=H}$（Ar 上接 5 个氢）	715,690

原子基团的基本振动形式	基频峰的频率/ cm⁻¹
ν_{O-H}（形成氢键二聚体）	3000～2500（多重峰）
δ_{O-H}	935
$\nu_{C=O}$	1400
δ_{C-O-H}（面内弯曲振动）	1250

本实验用溴化钾晶体稀释苯甲酸标样和试样，研磨均匀后，分别压制成晶片，以纯溴化钾晶片作参比，在相同的实验条件下，分别测绘标样和试样的红外吸收光谱，然后从获得的两张图谱中对照上述的各原子基团基频峰的频率及其吸收强度，若两张图谱一致，则可认为该试样是苯甲酸。

四、实验器材与试剂

器材：红外分光光度计，压片机，玛瑙研钵，红外干燥灯。

试剂：苯甲酸（优级纯），溴化钾（优级纯），苯甲酸试样（经提纯）。

五、实验内容

1. 苯甲酸标样、试样和纯溴化钾晶片的制作

取预先在 110 ℃下烘干 48 h 以上并保存在干燥器内的溴化钾 150 mg 左右，置于洁净的玛瑙研钵中，研磨成均匀、细小的颗粒，然后转移到压片模具上按压片机的操作步骤进行压片，得到直径 13 mm、厚 1～2 mm 的透明溴化钾晶片，小心从压模中取出晶片，并保存在干燥器内。

另取一份 150 mg 左右溴化钾置于洁净的玛瑙研钵中，加入 2～3 mg 优级纯苯甲酸，同上操作，研磨均匀、压片并保存在干燥器中。

再取一份 150 mg 左右溴化钾置于洁净的玛瑙研钵中，加入 2～3 mg 苯甲酸试样，同上操作制成晶片，并保存在干燥器内。

2. 测试

将溴化钾参比晶片和苯甲酸标样晶片分别置于主机的参比窗口和试样窗口上。

根据实验条件，将红外分光光度计按仪器操作步骤进行调节，测绘红外吸收光谱。

在相同的实验条件下，测绘苯甲酸试样的红外吸收光谱。

六、数据处理

（1）记录实验条件。

（2）在苯甲酸标样和试样红外吸收光谱图上,标出各特征吸收峰的波数,并确定其归属。

（3）将苯甲酸试样光谱图与其标样光谱图进行对比。如果两张图谱上的各特征吸收峰及其吸收强度一致,则可认为该试样是苯甲酸。

七、注意事项

制得的晶片必须完全透明、无裂痕、无局部发白现象,否则应重新制作。晶片局部发白表示压制的晶片厚薄不匀,晶片模糊表示晶体吸潮。水在 3450 cm^{-1} 和 1640 cm^{-1} 处出现吸收峰。

八、思考题

（1）压片法制样时,为什么要求研磨成均匀、细小的颗粒? 研磨时不在红外灯下操作,谱图上会出现什么情况?

（2）如何着手进行红外吸收光谱的定性分析?

（3）红外光谱实验室为什么要求温度和相对湿度要维持一定的指标?

（4）在学习查阅萨特勒标准紫外光谱图基础上,你能否使用分子式索引、化合物名称索引、化学分类索引、谱图顺序号索引等查阅萨特勒标准红外光谱图?

（彭　秧）

实验 23　红外光谱法测定聚苯乙烯

一、实验目的

（1）掌握薄膜的制备方法,并用于聚苯乙烯的红外光谱测定。

（2）利用绘制的图谱进行红外光谱的校正。

二、预习要求

阅读张建荣、戚苓等编的《仪器分析实验》第 5 章实验 19"红外光谱测定有机化合物结构",了解红外光谱的样品制备方法以及如何由红外光谱鉴别官能团,如何根据官能团确定未知组分的主要结构。

三、实验原理

每作一张谱图,在分光光度计上图纸的实际安放位置是有变化的。为了完全正确地鉴定峰的位置,校正所要分析的谱图是需要的。根据记录在谱图上的已知吸收峰位置的 1、2 或 3 个峰校正是容易进行的。聚苯乙烯薄膜就是通常采用的校正样品。通常采用的 3 个峰分别在 1601.8 cm^{-1}、2850 cm^{-1} 及 906 cm^{-1} 处。

此外,薄膜法在高分子化合物的红外光谱分析中被广泛应用。

四、实验器材与试剂

器材:IR-408 型红外分光光度计,红外灯,薄膜夹,平板玻璃,玻璃棒,铅丝等。

试剂:CCl$_4$(分析纯),聚苯乙烯,氯仿(分析纯)。

五、实验内容

(1) 配制浓度约 12% 的聚苯乙烯四氯化碳溶液,用滴管吸取此溶液于干净的玻璃板上,立即用两端绕有细铅丝的玻璃棒将溶液推平,让其自然干燥(1~2 h)。然后将玻璃板浸于水中,用镊子小心地揭下薄膜,再用滤纸吸去薄膜上的水,将薄膜置于红外灯下烘干。最后,将薄膜放在薄膜夹上于分光光度计上测绘谱图。

(2) 用氯仿为溶剂,同上操作,再扫谱图。

(3) 结果处理:将 2 次扫描的谱图与已知标准谱图对照比较,找出主要吸收峰的归属,同时检查 2850 cm^{-1}、1601.8 cm^{-1} 及 906 cm^{-1} 的吸收峰位置是否正确,了解仪器图纸位置是否恰当。

(4) 注意:平板玻璃一定要光滑、干净;扫谱前应先调整好仪器图纸的实际位置。

六、思考题

(1) 聚苯乙烯的红外光谱图与苯乙烯的谱图有什么区别?

(2) 为什么必须将制备薄膜的溶剂和水分除去?

（彭敬东）

实验 24　荧光分析法测定药品中的羟基苯甲酸异构体含量

一、实验目的

(1) 掌握荧光分析法的基本原理和操作。

(2) 熟悉荧光分析法进行多组分含量的测定方法。

二、预习要求

（1）了解荧光的产生过程。

（2）了解荧光与分子结构的关系。

（3）了解环境因素对荧光过程的影响。

三、实验原理

邻羟基苯甲酸(也称水杨酸)和间羟基苯甲酸分子组成相同,均含一个能发射荧光的苯环,但因其取代基的位置不同而具有不同的荧光性质。在 pH=12 的碱性溶液中,两者在 310 nm 附近紫外光的激发下均会在 410 nm 附近发射荧光;在 pH=5.5 的近中性溶液中,间羟基苯甲酸不发射荧光,邻羟基苯甲酸由于分子内形成氢键增加了分子刚性而有较强的荧光,且荧光强度与 pH=12 时相同。利用这一性质,可在 pH=5.5 测定两者混合物中邻羟基苯甲酸的含量,间羟基苯甲酸不干扰。另取同样量的混合物溶液,测定 pH=12 的荧光强度,减去 pH=5.5 时测得的邻羟基苯甲酸的荧光强度,即可求出间羟基苯甲酸的含量。水杨酸是多种药品的添加剂之一,如水杨酸软膏,可用于手足癣、脚癣及干皮病。

四、实验器材与试剂

器材:荧光分光光度计,石英样品池(1 cm),具塞比色管(10 mL),吸量管,容量瓶,烧杯,洗耳球。

试剂(均为分析纯):邻羟基苯甲酸标准溶液($1.0 \ mg \cdot L^{-1}$),间羟基苯甲酸标准溶液($1.0 \ mg \cdot L^{-1}$),NaOH 水溶液($0.1 \ mol \cdot L^{-1}$),HAc-NaAc 缓冲溶液(pH=5.5,47 g NaAc 和 6 g 冰醋酸溶于水并稀释至 1 L),95%乙醇,医用水杨酸软膏。

五、实验内容

（1）标准溶液的配制。用吸量管准确移取 1.00 mL、2.00 mL、3.00 mL、4.00 mL 和 5.00 mL 邻羟基苯甲酸标准溶液($1.0 \ mg \cdot L^{-1}$)于具塞比色管中,加入 pH=5.5 的 HAc-NaAc 缓冲溶液,用蒸馏水稀释至 10 mL,混合均匀,用于绘制邻羟基苯甲酸的标准曲线;另用吸量管准确移取 1.00 mL、2.00 mL、3.00 mL、4.00 mL 和 5.00 mL 间羟基苯甲酸标准溶液($1.0 \ mg \cdot L^{-1}$)于具塞比色管中,加入 $0.1 \ mol \cdot L^{-1}$ NaOH 水溶液 1.00 mL,用蒸馏水稀释至 10 mL,混合均匀(pH=12),用于绘制间羟基苯甲酸的标准曲线。

（2）样品溶液的配制。准确取约 0.2 g 水杨酸软膏,加 50%乙醇约 25 mL,振摇使水杨酸溶解,放冷至室温,用定性滤纸过滤除去氧化锌,用蒸馏水稀释至

500 mL。用吸量管准确移取 1.00 mL 该样品溶液于 100 mL 容量瓶中,用蒸馏水稀释至刻度,摇匀,用于样品测定。

用吸量管准确移取 1.00 mL 上述经稀释后样品溶液于 2 支具塞比色管中,分别加入 pH = 5.5 的 HAc-NaAc 缓冲溶液和 0.1 mol·L^{-1} NaOH 水溶液 1.00 mL,用蒸馏水稀释至 10 mL,混合均匀。

（3）先打开氙灯电源,后打开光度计主机电源,再打开计算机主机电源,预热 15 min。

（4）设定激发狭缝、发射狭缝、扫描速度、扫描波长范围和灵敏度挡。

（5）荧光激发光谱和发射光谱的测定,选取激发波长 λ_{ex} 和发射波长 λ_{em}。

（6）测量标准系列各溶液荧光强度,绘制标准曲线。

（7）测量未知溶液的荧光强度,由标准曲线求出样品中邻羟基苯甲酸和间羟基苯甲酸的含量。

（8）实验完毕,先关闭计算机主机和显示器电源,再关闭荧光分光光度计主机电源,最后再关闭氙灯电源。

注意:工作曲线的测定和未知液测定时应保持仪器设置参数的一致。

六、思考题

（1）λ_{ex} 和 λ_{em} 各表示什么含义？测量未知试样时,其激发波长和发射波长如何获得？为什么对某种组分其 λ_{ex} 和 λ_{em} 应基本相同？

（2）从实验总结出几条影响物质荧光强度的因素。

（杜新贞）

实验 25　荧光光度法测定维生素 B$_2$ 含量

一、实验目的

（1）熟悉荧光分析法的基本原理。

（2）了解荧光光度计的构造,掌握仪器的使用方法。

（3）学会用一种定量分析的方法对样品进行分析。

二、实验原理

荧光分析法是测定物质吸收了一定频率的光后,物质本身放射出波长较长的荧光。因此,当进行荧光测定时,总要选择不同波长的光波进行测定,即一个为激发光——物质所吸收的光,另一个为物质吸光后发出的光,称为发射光或荧光。对于低浓度荧光物质的溶液,在一定条件下,该物质的荧光强度 F 与该溶液的浓度 c 成正比,即 $F = Kc$,由此根据物质所辐射的荧光强度而确定该物质的含量。

荧光法具有灵敏度高(超过分光光度法 $2 \sim 3$ 个数量级)、取样少、方法快速等特点,现已成为医药、农业、环境保护、化工等领域中的重要分析方法之一。但由于许多物质本身不会发生荧光,故在使用范围上受到一定的限制。

维生素 B_2(核黄素)的分子式为 $C_{17}H_{20}N_4O_6$,易溶于水而不溶于乙醚等有机溶剂,在中性或酸性溶液中稳定,光照易分解,对热稳定。

$$CH_2 - (CHOH) - CH_2OH$$

核黄素

维生素 B_2 在 $430 \sim 440$ nm 蓝光或紫外光照射下会发生绿色荧光,且荧光峰在 535 nm,在 pH $= 6 \sim 7$ 的溶液中荧光强度最强,在 pH $= 11$ 的碱性溶液中荧光消失。

三、实验器材与试剂

器材:日立 F-2500 荧光光度计,电子天平,石英液池(1 cm),移液管(5 mL),比色管(25 mL)2 组,烧杯,容量瓶。

试剂:维生素 B_2 标准溶液($5\ \mu g \cdot mL^{-1}$),准确称取 0.05 mg 维生素 B_2,先溶于少量二次蒸馏水中,再置于 60 ℃ 水浴中温热 30 min,使其完全溶解,然后放冷,并用二次蒸馏水定容于 1000 mL 容量瓶中,摇匀。避光保存。此时浓度为 $50\ \mu g \cdot mL^{-1}$。

再取 $50\ \mu g \cdot mL^{-1}$ 维生素 B_2 标准溶液 10 mL 定容于 100 mL 容量瓶中,此时浓度为 $5\ \mu g \cdot mL^{-1}$。

四、实验内容

1. 维生素 B_2 荧光激发光谱与发射光谱的绘制

准确量取维生素 B_2 溶液($5\ \mu g \cdot mL^{-1}$)3.00 mL,于 25 mL 比色管中,用水稀释至刻度,摇匀。于 F-2500 荧光光度计扫描,确定最大激发波长 λ_{ex} 和发射波长 λ_{em}。

2. 配制系列标准溶液,标准曲线的绘制

取 5 支 25 mL 比色管,分别加入 1.00 mL、2.00 mL、3.00 mL、4.00 mL 及

5.00 mL 维生素 B_2 标准溶液,用水稀释至刻度,摇匀。在最大激发波长 λ_{ex} 和发射波长 λ_{em} 条件下,测定各管溶液的荧光强度 F,制得标准曲线。

3. 维生素 B_2 片剂中维生素 B_2 含量的测定

取 2 片医用维生素 B_2 片剂,精密称量后,溶于少量的蒸馏水中,置于 60 ℃ 水浴中温热 30 min,使其完全溶解,然后放冷,使维生素 B_2 溶液的 pH 为 6～7。置于 250 mL 容量瓶中,用二次蒸馏水稀释至刻度,摇匀。过滤,弃去初滤液,精密吸取续滤液 0.5 mL,于 1 支 25 mL 比色管中,用水稀释至刻度,摇匀。按上述条件测定荧光强度,重复测定 3 次,取平均值。

五、数据处理

(1) 根据标准系列溶液测得的数据,以相对荧光强度为纵坐标,25 mL 溶液中所含维生素 B_2 的质量(μg)为横坐标绘制标准曲线,并得出线性方程。

(2) 从标准曲线线性方程计算出维生素 B_2 片剂中核黄素的质量,计算出维生素 B_2 片剂中核黄素的含量。

六、思考题

(1) 比较荧光分析法和分光光度法的差别。

(2) 有哪些主要因素影响荧光分析的测定?

(黄新华)

第 3 章 电化学分析

学习指导

将化学变化与电的现象紧密联系起来的学科便是电化学。应用电化学的基本原理和实验技术,依据物质的电化学性质来测定物质组成及含量的分析方法称为电化学分析法。它直接通过测定电导、电位、电流、电量等物理量,在溶液中有电流或无电流流动的情况下研究、确定参与反应的化学物质的量。依据测定的电参数分别命名各种电化学分析方法,如电导分析法、电位分析法、电解与库仑分析法、伏安分析法等。依据应用方式不同可分为直接法和间接法。电化学分析法具有灵敏度和准确度高、选择性好、应用广泛的特点,被测物质的最低量可以达到 10^{-12} mol · L^{-1} 数量级。而且,电化学分析仪器装置较为简单,操作方便,尤其适合于化工生产中的自动控制和在线分析。传统电化学分析主要应用于无机离子的分析,近年来,用电化学分析法测定有机化合物也日益广泛。

本章主要介绍电位分析法和伏安分析法。电位分析法的实质是通过零电流条件下测定两电极间的电位差来进行分析,伏安分析法则是通过测定特殊条件下的电流-电压曲线来分析电解质的组成和含量的一类分析方法。一般来说,溶液产生的电信号与检测对象的活度有关,通过测量电极电位,根据能斯特(Nernst)方程计算被测物质的含量,或根据检测对象的浓度(或活度),依据能斯特方程估算电对电极电位,为实验条件下电极上所发生的氧化还原反应提供参考。这些方法所使用的仪器简单、易自动控制、操作方便快速、图谱解析比较直观。通过本章的学习,掌握常用电化学分析法的基本原理、特点及其应用,了解常规电化学分析仪器构造,熟悉其使用方法,根据分析目的、要求和各种电化学分析方法的特点和应用范围,初步具有选择适宜的电化学方法和相关仪器以解决实际问题的能力。

3.1 电位分析法

电位分析法的实质是通过在零电流条件下测定两电极间的电位差进行分析,包括电位测定法和电位滴定法。电极电位与溶液中电活性物质的活度有关,通过测量溶液的电位值,根据能斯特方程计算被测物质的含量。电位测量过程中并没有电流流过电极,无电极反应,研制各种高灵敏度、高选择性的电极是电位分析法最活跃的研究领域。

3.1.1　三个概念

1. 电位差

外电位随两支电极间电位而变化（$E_{外} = E_{测}$）。另外，因各种离子具有不同的运动速度，在两种不同离子的溶液或两种不同浓度的溶液接触界面上，存在着微小的电位差，称为液体接界电位。

2. 参比电极

进行实际电位测量时，都是通过测定由指示电极和参比电极组成的原电池的电位来完成的。参比电极的电位在一定条件下是恒定的，不随测定溶液和浓度变化而变化，与待测离子浓度无关。常用的参比电极有标准氢电极、饱和甘汞电极（SCE）和银-氯化银电极。

3. 指示电极

指示电极的电位随测量物质的活度不同而变化，由电极电位的大小可以确定待测溶液的活度（浓度低时常用浓度代替活度）大小。常用的指示电极有金属-金属离子电极、金属-金属难溶盐电极、惰性金属电极和膜电极，膜电极通常包括晶体膜电极、非晶体膜电极、液膜电极和敏化电极。

3.1.2　离子选择性电极的特性参数

1. 电极的选择性系数

溶液中共存的其他离子也能产生一定的膜电位，如 pH 电极对 Na^+ 也有响应，只是响应程度较低，而钙流动膜电极对 Ca^{2+} 和 Mg^{2+} 的响应几乎相同。对于一般的离子选择性电极，若测定离子为 i，电荷为 z_i；干扰离子为 j，电荷为 z_j。考虑到共存离子产生的电位，则膜电位的一般式可写为

$$\Delta E_{膜} = K \pm \frac{RT}{nF} \ln[a_i + K_{i,j}(a_j)^{\frac{z_i}{z_j}}] \qquad (3-1)$$

式中，对于阳离子响应的电极，K 后取正号；对于阴离子响应的电极，K 后取负号。

$K_{i,j}$ 为电极的选择性系数，其含义为在相同的测定条件下，待测离子和干扰离子产生相同电位时待测离子的活度 a_i 与干扰离子活度 a_j 的比值，即 $K_{i,j} = a_i/a_j$。通常 $K_{i,j} < 1$，$K_{i,j}$ 值越小，表明电极的选择性越高。例如，$K_{i,j} = 0.001$ 时，意味着干扰离子 j 的活度比待测离子 i 的活度大 1000 倍时，两者产生相同的电位。$K_{i,j}$ 可用来估计干扰离子存在时产生的测定误差或确定电极的适用范围。但是，

选择性系数严格来说不是一个常数,在不同离子活度条件下测定的选择性系数值各不相同。

2. 离子选择性电极的响应时间

响应时间是指参比电极与离子选择性电极一起接触到试液开始直到电极电位值达到稳定值的 95% 所需的时间。

3. 离子选择性电极的温度系数

离子选择性电极的电极电位受温度的影响是显而易见的。将能斯特方程对温度 T 微分可得

$$\frac{dE}{dT} = \frac{dE^{\ominus}}{dT} + \frac{R}{nF}\ln a_i + \frac{RT}{nF}\frac{\ln a_i}{dT} \tag{3-2}$$

式中,第一项为标准电极电势温度系数,取决于电极膜的性质、测定离子特性、内参比电极和内充液等因素;第二项为能斯特方程中的温度系数项,对于 $n=1$,温度每改变 1 ℃,校正曲线的斜率改变 0.1984,离子计中通常设有温度补偿装置,对该项进行校正;第三项为溶液的温度系数项,温度改变导致溶液中的离子活度系数和离子强度发生变化。

3.1.3　电位分析测量仪器

电位分析仪器是用电极把溶液中离子活度变成电信号直接显示出来的装置。常用的仪器是离子计,是专为离子选择性电极分析设计的仪器,具有测量标准化功能的电路,以 pX、浓度或电动势显示结果,使用方便。另外,有专门为测定酸度设计的酸度计、自动电位滴定分析仪等。对于电位分析测量仪器有一些具体要求。

1. 输入阻抗

离子选择性电极内阻可高达 10^8 Ω,仪器的输入阻抗必须与其匹配。输入阻抗越大,越接近零电流的测试条件,测量的准确度越高,一般要求仪器的输入阻抗在 10^{11} Ω 以上。

2. 测量精度和量程

仪器精度直接关系到测量的误差,是仪器性能的主要指标,常以"mV · 格$^{-1}$"来表示。为了保证测量精度,仪器的最小分格不能太大,如要使离子选择性电极测定的活度的相对误差在 1% 以内,仪器的最小读数应达 0.1 mV。

仪器的量程与仪器的精度往往相互矛盾,精度高,量程就小。故一般仪器都设有量程选择电路,既保证高精度性又保证足够的量程。仪器直接显示 pX 值时,测

量范围一般为 0~14 pX,离子计测量范围为 ±1000 mV。

3. 定位

为了使测量标准化,必须将能斯特方程中的截距(常数项)校正好,通过定位器的调节,校正了外参比电极电位、内参比电极电位、液接电位等因素的影响,使测得的电池电动势与待测离子活度的对数呈简单的线性关系。

4. 温度和电极的斜率补偿

为了使电池电动势与待测离子活度对数的线性关系不受温度的影响,必须有温度补偿装置。由于电极的老化和其他方面的原因,使其实际斜率与理论斜率不符;另外,在不同体系的溶液中,电极的斜率也不尽相同,所以必须对电极的斜率进行补偿后,才能使测量标准化。温度补偿是补偿因溶液温度变化引起电极斜率的变化,斜率补偿是补偿电极本身斜率与理论值的差异。

3.2　电重量分析与库仑分析法

电重量分析与库仑分析法属于电解分析法,在恒电流或恒电位的条件下,使被测物质在电极上析出,实现定量分离测定的方法。

由金属电极的标准电极电位和半反应的自由能判据 $\Delta G = -nFE$ 可知,一般情况下反应不能自发进行,至少要提供一个与这个电池电位相等的反向外加电压才能使金属离子在电极上析出,该电压称为理论分解电压。但在实际电解时,当外加电压达到理论分解电压时,电解反应并不能进行,开始发生电解反应时的实际分解电压要大于理论分解电压,这是因为电极电位除包括按能斯特方程计算的理论分解电压外,还应包括因电极极化而产生的超电位(η)、电解回路的电压降(iR),则外加电压应为 $E_{外} = (E_{阳} + \eta_{阳}) - (E_{阴} + \eta_{阴}) + iR$,产生超电位的原因是浓差极化和电化学极化。

3.2.1　电重量分析法

每种物质都有各自不同的"分解电压",如果能够适当控制外加电压,使不同离子按顺序析出,则可以达到分离的目的。电重量分析法是利用电解分离法将被测组分从一定体积溶液中完全沉积在阴极上,通过称量阴极增重的方法来确定溶液中待测离子的浓度。电重量分析法可以通过恒电流电重量分析法、恒外电压电重量分析法和控制阴极电位电重量分析法三种方式来实现。

3.2.2　库仑分析法

1. 基本原理

依据法拉第电解定律,物质在电极上析出产物的质量(m)与通过电解池的电量(Q)成正比。这种由电解过程中电极上通过的电量来确定电极上析出的物质质量的电解分析方法称为库仑分析法,可由下列公式计算电极上析出产物的质量(m):

$$m = \frac{Q}{96\,485} \times \frac{M}{n} \tag{3-3}$$

2. 恒电流库仑分析——库仑滴定法

在特定的电解液中,以电极反应的产物作为滴定剂(电生滴定剂,相当于化学滴定中的标准溶液)与待测物质定量反应,借助于电位法来指示滴定终点。该电解分析法通过测量滴定过程中所消耗的电量,因此称为库仑滴定法。库仑滴定法并不需要化学滴定和其他仪器滴定分析中的标准溶液和体积计量,方法的灵敏度($10^{-9} \sim 10^{-5}$ g·mL^{-1})、准确度较高。恒电流库仑分析由于不需要化学基准物质,故不需要配制标准溶液,简化了分析步骤,减少了误差来源,方法的准确度较高。

3.3　伏安分析法和极谱分析法

伏安分析法是指在被分析溶液中,以测定电解过程中极化电极的电流-电压曲线为基础的一类电化学分析方法。为了确保工作电极的极化,通常电极的面积都要做得很小。极谱分析法是采用滴汞电极的伏安分析法。

极谱分析法是特殊条件下进行的电解分析方法。其特殊性在于使用了一支极化电极和另一支去极化电极作为工作电极,是在溶液静止的情况下进行的非完全的电解过程。经典的直流极谱法以滴汞电极作工作电极,在此基础上建立的扩散电流理论为以后发展的其他各种极谱法奠定了理论基础。

3.3.1　直流极谱分析法

当在极化电极(如滴汞电极)与去极化电极(如甘汞电极)之间施加的电解电压小于被测物质在实验条件下的分解电压时,电解电路仅有微小的电流流过(残余电流或背景电流);当外加电压达到被测物质的实际分解电压时,被测物质开始在滴汞电极上迅速反应,电解电流迅速上升;因溶液静止,产生浓度梯度(厚度约

0.05 mm的扩散层）；当扩散运动达到平衡时（消除迁移和对流运动），形成极限扩散电流 i_d（极谱定量分析的基础），电流不再增加。极限扩散电流 $\frac{1}{2}$ 处所对应的电压称为半波电压（极谱定性的依据）。因受到汞滴周期性滴落的影响，汞滴面积的变化使电解电流呈快速锯齿性变化。每滴汞从开始生长到滴落一个周期内扩散电流的平均值 $(i_d)_{平均}$ 与待测物质浓度（c）之间的定量关系为

$$(i_d)_{平均} = 607nD^{1/2}m^{2/3}\tau^{1/6}c = IKc \tag{3-4}$$

式中，$I = 607nD^{1/2}$ 为扩散电流常数（n 和 D 取决于待测物质的性质）；$K = m^{2/3}\tau^{1/6}$ 为毛细管特性常数（m 与 τ 取决于滴汞电极的毛细管特性）。

　　直流极谱分析速度慢，一般的分析过程需要 5～15 min。这是由于滴汞周期需要保持在 2～5 s，电压扫描速度一般为 5～15 min·V^{-1}。获得一条极谱曲线一般需要几十滴到 100 多滴汞。因汞滴周期性变化而产生的充电电流约为 10^{-7} A 数量级，相当于 10^{-6}～10^{-5} mol·L^{-1} 被测物质产生的扩散电流，检测限一般为 10^{-5}～10^{-4} mol·L^{-1}，故该方法灵敏度较低。直流极谱法因大量使用有毒汞，易造成环境污染，目前已基本淘汰。

3.3.2　单扫描示波极谱法

　　为了克服经典直流极谱法的缺点，根据经典极谱原理建立了多种快速极谱分析方法。单扫描示波极谱法是直流示波极谱法，其基本原理是在直流可调电压上叠加周期性的锯齿型电压（极化电压）。示波极谱法扫描周期短，在一滴汞上可完成一次扫描，电压和电流变化曲线如图 3-1 所示，其定量依据为 i_p 与电活性物质的量浓度成正比。

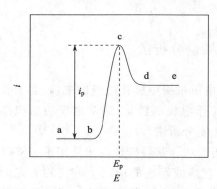

图 3-1　示波极谱法扫描曲线
i_p 为峰电流；E_p 为峰电位

　　与经典极谱方法相比，示波极谱法具有三大特点：一是速度快，一滴汞上即能形成一条曲线；二是检测灵敏度高，峰电流比极限扩散电流大（$n = 1$ 时，大 2 倍；$n = 2$ 时，大 5 倍）；三是分辨率高，相邻峰电位差 40 mV 即可分辨（经典极谱法中 $E_{1/2} > 200$ mV 才能分辨）。

　　如果将小振幅（几毫伏到几十毫伏）的低频交流正弦电压（5～50 Hz）叠加到直流极谱的电压上，测量通过电解池的交流电流随电压的变化，即为交流极谱分析法。与直流极谱法相比，灵敏度稍高，峰电位差 40 mV 可分辨，氧的干扰小。然而，充电电流限制了交流极谱灵敏度的提高。如采用脉冲极谱法将叠加的交流正弦波改为方波，使用特殊的时间开关，利用充电电流随时间很快衰减的特性，在方

波出现的后期,记录交流极化电流信号,灵敏度可在交流极谱法的基础上提高至 $10^{-8} \sim 10^{-7}$ mol·L^{-1}。

3.3.3　脉冲极谱法

方波极谱虽然基本消除了充电电流,但灵敏度的进一步提高受毛细管噪声的影响。使用滴汞电极,在每个汞滴生成后期即将下滴之前的很短时间间隔中,叠加一个 $2 \sim 100$ mV 的矩形脉冲电压(图 3-2),持续时间 $4 \sim 80$ ms,测量脉冲前后电解电流的差 Δi,即可消除背景电流,进一步提高灵敏度至 $10^{-9} \sim 10^{-8}$ mol·L^{-1},而且分辨力强,适用于有机物分析。

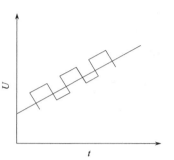

图 3-2　滴汞电极上
的矩形脉冲电压

3.3.4　溶出伏安法

溶出伏安法是一种极谱分析技术,分为阳极溶出法和阴极溶出法两类,通常包括电富集和电溶出两个过程,它把恒电位电解与伏安法结合在同一电极上进行。阳极溶出伏安法将还原电压施加于工作电极上,当电极电位超过某种金属离子的析出电位时,溶液中被分析的金属离子被还原为金属,"沉积"于工作电极表面。当有足够的金属沉积于工作电极表面上时,向工作电极以恒定速度施加相反方向电压,沉积于工作电极表面上的金属将在电极上氧化溶出。对于给定电解质溶液和电极,每种金属都有特定的氧化或溶出反应电压,该过程释放出的电子形成峰值电流。测量该电流并记录相应电位,根据氧化发生的电位值可识别金属种类,并通过它们氧化电位的差异可同时测量多种金属。本法常用的电极有悬汞电极、汞膜电极,以及金、铂、玻碳、碳糊等固体电极。

在溶出伏安法中,在一定的电位下将待测物从稀试液中电解富集到体积极微小的电极表面上,使它的浓度得到极大的增加,因而电溶出时的法拉第电流也大大增加。它是一种极为灵敏的分析方法。目前已有 30 多种元素能进行阳极溶出分析,测定范围为 $10^{-11} \sim 10^{-6}$ mol·L^{-1},能做阴极溶出分析的元素也有十几种。样品中很低浓度的待测物都能够被快速检测出来,并有良好精密度,已经被广泛用于检测土壤、水、食品、饮料、药品、固体废弃物等固态物质中的重金属和阴离子含量。

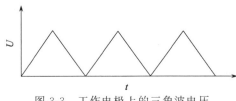

图 3-3　工作电极上的三角波电压

3.3.5　循环伏安法

以等腰三角形的脉冲电压加在工作电极上(图 3-3),得到的电流-电压曲线包括两个分支：如果前半部分电位向阴极方向扫描，电活性物质在电极上还原，产生还原波，那么后半部分电位向阳极方向扫描时，还原产物又会重新在电极上氧化，产生氧化波。一次三角波扫描完成一个还原和氧化过程的循环，故该法称为循环伏安法，其电流-电压曲线称为循环伏安图。如果电活性物质可逆性差，则氧化波与还原波的高度不同，对称性也较差。循环伏安法中电压扫描速度可从数毫伏每秒到 $1\ V \cdot s^{-1}$。工作电极除使用汞电极外，还可以用金、铂、玻碳、石墨以及化学修饰电极等。循环伏安法是一种很有用的电化学研究方法，可用于电极反应的性质、机理和电极过程动力学参数的研究，但该法很少用于定量分析。

【思考题】

3-1　什么是电位分析法？电位分析法包括哪两种类型？

3-2　电极电位是如何产生的？电极电位如何测量？

3-3　电池电动势和电极电位有何区别？

3-4　简述指示电极的分类，金属基指示电极与薄膜电极的电极电位是如何产生的。

3-5　什么是离子选择性电极的选择性系数和选择比？

3-6　电重量分析法与库仑分析法的区别是什么？

3-7　什么是伏安分析法？主要包括哪些方法？

3-8　伏安分析法中，说明指示电极、工作电极和辅助电极有何区别。

3-9　试说明电位分析法和伏安分析法原理有何区别。

（杜新贞）

实验 26　氯离子选择性电极性能的测试及自来水中氟含量的测定

Ⅰ. 氯离子选择性电极性能的测试

一、实验目的

（1）了解离子选择性电极的主要特征。

（2）掌握离子选择性电极测定电极选择性系数的原理、方法及操作技术。

二、预习要求

（1）阅读教材，熟悉什么是离子选择性电极。

（2）了解离子选择性电极测定电极选择性系数的原理以及常用的方法。

（3）熟悉实验操作步骤。

（4）思考如果换一种方法测定离子电极选择性系数，应如何设计实验。

三、实验原理

离子选择性电极是一种电化学传感器，它对特定的离子有电位响应。但是任何离子选择性电极不可能只对溶液中的某一特定离子有响应，对其他离子也可能有响应。例如，把氯离子选择性电极浸入含有 Br^- 溶液时，也会产生膜电位，当 Cl^- 和 Br^- 共存于溶液中时，Br^- 的存在必然会对 Cl^- 的测定产生干扰。为了表明共存离子对电位的"贡献"，可用一个扩展的能斯特方程描述：

$$E = K \pm \frac{2.303RT}{nF} \lg(a_i + K_{i,j} a_j^{n/b})$$

式中，i 为被测离子；j 为干扰离子；n 和 b 分别为被测离子和干扰离子的电荷数；$K_{i,j}$ 为电极选择性系数。从上式可以看出，电极选择性系数越小，电极对被测离子的选择性越好。

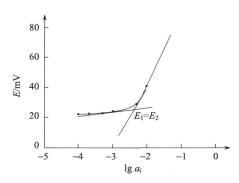

图 3-4　离子活度的电位值

测定 $K_{i,j}$ 的方法有分别溶液法和混合溶液法，本实验采用混合溶液法测定 $K_{i,j}$。混合溶液法是将 i、j 离子共存于溶液中，配制一系列含有固定活度的干扰离子（j）和不同活度的被测离子（i）的标准溶液，分别测量其电位值，绘成曲线，如图 3-4 所示。

曲线中的斜线部分（$a_i > a_j$）的能斯特方程为

$$E_1 = K_1 \pm \frac{2.303RT}{nF} \lg a_i$$

在曲线的水平部分（$a_j > a_i$），电极对 i 离子的响应可以忽略，电位值完全由 j 离子决定，则

$$E_2 = K_2 \pm \frac{2.303RT}{nF} \lg K_{i,j} a_j^{n/b}$$

假定 $K_1 = K_2$，且两斜率相同，在两直线的交点处 $E_1 = E_2$，可以得出以下公式：

$$K_{i,j} = a_i / a_j^{n/b}$$

因此可以求得 $K_{i,j}$ 值。这一方法也称为固定干扰法，本实验以 Br^- 为干扰离子，测定氯离子选择性电极的选择性系数 K_{Cl^-,Br^-}。

四、实验器材与试剂

器材：pHS-3D 型酸度计，电磁搅拌器，217 型饱和甘汞电极，氯离子选择性电

极,容量瓶(100 mL),移液管,量筒(25 mL)。

试剂（均为分析纯）:NaBr 标准溶液(0.010 mol·L^{-1}),KNO$_3$ 溶液(1.0 mol·L^{-1},pH 约 2.5);饱和 KCl 溶液。

五、实验内容

1. 仪器的准备

按酸度计操作步骤调试仪器,选择"mV"键,检查 217 型饱和甘汞电极是否充满 KCl 溶液,若未充满,应补充饱和 KCl 溶液,并用皮筋将套管连接在饱和甘汞电极上。

2. 离子选择性电极的准备

接通电源,预热 20 min,校正仪器,调仪器零点。氯离子选择性电极接仪器负接线柱,饱和甘汞电极接仪器正接线柱。氯离子选择性电极在使用前,应先在 0.001 mol·L^{-1} 的 NaCl 溶液中活化 1 h,然后在去离子水中充分浸泡。

3. 氯标准溶液

称取预先在 500~600 ℃灼烧 40~50 min 的优级纯氯化钠 0.5844 g 溶解,移入 100 mL 容量瓶中,用去离子水稀释至刻度,混匀。此溶液氯含量为 0.1 mol·L^{-1}。

在一系列 50 mL 容量瓶中,分别配制浓度为 0.01 mol·L^{-1}、0.005 mol·L^{-1}、0.001 mol·L^{-1}、0.0005 mol·L^{-1}、0.0001 mol·L^{-1} 的氯离子标准溶液。各加入 5 mL 0.01 mol·L^{-1} 的 Br$^-$ 标准溶液和 15 mL 1.0 mol·L^{-1} KNO$_3$ 溶液,用去离子水稀释至刻度,摇匀。

4. 电位测定

将准备好的 5 个溶液转移到玻璃烧杯中,由低浓度到高浓度分别测定电位值,准确记录实验数据。

5. 数据处理

以电位值 E 为纵坐标,$\lg c_{Cl^-}$ 为横坐标,作图。延长曲线中两段直线部分,得一交点,根据公式计算氯离子选择性电极对溴离子的选择性系数。

六、扩展实验

用分别溶液法应该如何来测定氯离子的电极选择性系数?

七、思考题

（1）评价离子选择性电极的性能有哪些特性系数？

（2）本实验中为什么要选用双盐桥饱和甘汞电极？

（3）进一步阅读文献资料，把本实验和资料介绍的内容进行比较，有何异同？

（4）本实验可否进行改进？

Ⅱ. 标准曲线法测定自来水中的氟含量

一、实验目的

（1）了解氟离子选择性电极的构造。

（2）掌握用标准曲线法测定自来水中氟含量的方法。

二、预习要求

（1）阅读教材，认识氟离子选择性电极的构建方法。

（2）熟悉实验原理及操作步骤。

三、实验原理

氟离子选择性电极是一种由单晶 LaF_3 制成的电化学传感器。当测定体系的离子强度为一定值时，电池的电动势与氟离子浓度的对数呈线性关系。

四、实验器材与试剂

器材：pHS-3D 型酸度计，电磁搅拌器，232 型饱和甘汞电极，氟离子选择性电极，容量瓶（100 mL、1000 mL），移液管（20 mL、50 mL），烧杯（1 L），塑料烧杯（50 mL），量筒（10 mL）。

试剂（均为分析纯）：NaF，$Na_3C_6H_5O_7 \cdot 2H_2O$，$KNO_3$，溴甲酚绿，1 mol·$L^{-1}$ HCl 溶液。

配制溶液：

0.1 mol·L^{-1} F^- 的标准储备液：称取分析纯试剂 NaF（烘干 1～2 h，温度 110 ℃左右，放在干燥器中冷却至室温）0.4199 g 于烧杯中，用去离子水溶解，定量转入 100 mL 容量瓶中，用去离子水稀释至刻度，储存于聚乙烯瓶中，备用。在冰箱内保存，临用时放至室温再用。

0.001 mol·L^{-1} NaF 标准溶液的配制：取 1.0 mL 的 NaF 标准储备液用去离子水稀释成 100 mL。

$1 mg \cdot mL^{-1}$溴甲酚绿指示剂：称取 100 mg 溴甲酚绿指示剂于研钵中，加入水-乙醇溶液（体积比 1∶4）研细，移入 100 mL 容量瓶中，用水-乙醇溶液（体积比1∶4）定容至标线。

总离子强度缓冲溶液（TISAB）：称取 59.0 g 柠檬酸钠（$Na_3C_6H_5O_7 \cdot 2H_2O$），20 g 硝酸钾（$KNO_3$），置于 1 L 烧杯中，加 300 mL 去离子水溶解，加溴甲酚绿指示剂 1 mL，用 $1 mol \cdot L^{-1}$ HCl 溶液调节至溶液颜色刚刚转变为止，此时 pH 约为 5.5，移入 1000 mL 容量瓶中，用去离子水稀释至刻度，摇匀。

五、实验内容

1. 离子选择性电极的准备

接通电源，预热 20 min，校正仪器，调仪器零点。氟离子选择性电极接仪器负接线柱，饱和甘汞电极接仪器正接线柱。氟离子选择性电极在使用前，应先在 $0.001 mol \cdot L^{-1}$ 的 NaF 溶液中活化 1 h，然后在去离子水中充分浸泡。

2. 氟离子标准曲线的制作

分别吸取 $0.001 mol \cdot L^{-1}$ F^- 的标准溶液 0.50 mL、0.70 mL、1.00 mL、3.00 mL、5.00 mL、10.00 mL 于 100 mL 容量瓶中，加入 20 mL TISAB 溶液，加入 3 滴溴甲酚绿指示剂，用 $1 mol \cdot L^{-1}$ 盐酸调节 pH，使溶液刚刚变为蓝绿色为止（此时溶液的 pH 约为 5.5），用去离子水稀释至刻度。将系列标准溶液由低浓度到高浓度依次转入干的塑料烧杯中，将烧杯置于电磁搅拌器上，从低浓度到高浓度测定，读取平衡电位。

3. 水样的测定

吸取被测水样 50 mL 于 100 mL 容量瓶中，加入 20 mL TISAB，加入 3 滴溴甲酚绿指示剂，用 $1 mol \cdot L^{-1}$ 盐酸调节 pH，使溶液刚刚变为蓝绿色为止，用去离子水稀释至刻度。吸取适量配制好的水样于塑料烧杯中，测定电位值，准确记录实验数据（测定水样之前，也需用去离子水洗电极至空白电位）。

4. 数据处理

以电位值 E 为纵坐标，$\lg c_{F^-}$ 为横坐标，绘制标准曲线，得到标准曲线方程。根据所测水样的 E 值，计算水样中的氟含量。

六、扩展实验

如何测定大气中氟的含量？

七、思考题

（1）本实验中加入总离子强度调节缓冲溶液的目的是什么？

（2）为什么测定氟离子溶液前以及测定水样前要把氟电极洗至空白电位？

（3）进一步阅读文献资料，把本实验和资料介绍的内容进行比较，有何异同？

（袁　若）

实验 27　电位滴定法测 NaOH 溶液浓度

一、实验目的

（1）掌握用玻璃电极测量 NaOH 溶液浓度的基本原理和测量技术。

（2）学会用电位滴定法绘制酸碱滴定的滴定曲线。

二、预习要求

复习《化学基础实验（Ⅱ）》（彭秧等，科学出版社）实验 26，熟悉电位法测水的 pH 的原理及方法。

三、实验原理

以玻璃电极作指示剂，饱和甘汞电极作参比电极，用电位法测量溶液的 pH，组成电池为

（－）Ag，AgCl｜内参比溶液｜玻璃膜｜试液｜KCl（饱和）｜Hg_2Cl_2，Hg（＋）

则 E（电池）＝$K+0.059$pH。再用标准缓冲溶液校正仪器后

$$pH_x = pH_s + \frac{E_x - E_s}{S}$$

本实验用 pH＝6.864 的标准缓冲溶液校正酸度计，再用标准 HCl 溶液滴定 NaOH 溶液，加入 HCl 不同体积测其 pH，以测得数据绘制 pH-V_{HCl} 滴定曲线，找出突跃范围和计量点，再计算 c_{NaOH}。

四、实验器材与试剂

器材：ID-Z 型自动电位滴定计（酸度计），玻璃电极，饱和甘汞电极，烧杯（100 mL），移液管（25 mL），电磁搅拌器，搅拌子。

试剂：标准缓冲溶液。

五、实验内容

（1）用 pH＝6.864 的标准缓冲溶液校正酸度计。

（2）移取 NaOH 溶液 25.00 mL 于 100 mL 烧杯中，放入搅拌子，加水至大约 1/2 烧杯处（电极玻璃膜浸入溶液下面），在搅拌下分别加入下列体积的标准 HCl 溶液并测定其 pH：HCl 5.00 mL，10.00 mL，15.00 mL，17.00 mL，18.00 mL，19.00 mL，19.70 mL，19.80 mL，19.90 mL，19.95 mL，19.98 mL，20.00 mL，20.02 mL，20.20 mL，20.50 mL，20.80 mL，21.00 mL，22.00 mL，25.00 mL，…越接近计量点（pH＝7.00 左右），加入 HCl 体积间隔应越小（不一定按上面体积取数据）。

（3）以加入 HCl 体积为横坐标，pH 为纵坐标绘制电位滴定曲线，突跃范围中点（pH＝7.00）所对应的横坐标的 V 值为计量点消耗的 HCl 体积。

（4）根据 c_{HCl}、曲线上查出的 V_{HCl} 以及移取的 V_{NaOH} 计算出 c_{NaOH}。

六、注意事项

（1）必须先用标准缓冲溶液校正酸度计。

（2）滴定中最好以 pH 读数来控制加入 HCl 体积。尤其是在滴定 pH 突跃范围应多取读数点，如 pH 为 9.5～4.5，而尤以 pH 为 8～6 更应注意少加 HCl 多读点，否则滴定曲线描绘不准确，造成误差。

（3）与滴定分析法相比，本方法的优点是：不加指示剂，不担心超过终点，且结果更准确。

（陈中兰）

实验 28　库仑滴定法测 $Na_2S_2O_3$ 的含量

一、实验目的

（1）掌握恒电流库仑滴定法及永停法指示滴定终点的原理。
（2）掌握库仑仪的安装和操作方法。
（3）掌握库仑滴定法测定水样中微量可溶性硫酸盐的原理。

二、预习要求

（1）了解库仑分析法的原理。
（2）了解库仑滴定法测定水样中微量可溶性硫酸盐的原理。
（3）了解微库仑滴定仪的结构和使用方法。

三、实验原理

库仑滴定法是用电解产生的滴定剂来滴定被测物质的一种分析方法，在电解过程中若保证电解反应的效率为 100% 且电解产物与被滴定物质完全迅速地反应,则消耗的总电量为 $Q = \int_0^t i \, dt$,当 i 恒定时,$Q = it$,从而计算得到被测物的物质的量浓度。

在酸性介质中,碘离子以 100% 的电流效率在铂电极上氧化生成碘,电解产生的碘滴定被测物质 $Na_2S_2O_3$ 的含量。

$$3I^- - 2e^- \Longrightarrow I_3^-$$
$$I_3^- + 2S_2O_3^{2-} \Longrightarrow 3I^- + S_4O_6^{2-}$$

滴定终点的判定用永停法,即用电流上升法指示滴定终点。将一对铂指示电极插入待测定的溶液中,加上比较低的恒电压(约 100 mV),由于 $S_2O_3^{2-}/S_4O_6^{2-}$ 电对的不可逆性,等当点前该电极处于理想的极化状态,其回路中没有明显的电流产生,等当点后,I_3^- 将过量存在,溶液中的可逆电对 I^-/I_3^- 发生的电极反应为

阳极:　　　　　　　　$3I^- - 2e^- \Longrightarrow I_3^-$

阴极:　　　　　　　　$I_3^- + 2e^- \Longrightarrow 3I^-$

故指示回路中产生电流(电流上升)。指示回路中电流上升的点就是滴定的终点。这种用指示回路中电流上升指示终点的方法称为电流上升法或永停法。

四、实验器材与试剂

器材:RPA-200 微库仑滴定仪,铂片电极 2 个,电磁搅拌器,吸量管,洗耳球。

试剂:KI 标准溶液(0.1 mol·L^{-1}),$Na_2S_2O_3$ 标准溶液(0.1 mol·L^{-1}),$Na_2S_2O_3$ 未知溶液。

五、实验内容

(1) 通电开机,预热 15 min。

(2) 将铂电极置于 1∶1 硝酸溶液中浸泡 5 min,然后用去离子水冲洗电极,将电极体系与仪器连接。

(3) 电解电流调至 5 mA,时钟电位器调至 50～100 mV,用永停法指示滴定终点,记录电解出滴定 $Na_2S_2O_3$ 所需要的 I_2 而消耗的电量值。

(4) 未知样测量。向烧杯中准确加入 2.0 mL 未知 $Na_2S_2O_3$ 溶液,进行测定,最后以恒电流库仑法电解生成的碘滴定硫代硫酸钠,根据空白溶液和水样的滴定时间 t_1 及 t_2,记录所消耗的电量,重复操作 3 次,取平均值,计算 $Na_2S_2O_3$ 含量。

(5) 关机,清洗电解池,充入适量去离子水至淹没电极。

(6) 结果计算。

六、注意事项

（1）了解电解池结构、电极的呈现状态及原因，用正确的方法使用和保护电解池。

（2）加 1 mL $Na_2S_2O_3$ 溶液必须特别准确，微小失误即可能导致很大的分析误差。

（3）重复实验不再加 KI 溶液，因为 KI 是循环使用的，只加 1 mL $Na_2S_2O_3$ 溶液，蒸馏水的作用是增容，使电极完全浸入溶液而利于电解或指示。

（4）搅拌速度必须适中且稳定。

七、思考题

（1）说明永停法指示终点的原理。

（2）铂工作电极与铂辅助电极上的反应有何不同？

（3）如将电极极性接错，应采取什么措施？为什么？

（杜新贞）

实验 29　库仑滴定法测定维生素 C 药片中的抗坏血酸

一、实验目的

（1）掌握库仑滴定法的基本原理。
（2）学会恒电流库仑仪的使用技术。
（3）掌握恒电流库仑滴定法测定抗坏血酸的实验方法。

二、预习要求

了解恒电流库仑滴定法的特点，预习本实验的基本原理。

三、实验原理

电极反应为

阳极：$\qquad 2Br^- - 2e^- \Longrightarrow Br_2$

阴极：$\qquad 2H^+ + 2e^- \Longrightarrow H_2$

$$C_6H_8O_6 + Br_2 \Longrightarrow C_6H_6O_6 + 2HBr$$

滴定终点用双铂指示电极安培法来指示。

定量依据为法拉第定律：

$$m = \frac{QM}{nF}$$

式中,m 为被滴定的抗坏血酸的质量;Q 为电极反应所消耗的电量;M 为抗坏血酸的摩尔质量($176.1\ g \cdot mol^{-1}$);F 为法拉第常量;n 为电极反应的电子转移数。

四、实验器材与试剂

器材:KLT-1 型通用库仑仪,电磁搅拌器,双铂工作电极,双铂指示电极,容量瓶(50 mL)。

试剂:维生素 C 药片,冰醋酸与 0.3 mol·L⁻¹ KBr 溶液等体积混合的电解液。

五、实验内容

(1) 样品处理:准确称取一片维生素 C 药片于小烧杯中,用少量水浸泡片刻,用玻璃棒小心捣碎,尽量溶解(药片中有少量填充料不溶),把溶液连同残渣全部转移到 50 mL 容量瓶中,用去离子水定容至刻度。

(2) 仪器面板上所有键全部弹出,"工作/停止"开关置于"停止"上;量程选择旋至 10 mA 挡,"补偿极化电位"反时针旋至"0",开启电源,预热 10 min。

(3) 量取电解液 70 mL 于电解池中,再准确移取 0.50 mL 维生素 C 样品溶液于电解池中,放入搅拌子,将电解池放在电磁搅拌器上。将电极系统装在电解池上(注意铂片要完全浸入试液中),在阴极隔离管中注入缓冲液(电解液)至管的部位。铂片电极接阳极,隔离管中的铂丝电极接阴极,将原来接钨棒参比电极的接头夹在双铂指示电极的另一接线上(指示铂片电极为阴极),启动搅拌器。

(4) "量程选择"置于 10 mA,"工作,停止"开关置于"停止"状态,按下"电流"和"上升"开关,将补偿极化电位调至 0.4 左右,再同时按下"极化电位"和"启动"按键;50 μA 微安表指针应在 20(200 mA)左右,如果较大,调节"补偿极化电位"旋钮,使其达到要求。弹起"极化电位"键,按"电解"键,再将"工作,停止"开关置于"工作"状态,电解至终点自动停止,终点指示灯亮,记下电解库仑值。弹起"启动"键,再滴加 1~2 滴样品溶液,按下"启动"键,按"电解"键开始电解,终点时指示灯亮。如此判断终点的到达。

(5) 弹起"启动"键,再加 1.00 mL 样品溶液,按步骤(4)重复测定样品溶液 3 次。

六、数据处理

实验数据记录入表 3-1,并计算供试药片中抗坏血酸的含量。

表 3-1　实验 29 实验数据记录

药片的质量/g	测定次数	取样体积/mL	消耗的电量	药片中抗坏血酸的含量/(mg·g^{-1})		
				单次值	平均值	相对平均偏差/%
	1	1.00				
	2	1.00				
	3	1.00				

七、注意事项

（1）溶液应新鲜配制，储备液存放在冰箱中。

（2）为了保护仪器，在断开电极连线或电极离开溶液时，要预先弹出"启动"键。

（3）仪器使用完毕后，关闭电源，电解池体用水冲洗和滤纸拭干。

八、思考题

（1）电解液中加入 KBr 和冰醋酸的作用是什么？

（2）所用的 KBr 如果被空气中的 O_2 氧化，将对测定结果产生什么影响？

（3）讨论本实验中可能的误差来源及预防措施。

（王　耀）

实验 30　阴极扫描伏安法测定水中的 Cd^{2+}

一、实验目的

（1）熟悉阴极扫描伏安法的基本原理和特点。

（2）掌握阴极扫描伏安法的使用方法。

二、预习要求

了解阴极扫描伏安法的特点。

三、实验原理

在相同条件下，测定标准溶液及水样的波高（$h_{标}$，$h_{样}$），然后根据标准溶液的 Cd^{2+} 浓度 $c_{标}$、波高 $h_{标}$ 及水样的波高 $h_{样}$，求出水样的 Cd^{2+} 含量 $c_{样}$。

根据尤考维奇（Ilkovic）方程

$$i_d = Kc$$

则

$$h_{样} = Kc_{样} \quad 且 \quad h_{标} = Kc_{标}$$

就有

$$\frac{h_{样}}{h_{标}} = \frac{c_{样}}{c_{标}}$$

$$c_{样} = \frac{h_{样}c_{标}}{h_{标}}$$

四、实验器材与试剂

器材:JP-821(C) 型极谱仪。

试剂(均为优级纯):KNO$_3$(或 KCl)底液(0.2 mol·L^{-1}),Cd^{2+} 标准溶液(4 mg·mL^{-1}),饱和 KCl 参比溶液,预先处理好的水样。

五、实验内容

(1) 将仪器与数据采集卡、计算机、电极系统、氮气等各部分正确连接,接通电源 15 min 后开始实验。

(2) 按下仪器面板中的"起始"键,调节"起始电位器",使 LED 显示为"−0.1 V"。

(3) 按下仪器面板中的"上限"键,调节"上限电位器",使 LED 显示为"−0.1 V"。

(4) 按下仪器面板中的"下限"键,调节"下限电位器",使 LED 显示为"−0.1 V",再按下"起始"键,这样可以在扫描时观察扫描电位的变化。

(5) 将仪器面板上的扫描控制开关选择"阴"、"单扫",按下"e″-E"挡。

(6) 扫描速度旋钮调至"10 mV·s^{-1}"挡,扫描倍率开关调至"×10"挡,此时扫描速度为 100 mV·s^{-1}。

(7) 用电流量程切换开关选择"大电流"挡,大电流量程选"20 μA"挡。

(8) 将经 1∶1 硝酸浸泡过的电解池用去离子水洗净后,加入 20 mL 0.2 mol·L^{-1} KNO$_3$ 溶液,再加入 4 mg·mL^{-1} Cd^{2+} 标准溶液 100 μL,混匀。连接参比电极"Ag/AgCl 电极"(或饱和甘汞电极,内加饱和 KCl 溶液)、助电极"铂丝辅助电极"和工作电极"悬汞电极"。

(9) 通高纯氮气 2 min 后,将悬汞电极旋出一定大小的汞滴,一般为 40 格。

(10) 按下"电极接通"开关,按下"扫描"键,此时在计算机上记录 Cd^{2+} 标准溶液的"e″-E"曲线,便可得到阴极溶出峰峰电流。实验过程中,可根据波形大小改变

"电流量程",得到一个满意的极谱图形,当要进行下一次"取消当前数据"时,一定要将"电极接通"键弹起,再操作"取消当前数据"。

(11) 将经 1∶1 硝酸浸泡过的电解池用去离子水洗净后,加入 15 mL 水样,再加上 5.00 mL 0.2 mol·L^{-1} KNO$_3$,混匀。连接参比电极"Ag/AgCl 电极"(或饱和甘汞电极,内加饱和 KCl 溶液)、助电极"铂丝电极"和工作电极"悬汞电极"。

(12) 重复(9)、(10)步骤,即可在计算机上记录 Cd^{2+} 水样的"e″-E"曲线,便可得到阴极溶出峰峰电流。

注意:数据采集卡的 X,Y 地线与仪器的 X,Y 地线要连接好,一定要接触良好,灵敏度、扫描速度与仪器的灵敏度(电流量程)、扫描速度必须同步,单次扫描、循环扫描也必须同步。

六、思考题

如何减少本实验误差?

(王　耀)

实验 31　汞膜电极阳极溶出伏安法测定微量铅和镉

一、实验目的

(1) 掌握溶出伏安法的基本原理。
(2) 掌握同位镀汞阳极溶出法的技术特点。
(3) 用标准加入法测量水样中的铅含量。

二、预习要求

(1) 了解阳极溶出伏安法的基本原理。
(2) 了解阳极溶出伏安法的应用范围。

三、实验原理

溶出伏安法的测定包含两个基本过程。首先,将工作电极控制在一定电位条件下,使被测物质在电极上富集,然后施加某种形式变化的电压于工作电极上,使被富集的物质溶出,同时记录伏安曲线,以溶出峰的大小来确定被测物质的含量。溶出伏安法有多种溶出方式,如果以还原电位为富集电位,线形变化的氧化电位为溶出电位,则此方法称为常规阳极溶出伏安法。

本实验使用玻碳电极为工作电极,该电极先用类普鲁士蓝材料预修饰形成化学修饰工作电极,再采用同位镀汞膜测定技术使富集的金属与汞形成汞齐,然后在阳极化电位扫描的过程中使被测物质从汞齐中溶出,所产生的溶出电流峰与被测物浓度成正比。

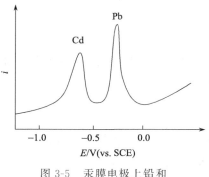

图 3-5　汞膜电极上铅和镉阳极溶出峰电流

在酸性介质中,当电极电位控制为 -1.0 V(vs. SCE)时,Pb^{2+}、Cd^{2+} 和 Hg^{2+} 同时富集在工作电极上形成汞齐膜,然后当阳极化扫描至 -0.1 V 时,可以观察到两个清晰的溶出电流峰,铅离子的峰电位为 -0.4 V 左右,镉离子的峰电位为 -0.6 V 左右,如图 3-5 所示。本法可分别测定浓度低至 10^{-11} mol·L^{-1} 的铅离子和镉离子含量。

四、实验器材与试剂

器材:CHI832 电化学工作站,电磁搅拌器,三电极系统(玻碳化学修饰工作电极、饱和甘汞参比电极和铂丝对电极),吸量管,容量瓶,烧杯,洗瓶。

试剂(均为分析纯):铅标准溶液(5.0×10^{-8} mol·L^{-1}),镉标准溶液(5.0×10^{-8} mol·L^{-1}),去离子水。

五、实验内容

(1) 通电开机,预热 15 min。

(2) 将电极体系与仪器连接,循环扫描 2～3 次以活化电极。

(3) 记录标准溶液的伏安曲线。将未添加 Pb^{2+}、Cd^{2+} 标准溶液的水样置于电解池中,通氮气 5 min 除氧后放入一个清洁的搅拌磁子,插入电极系统后开始搅拌。调节仪器的工作参数至适当值[富集电位为 -1.0 V(vs. SCE)、富集时间为 3 min]进行富集,然后停止通氮气、搅拌 30 s,最后从 -1.0 ～ -0.1 V 阳极化扫描,记录伏安曲线。

(4) 未知样的伏安曲线。按上述操作手续,测定加入定量 Pb^{2+}、Cd^{2+} 标准溶液的水样,将得出的数据进行处理,计算水样中的 Pb^{2+}、Cd^{2+} 含量。每个样品平行测定 3 次,求出平均值。

(5) 电极的后处理。测量完成后,置工作电极的电位至 $+0.1$ V 处,开动电磁搅拌器清洗电极 3 min 以除掉电极上的汞,取下电极清洗干净,含汞废水加入硫化物处理后排放。

(6) 结果计算。用标准加入法求算分析结果。

六、思考题

(1) 阳极溶出法需要搅拌,而常规极谱法为什么无需搅拌?

(2) 阳极电压扫描速度对阳极溶出峰电流有何影响?

（杜新贞）

实验 32　纳米金修饰玻碳电极的制备及其在维生素 C 测定中的应用

一、实验目的

(1) 了解维生素 C 传感器的工作原理及纳米材料的作用。

(2) 掌握电沉积操作和差分脉冲伏安法(DPV)。

(3) 掌握传感器的制备过程以及相关电化学参数的测定。

二、预习要求

(1) 了解实验目的。

(2) 熟悉实验内容和实验原理。

(3) 查阅资料,了解纳米材料和维生素 C 的相关知识。

三、实验原理

维生素 C 也称抗坏血酸,分子式为 $C_6H_8O_6$,相对分子质量为 176.1,其结构式如下:

维生素 C 会影响体内胶原蛋白的合成,可用于治疗坏血病,预防牙龈萎缩、出血,可以治疗贫血,还可以提高人体的免疫力。维生素 C 也是维持人体健康必需的维生素,它在水果和蔬菜中含量丰富。研究发现维生素 C 的含量高低常作为某些疾病诊断及营养分析的重要指标,因此维生素 C 的定量分析在食品、医药等领域相当重要。

生物传感器是多学科相互交叉、渗透发展起来的新学科,涉及生物、化学、医学、药学、电子技术等相关领域。电化学分析方法具有分析速度快、操作简便易行、成本低及试剂用量少、检测灵敏度高等优点,是维生素 C 含量测定的不可缺少的有力手段。

维生素 C 可以在电极表面发生如下氧化还原反应：

可通过三电极体系用差分脉冲伏安法等电化学检测方法，对溶液中维生素 C 的含量进行测定。由于测得的电流(i)与维生素 C 在电极上转移的电子数(n)成正比，也与通过电极表面与其反应的浓度(c)成正比，因而通过测定不同浓度的维生素 C，得到响应电流从而达到定量检测的目的。但由于维生素 C 在未被修饰的工作电极上得到的响应信号较弱，因此为了增加工作电极对维生素 C 的响应电流，通常要对工作电极进行必要的修饰以提高其灵敏度和检测限。由于修饰电极的物质不同，底液 pH 的不同，抗坏血酸发生电化学氧化还原的电位也不同。

纳米材料是指材料的基本结构单元中至少有 1 维处于纳米尺度（一般为 1～100 nm）范围的材料或者是由它们作为基本单元组装而成的具有某些特殊性能的材料。由于纳米材料处在微观世界和宏观物体的临界区，属于典型的介观系统，因此它显示出许多不同于常规材料的特殊性能，如纳米材料具有的表面效应（surface effect）、宏观量子隧道效应（the macroscopic quantum tunnel effect）、量子尺寸效应（the quantum size effect）、小尺寸效应（small size effect）和介电限域效应（the dielectric confinement effect）。这五种效应是纳米材料的基本特性，也是纳米材料的性能优越于常规材料的主要原因，并且这些效应使得纳米材料呈现出优良的力学、电学、磁学、热学、光学、化学、催化超导和良好的生物亲和等特性，使其在应用方面具有广阔的前景。

自 16 世纪，瑞士医药化学家巴拉塞尔苏斯(Paracelsus)制备出"饮用金"，并用于治疗精神类疾病以来，纳米金就开始登上了纳米科学的历史舞台。纳米金因其独特的电、光、物理和催化能，在众多的领域表现出潜在的研究和应用价值，是纳米技术研究的热点之一。通常将氯金酸溶液电沉积到基体电极表面制成纳米金粒子(图 3-6)，制得的纳米金具有很好的催化性能。将纳米金用于抗坏血酸的测定时，纳米金可以显著地提高电子在电极表面的传递速率，放大响应信号，提高响应的灵敏度，降低检测限。

本实验中，在玻碳电极（GCE）表面沉积纳米金，制备了纳米金修饰的玻碳电极，用差分脉冲伏安法进行测试，比较裸的玻碳电极和纳米金修饰的玻碳电极测定维生素 C 时得到的电化学参数，说明纳米材料的引入使得这些电化学参数有什么不同。

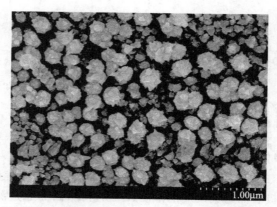

图 3-6　沉积纳米金的扫描电子显微镜（SEM）表征图

四、实验器材与试剂

器材：CHI660A 电化工作站，AB204-S 电子天平，超声清洗仪，pHS-3D 型酸度计，电磁搅拌器，三电极体系（裸的玻碳电极或者修饰好的玻碳电极为工作电极，饱和甘汞电极为参比电极，铂丝电极为辅助电极），微量进样器（100 μL）1 支，移液管（10 mL）1 支，烧杯（10 mL、50 mL、250 mL）若干，容量瓶（50 mL、100 mL）各 2 个。

试剂：氯金酸溶液（1%），维生素 C（0.01 mol·L^{-1}），饱和氢氧化钠，浓磷酸，氯化钾，Al_2O_3 粉末（0.3 μmol 和 0.05 μmol），实验用水均为二次蒸馏水。

五、实验内容

1. 0.1 mol·L^{-1} 磷酸盐缓冲溶液的配制

（1）称取 0.7455 g 氯化钾，置于 50 mL 烧杯中溶解；再移取 6.29 mL 浓磷酸溶液，加入含有氯化钾溶液的烧杯中，冷却后转入 100 mL 容量瓶中，定容。

（2）将上述溶液倒入 250 mL 烧杯中，用饱和氢氧化钠调节 pH 为 6.0（使用 pHS-3D 型酸度计）。

2. 玻碳电极的预处理

将玻碳电极依次用 0.3 μm、0.05 μm 的 Al_2O_3 粉末进行抛光打磨，然后分别用无水乙醇和二次蒸馏水进行超声清洗，每次 5 min。取出电极用二次蒸馏水冲洗干净后备用。

3. 制备纳米金修饰的玻碳电极

将处理好的玻碳电极浸泡在 2 mL 1% HAuCl₄ 溶液中，采用恒电位沉积方法，设定相关参数(沉积电位－0.2 V，终止电位－0.21 V，沉积时间 30 s)，取出电极，用二次蒸馏水冲洗，晾干得到纳米金修饰的玻碳电极(AuNPs/GCE)。

4. 测试方法

(1) 电化学实验采用三电极体系，以 pH＝6.0 的 0.1 mol·L⁻¹磷酸盐缓冲溶液 5.0 mL 为测试底液，分别用裸的玻碳电极和纳米金修饰的玻碳电极，在－0.1～0.4 V 用差分脉冲伏安法进行测试。保存得到的 DPV 曲线，记录得到的电流和电位值。

(2) 往上述底液中加入 0.1 mL 浓度为 0.01 mol·L⁻¹的维生素 C 溶液，搅拌均匀。再分别用裸的玻碳电极和纳米金修饰的玻碳电极，在－0.1～0.4 V 用差分脉冲伏安法进行测试。保存得到的 DPV 曲线，记录得到的电流和电位值。

测试结果见图 3-7。

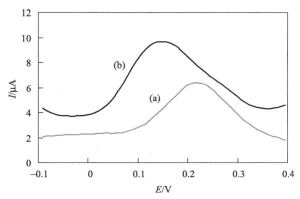

图 3-7　裸的玻碳电极(a)和纳米金
修饰玻碳电极(b)对维生素 C 的 DPV 响应

5. 数据处理

根据从 DPV 曲线上得到的电位与电流值，比较不同电极的电化学参数，总结纳米金修饰后的电极有何优势。

六、扩展实验

1. 探究纳米金修饰的玻碳电极在不同 pH 下对维生素 C 测定的影响

（1）选取不同 pH 的 0.1 mol·L^{-1} 磷酸盐缓冲溶液 5 mL 为底液，加入 0.1 mL 浓度为 0.01 mol·L^{-1} 的维生素 C，在 0.2～0.7 V 用差分脉冲伏安法进行测试，记录 DPV 曲线。

（2）根据所记录的 DPV 曲线，以维生素 C 对应的峰电流对 pH 作图，找出检测维生素 C 的最优 pH。

（3）比较不同 pH 下修饰电极对维生素 C 的 DPV 响应的出峰电位变化规律。

2. 干扰实验

（1）以 pH＝6.0 的 0.1 mol·L^{-1} 磷酸盐缓冲溶液 5 mL 为底液，加入 0.1 mL 浓度为 0.01 mol·L^{-1} 的维生素 C，在 0.2～0.7 V 用差分脉冲伏安法进行测试，记录 DPV 曲线。

（2）在溶液中分别加入 10 倍浓度的乙酸、氯化钾、硝酸钾、柠檬酸等干扰物，用 DPV 进行测试，记录 DPV 曲线。

（3）对比所得的 DPV 曲线，比较这些物质对修饰电极检测维生素 C 的干扰程度。

七、思考题

（1）本实验中玻碳电极的预处理步骤的目的是什么？

（2）除用差分脉冲伏安法检测抗坏血酸外，还可以选用哪些检测方法进行测定？

（3）差分脉冲伏安法定量检测抗坏血酸的原理是什么？

（4）纳米材料对测定有什么影响？

（5）如果要对西红柿中维生素 C 的含量进行测定，应如何设计实验？

（袁　若）

第4章 色谱分析

学习指导

自然界的物质大多以混合物的复杂形态存在,为了排除无关因素对主要化学过程和目标物的干扰,或对复杂混合物中的各个组分进行同时测定,就必须使用一种能同时测定多种物质而又使这些组分互不干扰的分析检测方法。色谱分析法是分析化学中获得广泛应用的一个重要分支,色谱技术经过一个多世纪的发展,已成为一种广泛的分析方法。在现代科学技术形成和发展过程中,色谱技术在生命科学、有机化学、材料化学、环境化学、药物化学、地球化学等学科以及化工生产中都起到了极为重要的作用。

气相色谱和高效液相色谱是目前应用最广泛的色谱分析技术。掌握气相色谱和高效液相色谱的分离原理是十分重要的,本章重点介绍了气相色谱和高效液相色谱的基本原理和建立方法的一般步骤。

气相色谱法具有分离效率高,灵敏度高,分析速度快及应用范围广等特点。所有色谱分析的对象中,约 20% 的物质可用气相色谱法分析。

高效液相色谱法是以液体为流动相并采取颗粒极细的高效固定相的柱色谱分离技术。只要能溶解在流动相中的物质均可以采用高效液相色谱法分析,尤其适合那些不宜用气相色谱法分析的难挥发性物质、热不稳定性物质、离子型物质和生物大分子等。在目前已知的有机化合物中,有 80% 的有机化合物可以用高效液相色谱法分析。

了解色谱法的分类对样品分析时应该选择哪种分离模式是很必要的,通过本章理论的学习,对以后在实验过程中遇到的问题能有很好的指导。

4.1 基 本 理 论

色谱法是现代分离与分析的重要方法,它起源于 1906 年,由俄国植物学家茨维特创立。由于科学技术的飞速发展,至今报道的色谱方法已有近 30 种。色谱法的实质是分离。它是以混合物在互不相溶的两相——固定相与流动相中吸附能力、分配系数或其他亲和作用性能的差异作为分离依据。当混合物中各组分随着流动相通过固定相时,在流动相和固定相之间进行反复多次的分配,使吸附能力、分配系数或其他亲和作用性能只有微小差异的物质在移动速度上产生较大的差别，从而得到分离。近年来，特别是气相色谱法和高效液相色谱法的发展与完善，以及离子色谱、超临界流体色谱等新方法的不断涌现，各种与色谱有关的联用技术（如色谱-质谱联用、色谱-红外光谱联用）的使用，使色谱法成为生产和科研中解决各种复杂混合物分离分析问题的重要工具。

　　色谱分离是一个非常复杂的过程，它是色谱体系热力学过程和动力学过程的综合表现。热力学过程是指与组分在体系中分配系数相关的过程，动力学过程是指组分在该体系两相间扩散和传质的过程。

　　1. 塔板理论

　　塔板理论中的几个概念见表 4-1。

表 4-1　塔板理论中的几个概念

分配系数	$K = \dfrac{\text{组分在固定相中的浓度}}{\text{组分在流动相中的浓度}} = \dfrac{c_s}{c_m}$
分配比	$K' = \dfrac{\text{组分在固定相中的总量}}{\text{组分在流动相中的总量}} = \dfrac{W_s}{W_m}$
理论塔板数	$n = 5.54\left(\dfrac{t_R}{W_{1/2}}\right)^2 = 16\left(\dfrac{t_R}{W_b}\right)^2$ $n_{有效} = 5.54\left(\dfrac{t'_R}{W_{1/2}}\right)^2 = 16\left(\dfrac{t'_R}{W_b}\right)^2$

式中，t_R 为保留时间；t'_R 为相对保留时间；$W_{1/2}$ 为半峰宽（以时间为单位）；W_b 为峰底宽度（以时间为单位）。

　　将有效理论塔板数 $n_{有效}$ 作为衡量柱效能的指标，对于测定同一种物质来说，相同的色谱条件下，不同色谱柱的 $n_{有效}$ 不同，$n_{有效}$ 越大，柱效越高。

　　2. 速率理论

　　1）谱峰展宽的因素

　　速率理论用随机行走模型解释了色谱流出曲线的形状是高斯曲线，认为可以用方差 σ^2 作为谱峰展宽的指标，进而可以用 σ_{12}、σ_{22}、σ_{32} 和 σ_{42} 分别表示涡流扩散、分子扩散、气相传质阻力和液相传质阻力对谱峰展宽的贡献，即 $\sigma^2 = \sigma_{12} + \sigma_{22} + \sigma_{32} + \sigma_{42}$。

　　2）速率理论方程

　　在色谱分离中，柱内谱峰展宽的因素不是独立的，而是同时发生的，而且方差具有加和性。因此,在柱长相等的情况下,柱效的高低可用峰的宽窄来衡量。峰越窄,σ^2 越小,塔板高度越小,柱效就越高,因此塔板高度又可表示为单位柱长内的谱峰展宽程度。

$$H = \sigma^2 / L \tag{4-1}$$

3. 保留值

保留值是色谱分离过程中的组分在柱内滞留行为的一个指标,它可以用保留时间、保留体积和相对保留值等表示(表 4-2)。保留值与分配过程有关,受热力学和动力学因素的控制。

表 4-2　保留值的几个色谱术语

名称	符号
保留时间	t_R
相对保留时间	$t'_R = t_R - t_0$
死体积	$V_m = t_0 \times F_c$
保留死体积	$V_R = t_R \times F_c$
相对保留体积	$V'_R = V_R - V_m$
选择性因子	$\alpha = t'_{R_2} / t'_{R_1}$

注:t_0 为死时间,指不被固定相保留的组分从进样到出现色谱峰最大值所需要的时间;F_c 为柱内流动相的体积流速(mL·min^{-1});t'_{R_1} 和 t'_{R_2} 分别为组分 1 和组分 2 的相对保留时间。

在一定的色谱体系和操作条件下,任何一种化合物都有一个确定的保留时间,这是色谱定性的依据。

4. 分离度

在色谱分离中,理论塔板数 n(或 $n_{有效}$)是衡量柱效的指标,它反映了色谱分离过程的动力学性质。

在色谱法中,常用色谱图上两峰间的距离衡量色谱柱的选择性,其距离越大说明色谱柱的选择性越好。

图 4-1 是两相邻组分在不同色谱条件下的分离情况,从图中可以看出,(a)中两组分没有完全分离,(b)和(c)中两组分完全分离。就(b)和(c)而言,前者的柱效虽不高,但选择性好;后者的选择性较差,但柱效高。由此可见,单独用柱效或柱选择性并不能真实地反映组分在色谱柱中的分离情况。因此,在色谱分析中,需要引入分离度(R_s)这一概念。

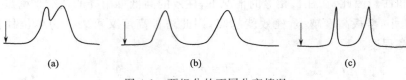

图 4-1　两组分的不同分离情况

分离度也称分辨率（resolution），是指相邻两色谱峰保留值之差与两峰底宽平均值之比，即

$$R_s = \frac{2(t_{R_2} - t_{R_1})}{W_1 + W_2} \tag{4-2}$$

一般来说，当 $R_s < 1$ 时，两峰总有部分重叠；当 $R_s = 1$ 时，两峰能明显分离；当 $R_s = 1.5$ 时，两峰已完全分离。当然，R_s 值更大，分离效果会更好，但会延长分析时间。

4.2　色谱法的分类

色谱法是包括多种分离类型、检测手段和操作方式的分离分析技术，有多种分类方法。

1）按分离原理分类

吸附色谱（adsorption chromatography）：用固体吸附剂作固定相，利用吸附剂表面对被分离样品组分吸附能力的差别而实现分离。

分配色谱（partition chromatography）：用液体作固定相，利用样品中不同的组分在固定相和流动相之间分配系数的差异而实现分离。

离子交换色谱（ion exchange chromatography）：利用离子型化合物各离子组分与离子交换剂表面所带电荷进行可逆性离子交换能力的差别而实现分离。

尺寸排阻色谱（size exclusion chromatography）：利用样品中不同组分的分子，其大小不同，受阻情况不同等加以分离，也称为凝胶色谱。

2）按操作条件分类

色谱法按操作条件分类主要有柱色谱（column chromatography），薄层色谱（thin layer chromatography），纸色谱（paper chromatography），气相色谱（gas chromatography），高效液相色谱（high performance liquid chromatography）。

4.3　气相色谱法

气相色谱法（GC）是一种以气体为流动相的柱色谱分离分析方法，它又可分为气-液色谱法和气-固色谱法。它的原理简单,操作简便。在全部色谱分析的对象中,约 20% 的物质可用气相色谱法分析。气相色谱法具有分离效率高、灵敏度高、分析速度快及应用范围广等特点。

1. 原理

气相色谱法中气-液色谱法属于分配色谱,是利用混合物中各组分在固定相和流动相之间分配情况的不同,从而达到分离的目的。气-液色谱中的流动相是载气,固定相是吸附在载体或担体上的液体。色谱柱通常是一根弯曲或螺旋状的不锈钢钢管。当配成一定浓度的溶液样品随载气(流动相,仅用于载送试样的惰性气体,如氢气、氮气、氦气等)进入色谱柱中,由于样品分子中各组分的极性和挥发性不同,气化后的样品在柱中固定相和流动相之间不断地建立分配平衡。挥发性较高的组分由于在流动相中溶解度大,随流动相迁移快,挥发性较低的组分在固定相中的溶解度大而迁移缓慢。这样,各组分先后随流动相流出色谱柱,进入检测器鉴定,从而达到分离的目的。

气-固色谱是采用固体固定相,如多孔氧化铝或高分子小球等,主要用于分离永久性气体和较低相对分子质量的有机化合物,其分离主要是基于吸附机理。

2. 气相色谱仪

气相色谱仪的型号和种类较多,但都是由气路系统、进样系统、分离系统、温度控制系统、检测器和信号记录系统等部分组成,如图 4-2 所示。

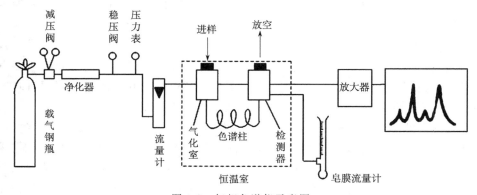

图 4-2　气相色谱仪示意图

气相色谱法中把作为流动相的气体称为载气。被测物质随载气进入色谱柱,根据被测组分的不同分配性质,在柱内形成分离的谱带,然后在载气携带下先后离开色谱柱进入检测器,转换成相应的输出信号,并记录成色谱图。

1）气路系统

气相色谱仪的气路是一个载气连续运行的密闭系统,常见的气路系统有单柱气路系统和双柱气路系统。单柱气路系统适用于恒温分析;双柱气路系统适用于程序升温分析,它可以补偿由于固定液流失和载气流量不稳等因素引起的检测器噪声和基线漂移。

2）进样系统

液体样品在进柱前必须在气化室内变成蒸气。要求气化室热容量大,使样品能够瞬间气化,并要求死体积小。对于易受金属表面影响而发生催化、分解或异构化现象的样品,可在气化室通道内置一玻璃插管,避免样品与金属接触。

3）分离系统

分离系统主体即色谱柱,是气相色谱仪的核心部分。混合物的分离在这里完成。色谱柱的分离效能涉及固定液和担体的选择、固定液和担体的配比、固定液的涂渍状况和固定相的填充状况等许多因素。常用固定液参见 7.2.4 节。色谱柱分为填充柱和空心毛细管柱两大类。

4）温度控制系统

温度控制系统用于设置、控制和测量气化室、柱室和检测室等处的温度。

气化室温度应使试样瞬间气化,但又不分解,通常选择试样的沸点或稍高于沸点。

检测室温度的波动影响检测器（氢火焰离子化检测器除外）的灵敏度和稳定性。

柱室温度的变动会引起柱温的变化,从而影响柱的选择性和柱效,因此柱室的温度控制要求精确。

5）检测系统

检测系统是气相色谱仪中的另一个重要部件,气相色谱检测器有热导检测器（TCD）、氢火焰离子化检测器（FID）、氮磷检测器（NPD）、电子俘获检测器（ECD）和火焰光度检测器（FPD）。表 4-3 列出了几种常用检测器的性能。

最常用的有热导检测器和氢火焰离子化检测器。热导检测器是一种结构简单、性能稳定、线性范围宽、对无机和有机物质都有响应、灵敏度适宜的检测器,因此在气相色谱中得到广泛的应用。热导池的测量根据各种物质和载气的导热系数不同,采用热敏元件进行检测。影响灵敏度的主要因素有桥路电流、载气、热敏元件的电阻值及电阻温度系数、池体温度等。

氢火焰离子化检测器简称氢焰检测器。它具有结构简单、灵敏度高、死体积小、响应快、线性范围宽、稳定性好等优点,是目前常用的检测器之一。

表 4-3 几种常用检测器的性能

检测器	TCD	FID	ECD	FPD
灵敏度	10^4 mV·mL·mg^{-1}	10^{-2} C·g^{-1}	800 A·mL·g^{-1}	400 C·g^{-1}
检测限	2×10^{-6} mg·mL^{-1}	10^{-13} g·s^{-1}	10^{-14} g·mL^{-1}	10^{-11} g·s^{-1}(S) 10^{-1} g·s^{-1}(P)
最小检测浓度	0.1 μg·mL^{-1}	1 ng·mL^{-1}	0.1 ng·mL^{-1}	10 ng·mL^{-1}
线性范围	10^4	10^7	$10^2 \sim 10^4$	10^3
最高温度/℃	500	～1000	350	270
进样量	1～40 μL	0.05～0.5 μL	0.1～10 ng	1～400 ng
载气流量/(mL·min^{-1})	1～1000	1～200	10～200	10～200
试样性质	所有物质	含碳有机物	多卤、亲电子物	硫、磷化合物
应用范围	无机气体、有机物	有机物及痕量分析	农药、污染物	农药残留物及大气污染物

3. 气相色谱分析

1) 定性分析

根据保留时间可以进行未知物的定性分析。若在相同的色谱条件下,未知物与已知物的保留时间相同,可以认为未知物与已知物可能相同,但不能绝对地认为两者相同,因为许多有机化合物具有相同的沸点。如果未知物与已知物在相同的色谱条件下,任意一种柱上的保留时间不同,那么这两个化合物不同。

另一种定性鉴定的方法称为峰面积增大法,即把怀疑的某纯化合物掺进混合物,与未掺进前的色谱峰进行比较,看峰的高度(面积)有无变化,若某一个峰增高(面积增大),那么可以确定两者相同。

2) 定量分析方法

各种定量方法的比较列于表 4-4。

归一化法简便,准确,操作条件对结果影响较小。但试样中所有组分必须全部出峰,某些不需要定量的组分也要测出其定量校正因子和峰面积,因此该法在使用中受到限制。

内标法定量准确,操作条件不必严格控制;与归一化法相比,限制条件较少。缺点是每次分析都要准确称量试样与内标物,不适合快速分析。

外标法的优点是操作、计算简便,不用校正因子,不加内标物。但实验条件严格控制且需定量进样,否则不易得到准确结果。

表 4-4　各种定量方法的比较

项目	归一化法	内标法	外标法
计算公式	$w_i = A_i f_i / \sum A_i f_i \times 100\%$	$w_i = A_i f_i m_s / A_s f_s m_i \times 100\%$	由标准曲线直接查得
称量配样	不需要	需要	不需要
进样量	不需准确	不需准确	需准确
操作条件稳定性	一次分析过程中条件需稳定	一次分析过程中条件需稳定	全部过程中条件需严格不变
对组分出峰的要求	全部组分	内标物及所测组分	所测组分
校正因子	需全部组分的校正因子	需内标及所测组分的校正因子	不需要
使用检测器	通用型检测器	选择性检测器有时不适用	选择性检测器
适用范围	常量分析	微量组分的精确定量分析	工厂常规分析

4. 气相色谱分析方法的一般步骤

1）样品来源及其预处理方法

气相色谱能直接分析的样品必须是气体或液体，固体样品在分析前应溶解在适当的溶剂中，而且还要保证样品中不含有气相色谱分析的组分（如无机盐）或可能会损坏色谱柱的组分。

如果样品中有不能直接用气相色谱分析的组分，或样品的浓度太低，就必须进行必要的预处理，包括采取一些预分离手段，如各种萃取技术、浓缩方法、提纯方法等。

2）确定仪器配置

仪器配置就是用于分析样品的方法采用的进样装置、载气、色谱柱以及检测器。可根据极性相容原理来选择色谱柱，即分离一般脂肪烃类多用 OV-1（SE-30），分析醇类和酯类多用 PEG-20M，分析农药残留量则多用 OV-17 或 OV-1701。而要分析特殊的样品，如手性异构体，就需要手性柱。对于很复杂的混合物，SE-54 往往是首选的固定相。

3）确定初始操作条件

确定初始分离条件，主要包括进样量、进样口温度、检测器温度、色谱柱温度和载气流速。

进样量：要根据样品的浓度、色谱柱容量和检测器灵敏度来确定。

进样口温度：主要是由样品的沸点范围决定，还要考虑色谱柱的使用温度，即首先要保证待测样品全部气化，其次要保证气化的样品组分能够全部流出色谱柱，而不会在柱中冷凝。

色谱柱温度：主要是由样品的复杂程度和气化温度决定。原则是既要保证待测物质完全分离，又要保证所有组分能流出色谱柱，且分析时间越短越好。组成简单的样品最好用恒温分析，这样分析周期会短一些。对于复杂样品常需要程序升温分离。一般来说，色谱柱的初始温度应接近样品中最轻组分的沸点，而最终温度则取决于最重组分的沸点。升温速率则根据样品的复杂程度而定。

检测器温度：设置原则是保证流出色谱柱的组分不会冷凝，同时满足检测器灵敏度的要求。检测器的温度可参照色谱柱的最高温度设定。

载气流速：开始可按照比最佳流速高 10% 来设定，然后根据分离情况进行调节。原则是既保持待测物组分的分离，又要保证尽可能短的分析时间。

4) 分离条件优化

在分析过程中，还要根据分离情况不断进行条件优化。

当样品和仪器配置确定之后，操作者最常做的工作除更换色谱柱外，就是改变色谱柱温和载气流速，以期达到最优化的分离。在初始条件下样品中难分离物质对的分离度大于 1.5 时，可采用增大载气流速、提高柱温或升温速率的措施来缩短分析时间，反之亦然。在改变柱温和载气流速也达不到基线分离的目的时，就应更换更长的色谱柱，甚至更换不同固定相的色谱柱，因为在气相色谱中，色谱柱是分离成败的关键。

5) 完善方法

最后的步骤应达到方法建立时所设定的目标。方法本身在日常工作中应能经受考验，应适用于所有实验室。

4.4　高效液相色谱法

高效液相色谱法是以液体为流动相并采用颗粒极细的高效固定相的柱分离技术。它是在经典液相色谱的基础上引入气相色谱的理论和技术而发展起来的，因此气相色谱的许多理论与技术同样适用于高效液相色谱。

高效液相色谱法与气相色谱法的主要区别在于流动相和操作条件。在气相色谱中分离效果主要取决于组分分子与固定相之间的作用力，而在高效液相色谱中分离效果不但取决于组分和固定相的性质，还与流动相的性质密切相关。

原则上说，只要能溶解在流动相中的物质都可以用高效液相色谱法分析，尤其适合那些不宜用气相色谱法分析的难挥发性物质、热不稳定性物质、离子型物质和生物大分子等。在目前已知的有机化合物中，有 80% 的有机化合物能用高效液相色谱法分析。

1. 分类

高效液相色谱法依据溶质（样品）在固定相和流动相的分离机理不同,通常分为以下几种类型:液-固吸附色谱法(LSC)、液-液分配色谱法(LLPC)、化学键合固定相色谱法(BPC)、离子交换色谱法(IEC)和尺寸排阻色谱法(SEC)等。

1) 液-固吸附色谱法

液-固吸附色谱法的固定相为固体吸附剂,是一些多孔的固体颗粒物质,在它们的表面存在吸附中心。不同的分子由于固定相上的吸附作用不同而得到分离,因此也称为吸附色谱。

液-固吸附色谱法适用于分离不同的化合物和异构体。

2) 液-液分配色谱法

流动相和固定相都是液体的色谱法称为液-液色谱法。作为固定相的液体涂在惰性载体表面,形成一层液体膜,与流动相不相溶。

液-液分配色谱法是当溶质（样品）分子进入色谱柱后,分别在流动相和固定相的液膜上溶解,在两相进行分配。分配系数越大,保留值越大。它能分析各种不同性质的试样,无论极性化合物还是非极性化合物均可达到满意的分离。

3) 化学键合固定相色谱法

化学键合固定相色谱法利用化学反应的方法,通过化学键把固定液有机分子结合到载体表面,一般都采用硅胶为载体。利用硅胶表面的硅羟基($\equiv$Si—OH)与多种有机分子成键,可以得到各种性能的化学键合固定相。采用极性键合相、非极性流动相,则称为正相色谱;采用非极性键合相、极性流动相,则称为反相色谱。这种分离的保留值大小主要取决于组分分子与键合固定液分子间作用力的大小。反相色谱应用非常广泛,自 1976 年以来,高效液相色谱分离任务的 $60\%\sim80\%$ 是用反相色谱完成的,反相色谱具有通用型液相色谱的特点。

4) 离子交换色谱法

利用离子交换剂作固定相的液相色谱法称为离子交换色谱法。凡是在溶液中能够电离的物质通常都可用离子交换色谱法进行分离,也可用于有机物的分离,如氨基酸、核酸、蛋白质等生物大分子,应用比较广泛。

5) 尺寸排阻色谱法

尺寸排阻色谱法是利用多孔凝胶的特性,基于样品分子的尺寸大小和形状不同来实现分离的方法,根据所用凝胶性质,可分为使用水溶液的凝胶过滤色谱法(GFC)和使用有机溶剂的凝胶渗透色谱法(GPC)。尺寸排阻色谱法的填充剂是凝胶,它是一种表面惰性、含有许多不同尺寸的孔穴的物质。大分子首先被流动相洗脱出来,中等大小的分子在柱中滞留,较慢地从柱中洗脱出来,小分子更慢地被洗脱出来,从而实现分离。

2. 高效液相色谱仪

高效液相色谱仪结构如图 4-3 所示,一般由五大部分组成:高压载液系统、进样系统、分离系统、检测系统和数据处理系统。

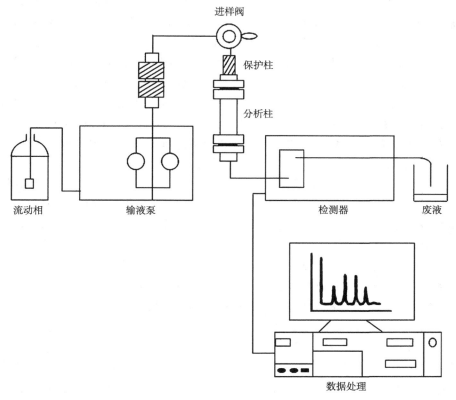

图 4-3 高效液相色谱仪示意图

1) 高压载液系统

液相色谱流动相为液体,固定相是固体微粒(3~7 μm),因此需要高压输液设备,即高压泵。它是现代高效液相色谱的主要部件。

2) 进样系统

现代高效液相色谱仪常配有六通阀进样装置,或带有自动进样器。前者阀体为不锈钢,死体积小,密闭性好。后者一次可连续进几十个或上百个样品。重复性好,适用于大量的样品分析。

3) 分离系统

液相色谱柱一般采用不锈钢材质,耐高压。

　　液-固色谱固定相可分为极性和非极性两大类。极性固定相主要为硅胶（酸性）、氧化铝、硅酸分子筛（碱性）等。非极性固定相为高强度多孔微粒活性炭，近来开始使用 $5\sim10~\mu m$ 的多孔石墨化炭黑，以及高交联度苯乙烯-二乙烯基苯共聚物的单分散多孔微球（$5\sim10~\mu m$）和炭多孔小球（TDX）。

　　化学键合固定相分为极性键合固定相和非极性键合固定相。极性键合固定相是将全多孔（或薄壳）微粒硅胶载体经酸活化处理制成表面含有大量硅羟基的载体后，再与含有氨基（—NH$_2$）、氰基（—CN）、醚基（—O—）的硅烷化试剂反应，分别生成表面具有氨基、氰基、醚基的极性固定相。非极性键合固定相是将全多孔（或薄壳）微粒硅胶载体经酸活化处理后与含烷基链（C$_4$、C$_8$、C$_{18}$）或苯基的硅烷化试剂反应，生成表面具有烷基或苯基的非极性固定相。非极性烷基键合相是目前应用最广泛的柱填料，尤其是十八烷基硅烷键合相（octadecylsilyl，ODS）在反相液相色谱法中发挥着重要作用，它可完成高效液相色谱分析任务的 $70\%\sim80\%$。

　　4）检测系统

　　液相色谱检测器需要检测的对象是液体，可分为两类：①只对被分离组分的物理或物理化学性质有响应，如紫外吸收检测器（UVD）和荧光检测器（FLD），称为溶质性检测器；②对样品和洗脱液总的物理或物理化学性质有响应，如示差折光检测器（RID）、电导检测器（ECD），称为总体检测器。

　　（1）紫外吸收检测器。紫外吸收检测器是高效液相色谱仪中使用最广泛的一种检测器，分为固定波长、可变波长和光电二极管阵列检测器 3 种类型。

　　固定波长紫外吸收检测器由低压汞灯提供固定波长 $\lambda=254~nm$（或 $\lambda=280~nm$）的紫外光，此检测器结构紧凑，造价低，操作维修方便，灵敏度高，适合梯度洗脱。

　　可变波长紫外吸收检测器采用氘灯作光源，在 $190\sim600~nm$ 波长范围内可连续调节。由于可选择的波长范围很大，既提高了检测器的选择性，又可选用组分的最大灵敏吸收波长进行测定，从而提高了检测的灵敏度。它还有停留扫描功能，可绘出组分的吸收谱图，以进行吸收波长的选择。

　　光电二极管阵列检测器是 20 世纪 80 年代发展起来的新型紫外吸收检测器，它与紫外检测器的区别在于进入流通池的不再是单色光，获得的检测信号不是在单一波长上，而是全部紫外光波长上的色谱信号。它采用钨灯与氘灯组合光源。因此它不仅可进行定量检测，还可提供组分的光谱定性信息。

　　（2）荧光检测器。荧光检测器是利用某些溶质在受紫外光激发后，能发射可见光（荧光）的性质来进行检测的，是一种具有高灵敏度和高选择性的检测器。对不产生荧光的物质，可使其与荧光试剂反应，制成可发生荧光的衍生物再进行测定。激发光源常用氙灯，可发射 $250\sim600~nm$ 连续波长的强激发光。光源发出的光经透镜、激发单色器后，分离出具有确定波长的激发光，聚焦在流通池上，流通池中的溶质受激发后产生荧光。为避免激发光的干扰，只测量与激发光方向成 $90°$

的荧光,此荧光强度与产生荧光物质的浓度成正比。

荧光检测器的灵敏度比紫外吸收检测器高 100 倍,当要对痕量组分进行选择性检测时,它是一种有力的检测工具。此检测器现已在生物化工、临床医学检验、食品检验、环境监测中获得广泛的应用。

(3)示差折光检测器。它是通过连续监测参比池和测量池中溶液的折射率之差来测定试样浓度的检测器。由于每种物质都具有与其他物质不同的折射率,因此示差折光检测器是一种通用性检测器。此类检测器一般不能用于梯度洗脱,因为它对流动相组成的任何变化都有明显的响应,会干扰被测样品的检测。

(4)电导检测器。电导检测器是一种选择性检测器,用于检测阳离子或阴离子,在离子色谱中获得广泛应用。由于电导率随温度变化,因此测定时要保持恒温。它不适用于梯度洗脱。此检测器具有较高的灵敏度,能检测电导率差值为 5×10^{-4} S·m^{-1} 的组分。当使用缓冲溶液作流动相时,其检测灵敏度会下降。

各检测器的性能指标如表 4-5 所示。

表 4-5　检测器性能指标

检测器性能	可变波长紫外吸收	示差折光	荧光	电导
测量参数	吸光度	折射率	荧光强度	电导率
池体积/μL	1~10	3~10	3~20	1~3
类型	选择性	通用性	选择性	选择性
线性范围	10^5	10^4	10^3	10^4
最小检出浓度/(g·mL^{-1})	10^{-10}	10^{-7}	10^{-11}	10^{-3}
最小检出量	≈1 ng	≈1 μg	≈1 pg	≈1 mg
噪声(测量参数)	10^4	10^7	10^{-3}	10^{-3}
用于梯度洗脱	可以	可以	可以	不可以
对流量敏感性	不敏感	敏感	不敏感	敏感
对温度敏感性	低	104 ℃	低	2 ℃

5)数据处理系统

现代液相色谱仪均配有色谱工作站,它具有下列功能:自行诊断,全部操作参数控制,智能化数据和谱图处理,进行计量认证(判断是否符合计量认证标准),控制多台仪器,网络运行。可以预料,随着计算机技术的发展,工作站的功能将更加丰富和完善。

3. 高效液相色谱分析方法的一般步骤

1)选择合适的高效液相色谱分离模式

目前已知的有机化合物中,有 80% 的有机化合物能用高效液相色谱法分析,因此下面重点介绍高效液相色谱分析方法的一般步骤。

通常在确定被分析的样品以后，要建立一种高效液相色谱分析方法需要解决以下问题：

（1）根据被分析样品的特性选择适用于样品分析的一种高效液相色谱分析方法。

（2）选择一根适用的色谱柱，确定柱的规格（柱长及内径）和选用固定相（粒径及孔径）。

（3）选择适当或优化的分离操作条件，确定流动相的组成、流速及洗脱方法。

（4）由获得的色谱图进行定性和定量分析。

当进行高效液相色谱分析时，首先要了解样品的性质和组成，然后选择合适的 HPLC 模式，如图 4-4 所示。

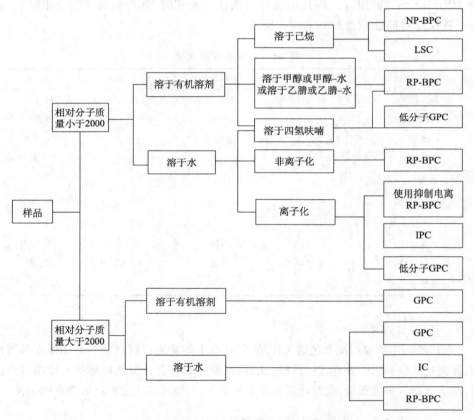

图 4-4　选择高效液相色谱分析方法参考图

2）高效液相色谱方法的建立

选择好所用的高效液相色谱分离模式后,即可开始建立样品的实验方法。在某些情况下,使用以前类似化合物的成功分离条件可作为方法建立的开始。

（1）开始建立方法。对于第一个样品分析,第一种方法是用同一溶剂强度适中的等度流动相(有机相比例适中)。此方法可能使某些化合物洗脱出来,且具有合理的保留时间,然而某些样品可能要等较长时间,最后一种成分的谱峰才能从柱中洗脱出来。另一种方法是用强度大的等度流动相(如 100% 的有机相)冲洗第一次进样,然后每次进样分析时,以 20% 比例逐次递减有机相的比例。表 4-6 列出了改变色谱峰间距的分离条件。

表 4-6　用于改变色谱峰间距 a 的分离条件

条件	评论
有机溶剂的选择	在反相 HPLC 中,将甲醇换成乙腈或四氢呋喃常引起 a 的较大变化;在正相 HPLC 中,a 的类似变化可在二氯甲烷、甲基-叔丁基醚和乙酸乙酯或乙腈中变化选择
流动相 pH	改变 pH 可主要影响含酸性或碱性化合物的色谱峰间距
溶剂强度	反相、离子对或正相 HPLC 改变有机相比例后均可使 a 发生显著变化
流动相添加剂的浓度	最常用的改变 a 值的添加剂为离子对试剂,其他添加剂如修饰剂、缓冲液和盐类(包括配位剂)
柱类型	反相 HPLC 键合相的选择(C_8、苯基、三甲基、氰基等),或正相 HPLC 的硅胶、氧化铝及各种极性键合相柱
温度	为了控制 a 值,通常可在 0～70 ℃ 改变温度,25～60 ℃ 较为常用。改变温度对正相 HPLC 的 a 值无作用

（2）检查问题。当样品中各组分在所选用的色谱条件下均能达到理想的分离($R_s > 1.5$)后,应检查各组分的色谱峰形是否对称,若色谱峰拖尾,将会使定量结果不准确。在流动相中添加某些改性剂可消除拖尾现象。对于酸性化合物,可在流动相中添加少许酸性改性剂,如 CH_3COOH、H_3PO_4、H_2SO_4。当用反相键合相色谱分离咖啡酸及其衍生物时,色谱柱为 Lichrosorb Si-100-C_{18}（10 μm,4.2 mm×300 mm）,为了防止色谱峰拖尾,流动相为有机溶剂和 20% 乙酸水溶液。对于碱性化合物,可在流动相中加入少许碱性改性剂,如三乙胺。对于既含酸性化合物又含碱性化合物的样品,则既可在流动相中加入酸性改性剂,也可加入碱性改性剂。

（3）完善方法。最后的步骤应达到方法建立开始时所设定的目标。方法本身在日常工作中应能经受考验,应适用于所有实验室。

实验 33　醇系物的气相色谱分析

一、实验目的

（1）了解气相色谱常用定性、定量方法及其选用的一般条件。

（2）了解程序升温气相色谱法（PTGC）对改善色谱分离的作用原理。

（3）掌握气相色谱分析的一般操作。

（4）掌握气相色谱归一化法的基本原理和操作技术。

二、预习要求

进一步熟悉气相色谱分析的原理和常见分析方法。

三、实验原理

用气相色谱法分析样品时，各组分都有一个最佳柱温。对于沸程较宽、组分较多的复杂样品，柱温可选在各组分的平均沸点左右，显然这是一种折中的办法，其结果是低沸点组分因柱温太高很快流出，色谱峰尖而挤甚至重叠，而高沸点组分因柱温太低，滞留过长，色谱峰扩张严重，甚至在一次分析中不出峰。

程序升温气相色谱法是色谱柱按预定程序连续或分阶段进行升温的气相色谱法。采用程序升温技术，可使各组分在最佳的柱温流出色谱柱，以改善复杂样品的分离，缩短分析时间。另外，在程序升温操作中，随着柱温的升高，各组分加速运动，当柱温接近各组分的保留温度时，各组分以大致相同的速度流出色谱柱，因此在 PTGC 中各组分的峰宽大致相同，称为等峰宽。

四、实验器材与试剂

器材：带程序升温的气相色谱仪（色谱柱：PEG 20M，101 白色载体，80～100目，长 2 m、内径 2 mm 的不锈钢柱 2 个），1 μL 微量注射器。

试剂（均为色谱纯）：甲醇，乙醇，正丙醇，正丁醇，异丁醇，异戊醇，正己醇，环己醇，正辛醇，正十二烷醇（按大致等体积混合制成样品）。

五、实验内容

（1）操作条件。

柱温：初始温度 40 ℃，以 7 ℃·min^{-1} 的速度升温至 160 ℃，保持 1 min，然后以 15 ℃·min^{-1} 的速度升至 260 ℃（终止温度），再保持 1 min。

气化室温度：190 ℃；检测器温度：200 ℃；进样量：0.5 μL。

载气(高纯 N_2)流速:25～35 mL·min^{-1};氢气流速:40 mL·min^{-1};空气流速:400 mL·min^{-1}。

(2)通载气,启动仪器,设定以上温度参数,在初始温度下,参考氢火焰离子化检测器的操作方法,点燃 FID,调节气体流量。待基线平稳后进样并启动升温程序,记录每一组分的保留温度。升温程序结束,待柱温降至初始温度方可进行下一轮操作。作为对照,在其他条件不变的情况下,恒定柱温 175 ℃,得到醇系物在恒定柱温条件下的色谱图。

(3)数据记录与处理。按表 4-7 记录实验数据。

表 4-7 实验 33 数据记录

组分	甲醇	乙醇	正丙醇	正丁醇	异丁醇	异戊醇	正己醇	环己醇	正辛醇	正十二烷醇
沸点 T_b/℃										
保留温度 T_R/℃										

醇系物在程序升温和恒温条件下的气相色谱图如图 4-5 所示。

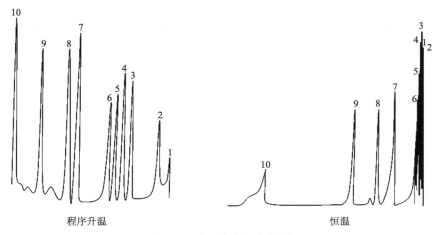

图 4-5 醇系物气相色谱图
1. 甲醇;2. 乙醇;3. 正丙醇;4. 异丁醇;5. 正丁醇;
6. 异戊醇;7. 正己醇;8. 环己醇;9. 正辛醇;10. 正十二烷醇

六、思考题

(1)与恒温气相色谱法相比,程序升温气相色谱法具有哪些优点?

（2）什么是保留温度？它在 PTGC 中有何意义？

（3）在 PTGC 中可采用峰高（h）定量，为什么？

（彭敬东）

实验 34　　高效液相色谱法测定废水中的苯、甲苯和萘

一、实验目的

（1）了解 Agilent 1100 高效液相色谱仪的流路和电路，学会仪器的基本操作。

（2）掌握液相色谱的定性方法和内标法的定量方法。

（3）了解色谱参数 n、K'、R_s 的意义和计算方法。

二、预习要求

（1）熟悉分离度和理论塔板数的计算。

（2）熟悉 Agilent 1100 高效液相色谱仪的操作步骤。

三、实验原理

高效液相色谱是在经典液相色谱的基础上发展起来的一种现代仪器分析方法。不同的物质在固定相和流动相间的分配系数不同，在柱中的保留时间也不一样，分配系数大的，在柱中的保留时间长，较晚流出色谱柱；分配系数小的，在柱中的保留时间短，较早流出色谱柱，从而达到分离的目的。

液相色谱的定性依据是保留时间的相对性，通常误差不能大于 5%。定量参数通常采用峰高、峰面积、相对峰高、相对峰面积等。定量方法常采用外标法、内标法和归一化法。本实验采用内标法定量。

1. 内标法（直接比较法）

用与样品浓度相近的标准溶液，等量进样，比较它们的峰高或峰面积。

$$c_x = \frac{A_x}{A_d} \times c_d$$

式中，c_x 为未知样浓度；A_x 为未知样峰面积；c_d 为标样浓度；A_d 为标样峰面积。

2. 容量因子（K'）

1）样品的保留性用 K' 表示

$$K' = \frac{\text{组分在固定相中的总量}}{\text{组分在流动相中的总量}} = \frac{M_s}{M_m} = K\frac{V_s}{V_m}$$

$K'=0$ 表示无保留,K'越大,组分在固定相上停留时间越长,固定相与流动相之间的极性差值也越大。一般来说,$1<K'<5$。

2)K'的计算

$$K'=\frac{t_R-t_0}{t_0}$$

式中,t_R 为保留时间(被保留物质从进样到浓度最大值时间);t_0 为死时间(不被保留物质从进样到浓度最大值时间)。

3. 分离度(R_s)

$$R_s=\frac{2(t_{R_2}-t_{R_1})}{W_1+W_2}$$

$R_s\leqslant0.5$,两峰几乎完全重叠;$R_s=1$,两相邻峰分离程度可达 98%;$R_s=1.5$,分离程度可达 99.7%。用 $R_s=1.5$ 作为相邻两峰完全分离的标志。

4. 理论塔板数

理论塔板数(n)表示色谱柱的分离效率。

$$n=16\left(\frac{t_R}{W_b}\right)^2=5.54\left(\frac{t_R}{W_{1/2}}\right)^2$$

四、实验器材与试剂

器材:Agilent 1100 高效液相色谱仪,G1315B 二极管阵列检测器,微孔滤膜过滤装置等。

试剂(均为色谱纯):甲醇,苯,甲苯,萘。

五、实验内容

1. 实验步骤

(1) 打开计算机,CAGBootp Server 窗口最大化。

(2) 打开 Agilent 仪器各部件电源开关。

(3) 启动在线色谱工作站。

(4) 调出方法文件。

(5) 逆时针打开 Purge 阀两圈,单击 on 图标,排气至无气泡流出。

(6) 关闭 Purge 阀。

(7) 单击 View 菜单,选"online signals"下"signals windows 1"。

(8) 单击 Change 键选择信号。

（9）基线平稳后，单击 Blance 调零。

（10）单击"Runcontrol"下"Sample information"，编辑样品信息。

（11）进样分析。

（12）实验结束后，关闭仪器电源开关，关闭计算机。

　　2. 数据处理

（1）用内标法计算各物质的含量。

（2）定性分析。

（3）计算苯、甲苯的 K' 值。

（4）计算相邻峰的 R_s 值。

（5）计算以萘为参数的 n 值。

六、思考题

引起本实验定量分析误差的因素可能有哪些？

（彭敬东）

实验 35　饮料中食品添加剂的高效液相色谱分析

一、实验目的

（1）理解反相色谱的基本原理。

（2）掌握利用高效液相色谱对组分进行定性和定量分析的方法。

（3）了解高效液相色谱技术在食品添加剂中的分析应用。

二、预习要求

（1）掌握色谱分析中所用的定性和常用的定量分析方法。

（2）熟悉食品中常用的添加剂，如甜味剂、防腐剂、抗氧化剂、色素等。

三、实验原理

4 种常用食品添加剂——糖精、咖啡因、苯甲酸、天冬甜素均带有离子化的基团或—NH_2 或—COOH，它们的质子化程度或解离程度会随流动相 pH 的变化而变化，因此，在反相色谱中，它们的保留时间也会随流动相 pH 的变化而变化。但不同物质因疏水性及电离情况不同，只要选择合适的 pH，在反相柱上一定有不同的保留时间，从而实现色谱分离。另外，这 4 种化合物均带有芳香环，因此采用 UV 检测，可用 254 nm 通用波长。

四、实验器材与试剂

器材:高效液相色谱系统,色谱工作站,C_{18}反相高效液相色谱柱,酸度计,容量瓶(50 mL)。

试剂:甲醇(色谱纯),乙酸(分析纯),糖精,咖啡因,苯甲酸,天冬甜素,NaOH(50%,质量分数),二次蒸馏水,可乐饮料。

五、实验内容

1. 测试

分别准确称取一定量的 4 种添加剂标准品,用流动相溶解,用 50 mL 容量瓶定容作为储备液。

(1) 打开 HPLC 仪器系统电源,预热 15 min,并将检测波长设置为 254 nm。

(2) 配制甲醇、水、乙酸混合溶液(体积比为 20∶80∶0.2),超声脱气 15 min,然后用 0.45 μm 孔径的醋酸纤维素滤膜抽真空过滤溶液。

(3) 用上述溶剂作为色谱流动相,调节流速为 1 mL · min^{-1},平衡色谱柱,观察基线,直至基线平稳。

(4) 用微量注射器吸取 4 种添加剂的混合标样 40 μL,通过六通阀进样,用色谱工作站记录色谱,观察 4 种物质的出峰情况。在上述流动相条件下,4 种添加剂应该有较好的分离度,而且色谱峰形状对称。

(5) 在上述同样条件下分别注入 4 种添加剂的单一标准,根据保留时间对上述 4 个峰进行定性分析。

(6) 改变流动相 pH,使 pH 依次为 3.0、3.5、4.0、4.2、4.5,甲醇在流动相中的比例保持不变。其他色谱条件均不变。观察在上述流动相的条件下,4 个色谱峰的保留时间变化规律。

(7) 将 4 种添加剂成分的色谱保留时间对流动相 pH 作图,确定流动相的最佳 pH。

(8) 在同样色谱条件下,依次注入 2 μL、5 μL、10 μL、15 μL、20 μL 混合标样溶液,得相应色谱图。重复 3 次,将各组分平均峰面积对质量作各组分的标准曲线。

(9) 饮料试样适当稀释后超声脱气 10 min,用 0.45 μm 滤膜过滤,在上述色谱条件下进样 15 μL。记录色谱图,并根据保留时间、峰面积对饮料试样中食品添加剂进行定性和定量分析。

(10) 实验结束后先用 10 mL 90∶10(体积比)的水-甲醇清洗色谱柱,然后用 10 mL 30∶70(体积比)的水-甲醇清洗。

2. 结果与讨论

根据实验结果，讨论流动相、pH 对色谱分离的影响。

六、思考题

（1）确定流动相最佳 pH 时应考虑哪些因素？
（2）分离上述 4 种添加剂时，为什么不用偏碱性的流动相？

（彭敬东）

实验 36　常见阴离子的离子色谱分析

一、实验目的

（1）了解离子色谱法的特点和用途。
（2）掌握用离子色谱仪测定无机阴离子的方法。

二、预习要求

（1）了解离子色谱法的原理。
（2）参考国家标准 GB/T8538—1995《饮用天然矿泉水检验方法》，了解该实验方法。

三、实验原理

离子交换色谱是以低交换容量的离子交换树脂为固定相，水的碱性或酸性溶液为流动相，根据样品离子与固定相之间离子交换系数不同，对水中易解离的有机及无机阴、阳离子进行分析。在采用电导检测器时，需在分析柱后加装填有高交换容量的离子交换树脂抑制柱，以消除流动相及样品中的其他离子给检测带来的影响。

离子色谱法广泛用于分析水样和人体血、尿等试样中痕量的阴离子和阳离子。

样品注入仪器后，在淋洗液（碳酸盐-碳酸氢盐水溶液）的携带下流经阴离子分析柱（装有阴离子交换树脂）。由于水样中各阴离子与分离柱中阴离子交换树脂的亲和力不同，移动速度也不同，彼此得以分离。流动相携带样品离子流经阴离子抑制柱（装有阳离子交换树脂），碳酸盐、碳酸氢盐被转换成碳酸，样品阴离子也转化成相应酸，使背景电导降低。最后通过电导检测器，依次得到 F^-、Cl^-、NO_3^- 和 SO_4^{2-} 的电导信号值（峰高或峰面积）。

通过与标准比较,可做定性、定量分析。

四、实验器材与试剂

器材:带有阴离子分析柱、阴离子保护柱、阴离子抑制柱、电导检测器的离子色谱仪,具塞比色管。

试剂:

(1) 淋洗储备液($c_{NaHCO_3}=0.03\ mol\cdot L^{-1}$,$c_{Na_2CO_3}=0.025\ mol\cdot L^{-1}$):称取 2.52 g 碳酸氢钠和 2.65 g 无水碳酸钠,共溶于少量水中,在 1000 mL 容量瓶中定容。储存于聚乙烯瓶中,冰箱内保存。

(2) 淋洗使用液($c_{NaHCO_3}=0.003\ mol\cdot L^{-1}$,$c_{Na_2CO_3}=0.0025\ mol\cdot L^{-1}$):量取 200 mL 淋洗储备液,用水稀释至 2000 mL。

(3) 再生液($c_{H_2SO_4}=0.0125\ mol\cdot L^{-1}$):吸取 6.9 mL 硫酸($\rho=1.84\ g\cdot mL^{-1}$),在不断搅拌下缓慢加入 100 mL 水中,稀释至 10L,储存于聚乙烯瓶中。

(4) F⁻ 标准储备液(1.000 mg·mL⁻¹):称取 1 g 在干燥器中干燥过的氟化钠,溶于少量淋洗使用液,移入 1000 mL 容量瓶,用淋洗使用液定容。储存于聚乙烯瓶中,冰箱内保存。

(5) Cl⁻ 标准储备液(1.000 mg·mL⁻¹):称取 1 g 于 500～600 ℃烧至恒量的氯化钠,溶于少量淋洗使用液,移入 1000 mL 容量瓶,用淋洗使用液定容。储存于聚乙烯瓶中,冰箱内保存。

(6) NO₃⁻ 标准储备液(1.000 mg·mL⁻¹):称取 1 g 于 120～130 ℃干燥至恒量的硝酸钾,溶于少量淋洗使用液,移入 1000 mL 容量瓶,用淋洗使用液定容。储存于聚乙烯瓶中,冰箱内保存。

(7) SO₄²⁻ 标准储备液(1.000 mg·mL⁻¹):称取 1 g 于 105 ℃干燥 2 h 至恒量的硫酸钾,溶于少量淋洗使用液,移入 1000 mL 容量瓶,用淋洗使用液定容。储存于聚乙烯瓶中,冰箱内保存。

(8) 混合标准使用液:分别吸取已放置至室温的氟离子、氯离子、硝酸盐、硫酸盐标准储备液 2.00 mL、24.0 mL、20.0 mL、24.0 mL 置于 1000 mL 容量瓶中,用淋洗使用液定容。此溶液 F⁻、Cl⁻、NO₃⁻ 和 SO₄²⁻ 的质量浓度分别为 2.00 μg·mL⁻¹、24.0 μg·mL⁻¹、20.0 μg·mL⁻¹ 和 24.0 μg·mL⁻¹。

五、实验内容

1. 实验步骤

1) 水样的预处理

吸取 9.00 mL 水样于 10 mL 具塞比色管中,加淋洗储备液 1.00 mL,摇匀,待测。

2）色谱条件

柱温：室温；淋洗液流量：2.0 mL·min^{-1}；进样量：100 μL。

3）样品分析

（1）定性分析：用微量进样器分别注入 100 μL F$^-$、Cl$^-$、NO$_3^-$ 和 SO$_4^{2-}$ 标准使用液，记录色谱图及各自的保留时间。再用微量进样器注入 1 mL 待测试样，根据色谱图中保留时间确定离子的种类和出峰顺序。

（2）定量分析：测定各离子对应峰高或峰面积，用外标法定量。

标准曲线的绘制：分别吸取 0.0 mL、2.50 mL、5.00 mL、10.0 mL、25.0 mL、50.0 mL 混合标准使用液于 6 个 100 mL 容量瓶中，用淋洗使用液定容，摇匀。所配制标准系列中各离子的质量浓度列于表 4-8。

表 4-8　实验 36 标准系列中各离子的质量浓度

离子	ρ/(mg·L^{-1})					
F$^-$	0.00	0.05	0.10	0.20	0.50	1.00
Cl$^-$	0.00	0.60	1.20	2.40	6.00	12.0
NO$_3^-$	0.00	0.50	1.00	2.00	5.00	10.0
SO$_4^{2-}$	0.00	0.60	1.20	2.40	6.00	12.0

2. 数据处理

（1）以质量浓度为横坐标，测得的峰高或峰面积为纵坐标，分别绘制 F$^-$、Cl$^-$、NO$_3^-$ 和 SO$_4^{2-}$ 的标准曲线。

（2）按下式计算各离子含量：

$$\rho = \rho_1/0.9$$

式中，ρ 为水样中 F$^-$、Cl$^-$、NO$_3^-$ 和 SO$_4^{2-}$ 的质量浓度（mg·L^{-1}）；ρ_1 为从标准曲线上查得的试样中 F$^-$、Cl$^-$、NO$_3^-$ 和 SO$_4^{2-}$ 的质量浓度（mg·L^{-1}）；0.9 为稀释水样的校正系数。

六、思考题

离子色谱法有什么优点？

（彭敬东）

第5章　复杂体系的综合分析

学习指导

实际分析工作中的样品大多来源于天然,即自然的、生产过程中或生产终了的各种物料。这些样品的共同特征是具有复杂性。因此,要获得全面准确的样品表征信息,就需要采取分离、富集等前处理手段,进而分析和结构鉴定。因此,应依照本书讨论的各种分析技术对样品的基本要求,结合所学知识,根据获取信息的目的与要求来设计合理的前处理和分析程序,进而初步建立科学研究中面对复杂体系的思维方法。

5.1　复杂体系的综合分析程序

在生产实践和科学实验中,面临的分析对象往往是复杂体系的样品。所谓复杂体系,一般是指样品组分的多样性,如常量、微量与痕量组分共存于一体,无机与有机化合物共存一体,高分子、大分子与小分子化合物共存一体,生命与非生命物质共存一体。面对这种复杂体系的样品,要提供全面准确的表征信息,首先采用分离技术,把各组分逐一分离开,再对各组分作结构与成分分析,其分析过程颇似医学中的"解剖"手术,因此常把这种综合分析方法称为"剖析"。

综合分析可以说是一种分析技术,现代分析科学领域中的许多分析方法,如元素分析、结构分析、成分分析、无机分析、有机分析、生化分析等都应用了综合分析。复杂体系的综合分析又与生产实践、科学实验和应用研究密切相关。例如,在商品质量检验中,借助于综合分析可识别各种货物的真伪,是鉴别伪劣商品的有效途径之一。在环境污染物鉴定中,利用综合分析对污染物的种类进行鉴别,可以了解环境的污染程度,还可以追溯污染物的来源,从而做到从污染源头上进行治理与控制。在天然产物的开发应用研究中,利用综合分析获取其有效成分信息,是开发新产品的先行步骤。还有利用综合分析密切注视市场最新产品的结构和成分信息,了解最新技术成就,也是快速开发新产品的途径之一。

5.1.1　复杂体系样品分析的思路

实际分析工作中遇到的复杂体系样品是多种多样的,对象可能是无机物或有机物,形态可能是固体、液体或悬浊体系,从哪入手？采用什么方法进行分析呢？

这时就要根据分析的目的和要求来确定。

复杂体系样品分析的目的和要求一般有下列几种情况。

第一类：对某些复杂体系，定性组成基本已知，分析的目的只在于对各种组分（或组分的不同形态）或部分组分进行定量分析，如硅酸盐系统分析、土壤分析、水质分析、食品质量分析等。

第二类：某些待测组分存在于定性组成部分已知的样品中，但是否存在未知干扰不清楚，分析的目的是在未知干扰存在下，直接对感兴趣的待测组分进行定量分析，如污染物中目标组分的分析、蔬菜中某农药残留的检测等。

第三类：只了解待分析试样的用途或商品信息，对其化学组成及浓度范围都不清楚，分析的任务是确定试样成分、推测结构及其含量的测定，如新化工产品的研制分析、天然产物的分析等。"剖析"主要是指这类综合分析。

由于待测样品的体系不同，分析目的及侧重点不同，分析程序就不同。

对于第一类复杂体系的分析，由于体系的定性组成已知，只对样品的各种组分或部分组分进行定量分析，那么程序设计的重点就是根据试样的成分和测定精度的要求选择合适的系统分析方法或标准分析方法，按方法要求进行试样处理和测定。

对于第二类复杂体系的分析，虽然检测的项目指标已定，体系的基体已知，但存在的干扰不清楚，那么程序设计的重点就是如何进行试样处理、排除干扰物质，达到项目指标要求的检测精度。

对于第三类复杂体系的分析，试图用一种简单的模式去适应并完成所有样品的分析研究是不现实的。但分析程序通常都包含几个主要步骤：将样品转化为待测形式，分离消除干扰物质，对样品进行定性、定量分析，推测结构并进行验证。

5.1.2　复杂体系分析程序

1. 组成已知的复杂体系分析程序

这类复杂体系由于组成已知，分析目的明确，分析程序设计从选择分析方法入手。

复杂体系样品 → 选择分析方法 → 编写操作流程 → 试样预处理 → 按分析步骤测定

1) 分析方法选择

对于分析人员来说，最重要和最困难的工作是如何根据分析的需要，选择最合适的分析方法。选择方法没有统一的标准答案，需考虑的因素主要有：

(1) 测定的具体要求。分析的目的不同，分析结果的要求不同，选择的分析方法也应不同。一般对产品质量鉴定以及仲裁或校核分析应选用准确度较高的标准分析方法,对复杂样品的全分析可采用系统分析法,微量成分的测定应采用灵敏度符合要求的方法,而控制分析则常用快速分析法。在某些工业和科学研究中,有时还要求对待测组分的形态及活性等进行表征与测定,这时应选用形态分析法。对同一组分选用何种分析方法,还应注意准确度及仪器装备、试剂和耗材、人员的水平、实验室条件等,力求既准又快速。

(2) 被测组分的含量范围。分析样品中被测组分的含量范围不同,分析方法也应不同,因为每种分析方法只适用于一定的测定对象和一定的适用范围。常量组分分析,要求结果准确度高,多选用准确度较高的化学分析法(包括某些仪器分析法,如电位滴定、库仑滴定等);微量组分的分析,主要考虑方法的灵敏度能否满足要求,多选用灵敏度较高的仪器分析法。

(3) 被测组分的性质。分析样品的性质不同,其组成、结构和状态不同,试样的预处理方法也不同。由被测物的化学性质(酸碱性、氧化还原性和配位性等)、物理性质与物理化学性质选择相应的分析方法。如测定对象组分复杂,被测组分含量过低,要考虑分离与富集步骤的联用。对特殊的样品,如样品十分珍贵,试样极少并难以取样时,则要求筛选最小消耗试样和可靠的分析方法。对必须回收的试样,还需考虑试样的回收等问题。

(4) 共存组分的影响。任何一种分析方法,其选择性都是有限的。样品中共存物质的种类和含量不同,分析方法也应不同。为避免共存组分的干扰,应优先选择特效性好的分析方法,若干扰难以避免,应采取掩蔽或分离的措施。

此外,分析的成本和方法对环境的污染等问题都是必须考虑的。因此,选择分析方法,不仅对试样应有尽可能多的了解,而且对各种分析方法要有深入的了解。

2) 选择分析方法的途径——查阅资料

一般的分析化学教材,其主要内容是基本理论和一些典型实验,不可能包括许多实际分析方法。选择分析方法从哪着手呢?

首先,从图书馆的标准目录中查标准方法(一般的金属材料、化工原料及产品等均有标准分析方法)。标准方法分为国家标准(用 GB 编号表示)和部颁标准,部颁标准按所属主管部门作不同编号。例如,金属材料分析常用冶金部标准(用 YB 编号表示),化工原料及成品分析常用化工部标准(用 HB 编号表示)。

其次,查阅参考书和手册。参考书很多,但可分为两类,一类是以分析对象编写的,如"水质污染分析"和"岩石矿物分析"等,它包括了分析对象中有关组分的分析方法。另一类是以分析方法编写的,如"配位滴定法"和"色谱分析法"等,这类参考书往往既讲方法,又介绍该方法在分析或分离方面的应用。而"分析化学手册"则一般以分析方法为纲,列表简述,同时指出原始文献。此外,还可查阅杂志和企业分析资料等。杂志所载内容一般都较新颖,但不够成熟,需要验证。

网上可以快速搜索所需书籍、标准、期刊的各种专业数据库资源，大大减轻了资料收集的难度。应当注意，公网上的开放信息一般可信度较差，待得到专业文献的证实。

3）编写操作流程

通过查阅资料选出分析方法后，为便于工作，可将分析步骤写成分析操作流程。

一份称样中测定一两个项目称为单项分析；若将一份称样分解后，通过分离和掩蔽的方法，消除干扰离子对测定的影响之后，系统地、连贯地进行数个项目的依次测定，称为系统分析。在系统分析中从试样分解、组分分离到依次测定的程序安排称为分析系统。在一个样品需要测定其中多个组分时，如能建立一个科学的分析系统，进行多项目的系统分析，则可以减少试样用量，避免重复工作，加快分析速度，降低成本，提高效率。一个好的分析系统必须具备以下条件：称样次数少、尽可能避免分析过程的介质转移和引入分离方法、所选测定方法必须有好的精密度和准确度、适用范围广、操作易与计算机联机以实现自动分析。

组成已知的复杂样品的全分析常用系统分析法。它是基于将元素先进行分组分离然后测定，是定性化学分析中元素分组法的定量发展，是获得准确分析结果的多元素分析流程。例如，硅酸盐岩石全分析的经典分析系统，这种分析系统虽耗时较长，但准确度较高，至今仍被广泛应用。

近年来，复杂样品的分析出现了多种"快速"分析流程。快速流程的特点是在一份称样制成的溶液中，分吸部分溶液，不经分离或采用很少分离（有时用掩蔽剂）的手续，即可用光度法、滴定法或原子吸收分光光度法等多种分析技术分别测定各种成分。仪器分析技术，如 X 荧光光谱法（XFS）、电感耦合等离子体原子发射光谱法（ICP-AES）等的发展，为解决复杂对象分析和提高分析速度提供了强有力的手段。

4）样品预处理

参见本章 5.2 节。

5）测定

根据选择的分析方法进行测定，处理数据，给出结果。

2. 含有未知干扰的复杂体系分析程序

如果待分析的样品体系的基体已知，要求检测的组分项目已定，但存在的干扰物质不清楚，这类复杂体系分析要考虑的重点是判断是否存在干扰，以及在干扰物质的存在下怎样获得准确的分析结果。

1）首先判断是否存在对检测组分的干扰

根据样品体系的基体和测定的具体要求，按照上述选择分析方法的途径选择分析方法。

按选择的分析方法对样品用标准加入法、回收率、标准样品对照或方法对照进行检查和对比测定,结果可能出现以下两种情况:

如果测定结果符合准确度的要求,说明样品中的干扰物质对待测组分无干扰。这时可按选择的分析方法进行测定。

如果测定结果偏高或者偏低,说明样品中的干扰物质对待测组分有干扰。偏差越大,干扰越严重。

2) 选择消除干扰的方法

当分析样品中的共存物质对测定组分有干扰时,消除干扰最简捷有效的方法是通过控制分析条件或采用掩蔽法来消除。当控制分析条件或掩蔽法仍无法消除干扰时,就要采用分离的方法。

进行分离时,是将待分析的组分从样品体系中转移出来,还是将干扰杂质从样品体系中转移出来,主要取决于哪种程序更容易完成。例如,在水分析中,水中氰化物的测定须将被测组分从样品水中馏出,而氯化钠的测定则是先用沉淀法分离去除水样中的所有非碱金属杂质。一般情况下,在基体组成非常复杂,并且干扰组分量相对比较大时,对干扰组分进行分离,即基体分离。当试样中待测组分含量较低,而现有测定方法灵敏度不够高时,就要先将待测组分分离富集,然后测定。例如,固体样品中的微量组分,可以采用适宜的溶剂在提取器中回流提取进行分离;液体中的微量组分,如水中痕量无机元素常用离子交换树脂进行分离,水中微量有机物则可用大孔树脂、烷基键合硅胶进行分离。

许多复杂体系样品的分离并没有严格不变的分离程序(图 5-1),根据样品实际情况的不同,经常需调节不同的程序和选用不同的分离方法,因此,分离研究有很大的经验性和灵活性。选择分离方法的准则见 5.2.2 节。

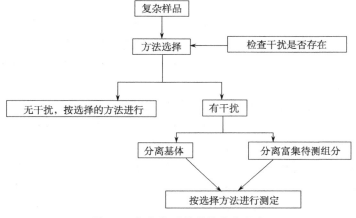

图 5-1　复杂体系样品的分离程序

3. 组成未知的复杂体系分析——剖析

这类复杂体系分析的程序主要包括以下几个部分：一是了解样品的有关信息和样品的一般性质，二是样品中各组分的分离，三是样品中各组分的组成分析与结构推测，四是对所推测的结果作验证。因此，剖析研究是集分离分析、结构分析、成分分析于一体的系统分析方法。

1）组成未知的复杂体系分析的一般程序

组成未知的复杂体系分析的一般程序如图 5-2 所示。

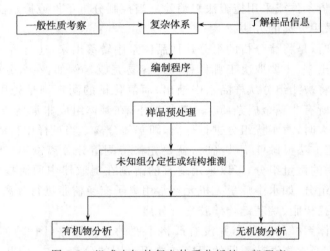

图 5-2　组成未知的复杂体系分析的一般程序

2）步骤

（1）了解样品的有关信息。接到样品后，首先要了解样品的来源和用途，样品的固有特性、使用特性以及可能的组分。取样应注意厂家、商标、批号、包装、储存条件等信息，以确保样品来源的可靠性和代表性。非均一体系还要按分析化学的标准方法正确取样。

（2）考察样品的一般性质。由样品的外观颜色、密度、硬度、气味等一般物理性质考察，可得到一些重要的结构组成信息。例如，许多耐高温的材料是含硅、硫、氟等杂原子的聚合物；大多数硬度高、密度大的材料是加入了无机增强剂的复合材料；加热 500 ℃以上可挥发的组分主要是有机物，残余物则为无机组分；此外从高聚物和有机物燃烧的火焰颜色、气味等可获得区分芳烃、卤代烃、有机硅、硫、氮和碳水化合物、蛋白质等化合物的结构信息[参阅《化学基础实验（Ⅱ）》（彭崧等，科学出版社）1.1 节]。

（3）样品预处理。分解样品的方法同上所述。对组成未知样品进行分离的一般程序与方法如下：

对于样品组成未知的均相体系，首先应采用简单的物理、化学分离方法，然后再采用色谱法进行分离；对于液体样品可采用蒸馏或萃取法分离；气体样品，可采用气相色谱法分离；固体样品可采用萃取或色谱法分离。

对于非均相的气-液-固混合样品的分离，可先用吸附、冷凝和吸收等方法将气、液组分分开，再用萃取、蒸馏、过滤等方法将固、液两相分开。固体混合物可用机械分离、溶剂萃取等方法将某些组分选择性分离。在得到均一体系后，可按沸点和溶解性的不同进行分离，也可按在吸附剂上的吸附活性强弱的不同进行分离。

（4）未知组分的定性与结构推测。无机物的定性分析：无机元素的组成分析最主要的手段是原子光谱法。对于组成复杂的无机固体样品直接定性常用的方法是 X 荧光光谱法（XFS）和电子 X 射线能谱法（EDAX）。

原子在分子中的状态分析，常用的方法有电子能谱法（ESCA）、X 射线衍射分析法（XRD）和 IR 法等。对溶液中阴离子的种类与含量分析还可采用离子色谱法（IC）。

有机物的结构分析：目前在有机物结构分析中使用最普遍也是最有效的方法仍然是紫外-可见光谱（UV-Vis）、红外光谱（IR）、核磁共振光谱（NMR）和质谱（MS）法，有关这些方法的原理、特点和应用可查阅有关专著。

（5）样品中各组分的定量分析。在某些样品的剖析研究中，不仅要求提供样品中各组分的结构，而且还需要提供各组分的准确含量。这对某些新产品的开发研究、天然资源的利用、产品质量控制、科研中未知现象的解释等都是很重要的。

无机成分的分析：样品中的无机组分定量分析常用的方法有原子发射光谱法（AES）、原子吸收光谱法（AAS）或 X 光荧光光谱法等。如需要对复合材料中的无机组分作微区分布分析时，可采用扫描电镜中的 X 射线能谱法（SEM-EDX）。如需要对样品中各元素的价态、结合形式及表面分布分析时，可选用电子能谱仪（ESCA）。当需要了解元素在样品中存在的化合物结构形式时，可采用 X 射线衍射分析法。

有机组分分析：样品中有机组分的剖析比无机组分要困难得多，只有在完成各组分的定性或结构分析后，才有可能选择适宜的方法作出定量分析，常用的方法有 GC、HPLC、UV-Vis 和 IR 等。

有时，一些商品的剖析并不要求非常准确的定量分析结果。采用柱色谱法，以不同的溶剂作梯度淋洗，收集各馏分，除去溶剂后，用重量法计算各组分的质量分数，一般可以满足新产品研制的需要。

（6）验证或应用性能测试研究。一个未知样品的剖析，主要是分析各组分的分离、结构及含量。但在实际工作中，剖析研究的目的并不是仅仅提供出结构组成信息,而大都是与新产品的研制与开发紧密相关。在剖析给出结构和组成信息后,通过合成、加工及工艺研究,并结合实际情况予以改进,一项新产品就可能应运而生。通过合成、加工及新产品的性能测试研究,又可进一步检验剖析结果是否准确与完整。

需要指出的是,并不是什么样品都能剖析,也不是任何样品都可准确剖析。在剖析研究中也会遇到无法解决的复杂体系分离和复杂结构鉴定的难题。这可能因为剖析技术所限,某些微量组分可能在分离中丢失或得到的纯品纯度不够;或是采用仪器方法的灵敏度、准确度不够高,给出的结果不够全面;还有可能在剖析的样品中,某些关键组分由于在分析过程中发生了变化,很难从产品中获得信息等,因此剖析是有局限性的。

【思考题】

5-1　复杂体系的综合分析有哪些特点?

5-2　为什么说分离是复杂体系综合分析中的最基本的一步?

5-3　在实际工作中,应如何评价和选择分析方法?

5-4　何谓系统分析和分析系统?一个好的分析系统应具备哪些条件?

5-5　试设计一个白云石(碳酸盐)系统分析流程。

5.2　分析试样的预处理

试样预处理的目的,一是把试样转换成所选择的分析方法能进行测试的形态,因为分析测试使用的大多数分析方法属于湿法分析,要求将试样溶解或分解制备成溶液。无机固体样品可用湿法、干法分解制成溶液;有机固体样品常用溶剂提取、湿法消化、高温灰化法和氧瓶燃烧法制备待分析溶液;悬浊体系的样品可用离心、沉淀、过滤等将固、液分开;某些难溶(熔)性化合物可用热解、酸解、碱解成小分子后再作分离分析等。二是消除干扰,因为试样中往往多种组分共存,当测定其中某一成分时,如果共存的其他成分对测定产生干扰,则需要采用适当的方法予以消除。采用掩蔽法消除干扰简便有效,但并非对任何干扰的消除均有效,遇到这种情况常用的方法是分离。选择分离方法需要考虑分离对象的体系和性质,样品的数量与组分的含量范围,分离后得到组分的数量、纯度,现有的实验条件(如仪器设备和试剂)和操作者的经验(对某种分离方法掌握的程度)等。

湿法分析需用试液。获取分析试液需要经过两个基本步骤,首先是从总体中抽取样本并进行充分的缩分形成试样,此步骤一般是物理过程,读者可参阅《化学基础实验(Ⅰ)》(鲍正荣等,科学出版社)3.4.1节。然后分解试样得到试液,试样分解的最终目的是将待测组分转变为可供分析测定的离子或分子态溶液。本节讨论常规的干、湿两类分解方法,读者也请参阅《化学基础实验(Ⅰ)》(鲍正荣等,科学出版社)3.4.2 节。

5.2.1　分析试液的制备

在一般分析工作中,除干法分析(如光谱分析、差热分析等)外,通常都用湿法分析,即先将试样分解制备成溶液再进行分析。试样的分解不仅直接关系到待测组分是否转变为适合的测定形态,也关系到以后的分离和测定。在这个过程中,需要注意:

(1) 所选溶(熔)剂能将样品中待测组分全部转变为适宜于测定的形态。一方面要保证样品中的被测组分全部定量地转变;另一方面又要尽可能地避免带入对分析有害的物质,即使引入也应易于设法除去或能消除其影响。

(2) 应尽可能与后续的分离、富集及测定的方法结合起来,以便简化操作。

(3) 成本低、对环境的污染少。

1. 试样分解的方法

1) 湿法分解法

湿法分解法是将试样与溶剂相互作用得到含有待测组分的离子或分子态溶液,是一种直接分解法。湿法分解所使用的溶剂视样品及其测定项目的不同而不同,可以是水、有机溶剂、酸或碱等,其中应用最为广泛的是各种酸溶液(单种酸、混合酸或者酸与盐的混合溶液),较少应用氢氧化钠或氢氧化钾溶液。湿法分解的方法,依操作温度的不同,可分为常温分解和加热分解;依分解时的压力不同,可分为常压分解和增压分解(封闭溶样)。

(1) 无机物的分解。常用固体试样的分解方法参见 7.3.4 节。最常用的方法是用溶解法分解试样。对可溶性无机盐直接水溶。

由于酸较易提纯,过量的酸,除磷酸外,也较易除去,分解时,不引进除氢离子以外的阳离子,操作简单,使用温度低,对容器腐蚀性小,因此酸溶法应用广泛。酸分解法的缺点是对某些矿物的分解能力有限,某些元素可能挥发损失。

某些具有两性的金属或氧化物可采用碱溶法。

(2) 有机物的分解。

溶解法:低级醇、多元酸、糖类、氨基酸、有机酸的碱金属盐,均可用水溶解。许多有机物不溶于水,但可溶于有机溶剂。例如,酚等有机酸易溶于乙二胺、丁胺等碱性有机溶剂;生物碱等有机碱易溶于甲酸、冰醋酸等酸性有机溶剂。根据相似相溶原理,极性有机化合物易溶于甲醇、乙醇等极性有机溶剂,非极性有机化合物易溶于 $CHCl_3$、CCl_4、苯、甲苯等非极性有机溶剂。有关溶剂的选择可参考有关资料,此处不详述。

　　有机试样用混合酸分解，也称湿法消化法。常用的有硝酸-硫酸、硝酸-高氯酸、硝酸-硫酸-高氯酸、硝酸-硫酸-过氧化氢分解法。试样中有机物即被氧化成 CO_2 和 H_2O，金属元素则转变为硝酸盐或硫酸盐，非金属元素则转变为相应的阴离子。此法适用于测定有机物中的金属、硫、卤素等元素。

　　注意：在使用高氯酸时应注意安全。当其与强脱水剂（如浓硫酸）或有机物、某些还原剂等一起加热时，会发生剧烈的爆炸。含有机物和还原性物质的试样应先用硝酸加热破坏，然后再用高氯酸分解。

　　2）干法分解法

　　干法分解法是对那些不能完全被溶剂所分解的样品，将它们与熔剂混匀后在高温下作用，使之转变为易被水或酸溶解的新的化合物。然后，以水或酸溶液浸取，使样品中待测组分转变为可供分析测定的离子或分子进入溶液中。因此，干法分解法是一种间接分解法。干法分解所用的熔剂是固体的酸、碱、盐及它们的混合物。根据熔解时熔剂所处状态和所得产物的性状不同，可分为熔融（全熔）和烧结（半熔）两类。

　　（1）熔融法。熔融法是利用酸性或碱性熔剂，在高温下与试样发生复分解反应，从而生成易于溶解的反应产物。由于熔融时反应物浓度和温度（300~1000 ℃）都很高，因而分解能力很强。

　　但熔融法具有以下的缺点：熔融时常需用大量的熔剂（一般熔剂质量约为试样质量的 10 倍），因而可能引入较多的杂质；由于应用了大量的熔剂，在以后所得的试液中盐类浓度较高，可能会给分析测定带来困难；熔融时需要加热到高温，会使某些组分的挥发损失增加；熔融时所用的容器常会受到熔剂不同程度的侵蚀，从而使试液中杂质含量增加。因此，当试样可用酸性溶剂（或碱性溶剂）溶解时，总是尽量避免应用熔融法。另外，如果试样的大部分组分可溶于酸，仅有小部分难以溶解，则最好先用溶剂使试样的大部分溶解。然后过滤，分离出难以溶解部分，再用较少量的熔剂熔融。熔块冷却、溶解后，将所得溶液合并，进行分析测定。

　　（2）烧结法。烧结法又称半熔融法，是让试样与固体熔剂在低于熔点的温度下烧结分解，熔剂与样品之间的反应发生在固相之间。因为温度较低，加热时间需要较长，但不易侵蚀坩埚，可以在瓷坩埚中进行。

　　（3）定温灰化法和氧瓶燃烧法。主要用于分解有机物，测定其中的元素含量。

　　定温灰化法：利用热能分解有机试样，使待测元素成可溶状态的处理方法。该法适用于湿法不易分解完全的有机物（如含氮杂环类有机物）以及某些不能用硫酸进行分解的有机物，不适于含易挥发性金属（如汞）的有机物。

　　氧瓶燃烧法：将有机物放入充满氧气并密闭的燃烧瓶中进行燃烧，并将燃烧所产生的被测物质吸收于适当的吸收液中，然后根据被测物质的性质，采用适宜的分析方法进行鉴别、检查或测定含卤素、硫、磷、硼等元素的物质，也可用于有机物中部分金属元素,如 Hg、Zn、Mg、Co 和 Ni 等的测定。氧瓶燃烧法是快速分解有机物的简单方法,它不需要复杂设备,就能使有机化合物中的待测元素定量分解成离子型。

3) 其他分解技术

其他分解技术有增压溶解技术、超声波振荡溶解技术、电解溶解技术、微波加热分解技术等,参见《化学基础实验(Ⅱ)》(彭秧等,科学出版社)3.2 节。

2. 试样分解基本操作

1) 熔融

熔融一般在坩埚中进行。称取已经磨细、混匀的试样置于坩埚中,加入熔剂,混合均匀。开始时缓缓升温,进行熔融。此时必须注意,不要加热过猛,否则水分或某些气体的逸出会引起飞溅而使试样损失,或者可将坩埚盖住。然后渐渐升高温度,直到试样分解。应当避免温度过高,否则会使熔剂分解,也会使坩埚的腐蚀增加。熔融所需时间一般在数分钟到 1 h,随试样种类而定。当熔融进行到熔融物变成澄清时,表示分解作用已经进行完全,熔融可以停止。但熔融物是否已澄清,有时不明显,难以判断,在这种情况下分析者只能根据以往分析同类试样时的经验,从加热时间来判断熔融是否已经完全。熔融完全后,让坩埚渐渐冷却,待熔融物要开始凝结时,转动坩埚,使熔融物凝结成薄层,均匀地分布在坩埚内壁,以便于溶解。应仔细观察溶解所得溶液中是否残留有未分解的试样微粒,如果分解不完全,实验应重做。

2) 定温灰化

准确称取一定量的试样(有些试样要经过预处理),置于适宜的器皿中(最常用的是坩埚,如铂坩埚、石英坩埚、瓷坩埚、热解石墨坩埚等),然后置于电炉上进行低温炭化,直至冒烟近尽。再放入马弗炉中,由低温升至 375~600 ℃(视样品而定),使试样完全灰化。试样不同,灰化的温度和时间也不相同,冷却后,灰分用无机酸洗出,用去离子水稀释定容后,即可进行待测元素的测定。

3) 氧瓶燃烧

(1) 燃烧瓶的选用。燃烧瓶为 500 mL、1000 mL 或 2000 mL 磨口、硬质玻璃锥形瓶,瓶塞应严密、空心、底部熔封铂丝 1 根(直径为 1 mm),铂丝下端做成网状或螺旋状,长度约为瓶身长度的 2/3。

燃烧瓶容积大小的选择,主要取决于被燃烧分解样品量的多少。一般取样量 10~20 mg 使用 500 mL 燃烧瓶,加大样品量,如 200 mg 时可选用 1000 mL 或 2000 mL 燃烧瓶。使用燃烧瓶前,应检查瓶塞是否严密。

(2) 称样。称取固体样品时,应先研细,准确称取一定量,置于无灰滤纸中心,折叠后,固定于铂丝下端的网内或螺旋处,使尾部露出。

称取液体样品时,是将其滴在用透明胶纸和无灰滤纸做成的纸袋中。纸袋的做法是将透明胶纸剪成规定大小和形状,中部贴一条 16 mm×6 mm 的无灰滤纸条,并于其突出部分贴一条 6 mm×35mm 的无灰滤纸条,将胶纸对折,紧贴住底部及另一边,并使上口敞开,准确称其质量,用滴管将液体样品从上口滴在无灰滤纸条上,立即捏紧粘住上口,准确称其质量,两次质量之差即为样品质量。将含有液体样品的纸袋固定于钳丝下端的网内或螺旋处,使尾露出。

(3) 燃烧分解操作。在燃烧瓶内加入规定的吸收液,并将瓶口用水湿润;小心急速通入氧气约 1 min(通气管口应接近液面,使瓶内空气排尽),立即用表面皿覆盖瓶口,备用;点燃包有样品的滤纸包或纸袋尾部,迅速放入燃烧瓶中,按紧瓶塞,用少量水封闭瓶口,待燃烧完毕(应无黑色碎片),充分振摇,使生成的烟雾完全吸入吸收液中,放置 15 min,用少量水冲洗瓶塞及铝丝,合并洗液及吸收液。用同法另做空白实验。

燃烧分解操作中应当注意:氧气要充足,确保燃烧完全;点燃后,必须立即用手按紧瓶塞,直到火焰熄灭为止;燃烧产生的烟雾应完全被吸收液吸收;测定氟化物时应用石英燃烧瓶等。

3. 分析方法对测试样品的要求

由于试样的种类繁多,即使对同一试样,其分析目的、分析项目和采用的分析测试方法也不尽相同,相应的试样处理方法也有区别,选择试样处理方法除了应了解试样的特性之外,还应对分析测试方法的特点有所了解。

1) 湿法分析对测定溶液的要求

属于湿法的分析方法有滴定分析法、电势分析法、极谱法、紫外-可见分光光度法、火焰原子吸收光谱法和 ICP-AES 等。这些方法都是定量分析方法,因此要求分解完全,使待测组分能定量转入溶液。为了提高方法的选择性和灵敏度,各种方法对测定溶液还有一些特殊的要求。例如,滴定分析法制备测定溶液时需包括干扰成分的分离及掩蔽和测定条件的选择;氧化还原滴定常需对待测组分进行预还原或预氧化处理,之后还需将过量的预还原剂或预氧化剂除去。用直接电势法测定某离子的活度时常在试液和标准溶液中加入 TISAB 总离子强度调节缓冲溶液,TISAB 具有维持溶液离子强度、调节适宜的 pH 和掩蔽干扰离子的作用。在制备紫外-可见分光光度法的测定溶液时,大多需要除去或掩蔽共存的干扰离子,富集被测元素,有时还要调整溶液的 pH。在进行紫外光谱测定时,选择的溶剂在测定区域应无吸收。荧光光谱法的灵敏度通常高于紫外光谱法,且选择性也较好,常用于痕量分析。由于许多组分不具备荧光性,故荧光光谱法试液的制备通常包括制备衍生物的步骤。采用火焰原子吸收法时应尽可能采用酸分解试样。为保证喷雾正常,应当确保溶液的黏度和表面张力稳定(此项要求对于 ICP-AES 原则上也适用）。为了抑制或减小化学干扰,常在标准溶液和试液中加入某种光谱化学缓冲剂,有时也通过预分离来消除化学干扰。需要注意的是用于微量成分的分析方法制备测定溶液时必须防止污染,为此,有时需要将离子交换水再蒸馏纯化,并将所用试剂再提纯。玻璃成分中的 Si、Na 等的溶出也是不能忽视的,必要时可选用聚四氟乙烯及聚乙烯器皿。

2) 波谱分析对测试样品的要求

一般来说,UV、IR、NMR、MS 用于鉴定及结构分析,需要采用较纯的试样。由于各种方法的特点不同,制备测试样品时必须考虑和仪器、方法的"匹配"。紫外吸收光谱法灵敏度高,所用的测试溶液为稀溶液。为了获得合适的吸光度,可以调节测试溶液的浓度或改变吸收池厚度。选择溶剂时不仅要考虑溶剂在测定波长范围内是否透明,还要考虑溶剂对溶质吸光度可能产生的影响。若通过和标准紫外光谱图的比较来鉴定未知物,必须使用相同的溶剂。

对于红外吸收光谱法,在红外光区没有一种溶剂是完全透明的,因此和紫外光谱法比较,红外吸收光谱测试样品的制备要困难一些,红外光谱法对气体、固体及液体试样均可进行测试(详见 2.3.3 节)。

质谱法的样品用量很少,样品的注入和应用的离子源类型有关。有机质谱样品要以蒸气的形式膨胀进入储存器,然后以一定速度导入离子源。质谱法对于 350 ℃ 时蒸气压小于 1.3×10^{-2} kPa 条件下会分解的化合物一般不适用。当化合物的挥发性很低或不能确定分子离子峰时,可以制成适当的衍生物进行测试。对于高熔点固体材料(如矿石、金属、半导体、绝缘体等)可以采用无机质谱的方法分析。

做核磁共振氢谱的样品,无论是固体样品还是液体样品(尤其是黏度较大的液体样品),一般要用一定的溶剂溶解。溶剂本身最好不含氢,以避免峰的干扰。常用的溶剂有 CCl_4、$CDCl_3$、D_2O、$(CD_3)_2CO$ 等,此外,吡啶、苯、二甲亚砜、丙酮也常采用。具体选择哪种溶剂可根据待测化合物在其中的溶解度较大者而定。

3) 色谱法对分析样品的要求

气相色谱法以气体作流动相,因此要求混合物样品中各组分的相对分子质量较低,挥发性、热稳定性较好。气体样品可直接进样,液体样品(含溶液中的溶质和溶剂)要求能在气化室很快气化。但对于挥发性差、热稳定性不好或极性较强的样品,气相色谱法就难以胜任,其中有一些可以通过衍生化的方法,使之变为适合于气相色谱法分离、分析的化合物。气-固色谱法以吸附剂为固定相,吸附剂表面一般具有催化活性,样品中不宜含有活性组分,另外,样品中若含有易被固定相不可逆吸附的组分,也应预先除去。和气相色谱比较,高效液相色谱法则不受样品挥发性和热稳定性的限制,HPLC 一般在室温下操作,最高不超过流动相溶剂的沸点。因此,只要被分析物质在流动相中有一定的溶解度,便可以分析。和流动相一样,试液也应以要求孔径的滤膜过滤(< 0.45 μm),以防止泵、毛细管和色谱柱的堵

塞。某些组成复杂的样品中的高保留物可能会污染分析柱，最好在进样之前除去。

5.2.2　分析化学中的分离技术

每一种分析方法都有其特定的适用条件和干扰因素，由于被分析的试样通常是复杂物质，要进行试样的全分析，就需要把各种组分适当分离，而后分别加以鉴定或测定；如果试样中一些共存组分影响待测组分的测定，则要根据试样的具体情况，采用适当的分离方法，把干扰组分分离除去，然后再进行定量测定。因此，在复杂物质的分析测定中对干扰组分的排除、掩蔽，对混合组分的分离是分析过程的一个重要组成部分。

分离不但是复杂物质分析中不可缺少的步骤，而且也是石油、化工、医药、材料、冶金、食品、生化和环境治理等领域生产过程中经常应用的操作过程，如乙醇的蒸馏、天然药物的萃取、染料的分离、各种稀有金属的提炼等，这些都是很早就已应用的分离技术。分离应用在工业生产上，是要通过适当的装置和技术手段来进行，要消耗一定的能量来实现，这个过程称为分离工程。

1. 概述

1）分离方法的分类

（1）分离科学中分离方法的分类。以工业生产中的分离为基础而建立的分离科学，几十年来人们就分离方法的分类进行了大量研究工作，具有代表性的分类方法有三种。一是卡格尔分类法，它根据分离过程中所依据的物理或化学原理不同，按相平衡、速率过程和颗粒大小进行分类；二是大矢晴彦分类法，是从对输入能量的利用方式，提出分为平衡分离过程、速度差分离过程和反应分离过程三类；三是吉丁斯分类法，它从总结现象学分类方法的不足，提出以场和流的类型不同来进行分类的方法，也称为场-流分类法。

（2）分析化学中分离方法的分类。分析化学中对分离方法的分类研究不如工业生产中对分离过程的研究多，一般只是按其性质分为物理分离法和化学分离法两大类。

物理分离法是以被分离对象所具有的不同物理性质为依据，采用合适的物理手段进行分离。这类方法中常用的有气体扩散法、离心分离法、电磁分离和质谱分离法、热扩散法以及喷嘴射流法等。

化学分离法则是依据被分离对象所具有的某化学或物理化学性质的差异所建立的分离方法，如沉淀和共沉淀法、溶剂萃取法、离子交换法、色谱分离法、蒸馏挥发法、气泡浮选法以及各种电化学分离法等。

（3）实验室分离和工业分离。除了从分离方法的性质不同进行分类之外，按分离方法的规模大小也可分为实验室分离方法和工业规模分离技术两大类。它们所根据的基本原理是相同的,而且后者往往是由前者逐渐发展而成。但是从分离所用的装置和设备,以及经济上要求等方面来考虑,两者却有着较大的差别。特别是对某一种分离技术,要能在工业生产规模上获得应用,必须考虑其经济上的效益。例如,将溶剂萃取和色层分离相结合的萃取色层法,在无机和放射化学分析中已是常用的一种高效分离方法,但从经济和效率上考虑,在工业生产上大规模应用就受到限制。

2) 选择分离方法的准则

分析面临的样品千差万别,没有一种分离纯化方法可适用于所有样品的分离分析,一种物质也不可能只有一种分离纯化方法。为了清晰分离方法的选择,可以将分离方法的选择归纳为 10 个原则:①样品是否具有亲水性;②样品是否可以离子化;③样品的挥发性;④样品中的组分数量;⑤定性还是定量分析、个体或组体分析;⑥要求纯度高还是回收率高;⑦样品量;⑧成本与速度;⑨个人习惯;⑩可能得到的设备。前 4 个准则是对样品的要求,后 6 个准则是对分析的要求。通常将上述分离准则中的前 8 个作为主要的分离准则,并据此对分离方法进行选择。由于分离是依据欲分离组分之间在某些化学、物理性质方面的差异,因此只要组分性质有差别,尽管是很小的差别,就有可能利用它们的溶解度、挥发度、电离度、移动速度、颗粒大小等方面来选择、设计合适的分离方法。

分离物质时应注意:①最好不引入新的杂质;②不能损耗或减少被提纯物质的质量;③实验操作要简便,不能繁杂。

3) 分离效果的表示方法

一种分离方法的分离效果,是否符合定量分析的要求,可以通过回收率和分离率的大小来判断。

(1) 回收率。

$$R_A = \frac{分离后\ A\ 的质量}{分离前\ A\ 的质量} \times 100\%$$

式中,R_A 为被分离组分回收的完全程度。在分离过程中,R_A 越大(最大接近于 1),分离效果越好。常量组分的分析,要求 $R_A \geqslant 0.99$;微量组分的分析,要求 $R_A \geqslant 0.95$;如果被分离组分含量极低(如 $0.001\% \sim 0.0001\%$),则 $R_A \geqslant 0.90$ 就可以满足要求。

(2) 分离率。如果分离是为了将物质与物质分开,则希望两者分离得越完全越好,其分离效果可用分离因数 $S_{B/A}$ 表示。

$$S_{B/A} = \frac{R_B}{R_A}$$

在分离过程中,$S_{B/A}$ 越小,则 R_B 越小,则 A 与 B 之间的分离就越完全,分离效果越好。$S_{B/A}$ 表示分离的完全程度。

对常量组分的分析，一般要求 $S_{B/\Lambda}\leqslant10^{-3}$；对痕量组分的分析，一般要求 $S_{B/\Lambda}=10^{-6}$ 左右。

2. 沉淀和共沉淀分离法

沉淀和共沉淀是经典的化学分离方法，其原理是采用各类沉淀剂将组分从分析的样品体系中沉淀分离出来。

1）沉淀分离法

沉淀分离法是在样品溶液中加入沉淀剂，通过沉淀反应使某些组分以固相化合物析出，而达到与不析出沉淀的组分分离的目的。化合物能否从溶液中析出，取决于它在反应条件下的溶解度或溶度积。

沉淀分离法主要用于常量组分分离，有无机沉淀剂沉淀分离法、有机试剂沉淀分离法、盐析法、等电点沉淀法等。

2）共沉淀分离法

共沉淀现象是由于沉淀的表面吸附、混晶或固熔体的形成、吸留或包藏等所引起的。在重量分析中共沉淀现象的发生，使沉淀混有杂质而产生误差，所以必须设法消除共沉淀现象。但在分离方法中，却可利用其分离和富集痕量组分。共沉淀分离法依据共沉淀剂性质不同，可分为无机共沉淀法和有机共沉淀法。与无机共沉淀分离法相比，有机共沉淀分离法的优点是共沉淀剂经灼烧后能除去，分离的选择性高，分离效果好，适宜于痕量组分的分离富集。

3）沉淀和共沉淀分离法的应用

沉淀和共沉淀是常用的化学分离方法之一，由于它具有方法简便、实验条件易于满足、在某些情况下还能直接为放射性测量提供固体样品源、省去其他的制样步骤等优点，在使用较小量载体时更显得适宜。在痕量元素或放射性核素的分析中，沉淀和共沉淀分离法是一种常用的富集与分离方法。

（1）基体沉淀分离。基体沉淀法主要用于常量元素的分析和分离，在痕量分析中用于多种待测痕量元素的同时富集。只要在适当条件下，基体元素可以用沉淀法除去，而待测痕量元素定量地留在水溶液中。

（2）载体沉淀分离痕量元素。当溶液中待测痕量元素的含量低于 $1~mg\cdot L^{-1}$ 时，采用常规的沉淀技术难以进行定量沉淀和分离。这时采用载体沉淀法可确保痕量元素的定量回收。载体沉淀法是将溶液中待测痕量元素以共沉淀方式或简单的机械载带作用捕集到 $1~mg$ 的沉淀物上，这种沉淀物称为捕集沉淀剂（载体或聚集沉淀剂）。载体沉淀法广泛地用于放射化学，富集矿石中贵金属，分离富集淡水、海水和废水中痕量元素。

4）实验基本操作技术

参见《化学基础实验（Ⅰ）》（鲍正荣等，科学出版社）4.1 节。

3. 萃取分离法

萃取分离法包括液-液、固-液和气-液等几种方法,但应用最广泛的为液-液萃取分离法(也称溶剂萃取分离法)。萃取分离法设备简单,操作快速,特别是分离效果好,故应用广泛。缺点是费时,工作量较大。萃取溶剂常是易挥发、易燃和有毒的物质,所以应用上受到限制。近几十年来,随着生产和科研的需要,人们将溶剂萃取分离技术与其他技术相结合,产生了一系列高效分离的新方法和新技术,如超临界流体萃取法、萃取色谱分离法、双水相萃取分离、反微团萃取分离、固相萃取与固相微萃取分离等。

1) 萃取率

在实际工作中,常用萃取率 E 来表示萃取的完全程度。萃取率是物质被萃取到有机相中的比例。

$$E = \frac{被萃取物质在有机相中的总量}{被萃取物质的总量} \times 100\%$$

同量的萃取溶剂,分几次萃取的效率比一次萃取的效率高。但应注意,增加萃取次数,会增加萃取操作的工作量,影响工作效率。

在生产实践中,萃取率的要求取决于对待测物质的含量和对结果准确度的要求。一般情况下,微量元素的分离要求达到 95% 或 90% 以上即可,而常量分离要求达到 99.9% 以上。

2) 溶剂萃取的操作方法

溶剂萃取的操作方法有多种,这些方法主要是间歇萃取(又称分批萃取)、连续萃取和逆流萃取。另外,实际工作中常有除去杂质的萃洗和将被萃物转入水相的溶出技术。

(1) 分批萃取法。分批萃取法是最简单和最广泛应用的萃取方法,最常用的是锥形分液漏斗。这种方法是将一定量的试样溶液放在分液漏斗中,加入有机溶剂,塞上塞子,剧烈摇动,使两相充分接触,直到萃取物分配平衡后,静止待两相分层清楚,轻转分液漏斗下面活塞,使下层溶液流入另一容器中,两相即可分离。如有必要,可向水相中加入新鲜溶剂,重复萃取 1~2 次。对于给定的溶剂用量来说,每次使用少量溶剂进行多次萃取能得到较好的结果。

(2) 连续萃取法。当分配比很小以至于无法重复进行分批萃取时,采取连续萃取法最有效。该法有很多种类型,但主要的是将一些溶剂循环使用。

(3) 逆流萃取法。在分离两种溶质时,连续萃取法是用新鲜的有机溶剂与萃取相接触,可以提高被萃取物的萃取效率,但不能提高其纯度。逆流萃取法是将经一次萃取后的有机相与新鲜的水相接触而进行再次萃取。采用逆流萃取法将使被萃取物的萃取率有所降低,但其纯度提高较多。在无机物分离中,适用于分离一些性质极为相似的元素。在有机物分离中尤其是生物化学领域里应用良好,已成功地处理了一些物质,如胰岛素、核糖核酸酶及血清蛋白等。

（4）反萃取。若萃取是用于分离,则通常将有机相用解脱液（反萃液）振荡使被萃取物再转入水相,然后再用其他方法测定。反萃取采用一定体积含氧酸或碱或其他试剂的水溶液,其酸度与原试液不同,其作用是降低被萃取物的稳定性,破坏被萃取物的疏水性。采用不同的反萃液,分别反萃有机相中不同待测组分,可以提高萃取分离的选择性。

（5）回洗法。在进行萃取之后,有机相可能含有少量的基体元素,它们是与待测痕量元素一起被萃取的。为了除去这些基体元素,可将有机相与含有适当试剂的少量水溶液一起振荡一次或数次,使基体元素选择性地反萃取或转移到水相,在适当条件下几乎不出现待测痕量元素的损失。该技术称为回洗法。

萃取实验基本操作参见《化学基础实验（Ⅰ）》（鲍正荣等,科学出版社）4.2.2节。

3）溶剂的选择和物质溶解度的一般规律

在溶剂萃取分离中,选择一种对被分离制备的物质溶解度大而对杂质溶解度小的溶剂,使被分离物质从混合组分中有选择性地分离出来;也可选择另一种对被分离物质溶解度小而对杂质溶解度大的溶剂,使杂质从混合组分中有选择性地分离出来,达到目标产物与杂质的分离。

为了达到上述目的,了解溶解度性质的一般规律是非常重要的。这些规律可总结为极性物质易溶于极性溶剂中,非极性物质易溶于非极性溶剂中;碱性物质易溶于酸性溶剂中,酸性物质易溶于碱性溶剂中;在极性溶液中,随着溶剂的介电常数的减小,溶质的溶解度也随之减小。简言之,溶剂的选择遵循相似相溶的原则。

一些常用溶剂按其极性的大小,可依顺序大致排列如下:

饱和烃类＜全卤代烃类＜不饱和烃类＜醚类＜未全卤代烃类＜脂类＜芳胺类＜酚类＜酮类＜醇类

4. 离子交换分离法

离子交换分离法是利用离子交换剂与溶液中的离子发生交换作用而使离子分离的方法。离子交换是自然界存在的普遍现象,20 世纪初,工业上就开始用天然的无机离子交换剂泡沸石来软化硬水。目前离子交换分离法的理论和实践进展很快。在无机分析中,离子交换分离法已经成为一种有价值的、有时甚至是不可取代的分离方法,在有机分析和生物分析方面也变得日益重要。离子交换分离法显著的特点是操作简便、分离效率高,特别是功能离子交换树脂,选择性和分离效果更加突出。

1) 树脂的种类和性质

(1) 离子交换树脂的种类。

阳离子交换树脂：这类树脂的活性交换基团是酸性的，它的 H^+ 可被阳离子交换。根据活性基团酸性的强弱，可分为强酸型、弱酸型两类。强酸型树脂含有磺酸基（—SO_3H），弱酸型树脂含有羧基（—COOH）或酚羟基（—OH）。这类树脂以强酸型应用较广，它在酸性、中性或碱性溶液中都能使用。弱酸型树脂对 H^+ 亲和力大，酸性溶液中不能使用，它们需要在中性、甚至碱性条件下才能与离子发生交换作用，但选择性好。如果选酸作洗脱剂，能分离不同强度的碱性氨基酸。

阴离子交换树脂：这类树脂的活性基团是碱性的，它的阴离子可被其他阴离子交换。根据基团碱性的强弱，又分为强碱型和弱碱型两类。强碱型树脂含有季铵基 [—$N(CH_3)_3Cl$]，弱碱型的树脂含伯胺基（—NH_2）、仲胺基（—NH—）或（≡N）基团。强碱型阴离子交换树脂可在很宽的 pH 范围使用，而弱碱型树脂不能在碱性条件下使用。

螯合树脂：这类树脂含有特殊的活性基团，可与某些金属离子形成螯合物，在交换过程中能选择性地交换某种金属离子，所以对化学分离有重要意义。

以上是常用树脂，还有电子交换树脂（氧化还原树脂）、大环聚醚及穴醚类树脂、萃淋树脂等。

(2) 离子交换树脂的交换能力及选择性。离子交换树脂的交换能力及选择性由其活泼基团和网状骨架决定。活泼基团越多，交换能力越强；网状骨架的网眼密度不同，交换反应的选择性不同。可用交联度和交换容量两个参数说明。

交联度的大小直接影响树脂的孔隙度。交联度大，表明树脂结构紧密，网眼小，离子很难进入树脂相，交换反应速度也慢，但选择性高。在实验中，选用何种交联度的树脂，取决于分离对象。一般来说，只要不影响分离，使用交联度较大的树脂为宜，可提高树脂对离子的选择性。

交换容量用于描述交换能力的大小，是指每克干树脂所能交换的离子的物质的量，它取决于树脂网状结构内所含酸性或碱性基团的数目。此值由实验测定，一般树脂的交换容量为 $3 \sim 6$ mmol·L^{-1}。

2) 离子交换分离操作技术

离子交换分离操作的主要步骤为树脂的选择和处理→装柱→交换→洗脱→树脂再生。离子交换分离实验操作参见《化学基础实验（Ⅱ）》（彭秧等，科学出版社）5.1.3 节。

3) 离子交换分离法的应用

离子交换分离法就其适用的分离对象而言，几乎可以用来分离所有的无机离子，同时也能用于许多结构复杂、性质相似的有机化合物的分离。该法就其可适宜的分离规模而言，它不仅能适应工业生产中大规模分离的要求，而且也可用于实验室超微量物质的分析和分离。主要应用归结有几个方面：用于净化自来水和提纯化学试剂[水的净化参见《化学基础实验（Ⅱ）》（彭秧等，科学出版社）实验22]、分离干扰离子、有机分析中可电离化合物的分离、性质相近的元素、不同价态离子的分离分析等。

5. 色谱分离法

色谱分离法又称为色层法或层析法，是一种物理化学分离方法。它是近代分析化学中发展最快、应用最广的分离分析技术。色谱分离法是基于不同结构和不同性质的物质，在不相互混溶的两相中分布（溶解、吸附、或其他亲和作用）的差异而进行分离的，该方法由于有多种操作形式、分离效率高、操作简便而被广泛应用，色谱分离原理及实验操作参见第4章。

6. 膜分离技术

膜分离过程以选择性通过膜为分离介质。当膜两侧存在某种推动力（如压力差、浓度差、电位差等）时，原料两侧组分选择性地透过膜，以达到分离、提纯的目的。膜分离技术由于兼有分离、浓缩、纯化和精制的功能，又有高效、节能、环保、分子级过滤及过滤过程简单、易于控制等特征，目前已广泛应用于食品、医药、生物、环保、化工、冶金、能源、石油、水处理、电子、仿生等领域，成为当今分离科学中最重要的手段之一，具体内容可参见《化学基础实验（Ⅰ）》（鲍正荣等，科学出版社）4.1.2节。

7. 其他分离法

随着现代生产和科学技术的飞速发展，对分离技术也提出了越来越高的要求，促使一些常规分离技术，如精馏、吸收、萃取、吸附、结晶、干燥等不断地进行改进和发展，并且由于新技术的不断出现，更促使一些新型分离方法，如泡沫分离、分子精馏、变压吸附、重力场分离、超临界萃取等得到重视、研究和开发。而其他分离方法包括电化学法、热色层法、同位素交换法、胶体过滤法、激光或光化学法和冰冻法等，相对于前述的沉淀、萃取、离子交换、色谱法以及膜分离来说，应用面虽不广泛，但对于某些特定的分离体系或特殊的分离要求来说，这些方法往往有其独特的优点。

【思考题】

5-6　分解无机试样和有机试样的主要区别有哪些？

5-7　试样分解的目的和关键是什么？试样分解时选择溶（熔）剂的原则是什么？

5-8　对于同一试样中同一成分的分析,如果采用不同的分析、测试方法,相应的试样处理方法是有区别的。试举例予以说明。

5-9　物质溶解性能的一般规律是什么? 思考如何在实践中具体灵活运用。

5-10　查阅资料,试述现代分离技术的发展概况。

5-11　在分析化学中常用的分离和富集方法有哪些? 各举一例。

5-12　分离在定量分析中有何重要性? 分离时对常量和微量组分的回收率要求如何?

5-13　实践中,分离过程大致有两种情况:组分分离——将性质相似的组分一起分离;单一分离——将某一组分以纯物质的形式分离出来。这两种过程各应用于什么场合? 举例说明。

5-14　我们知道,任何分离过程必定伴随着组分的浓集,请思考用热力学第二定律来描述分离体系中的熵变过程。你认为分离过程与热力学第二定律矛盾吗?

（彭　秋）

第 6 章　综合设计性实验

综合 1　碘量法测定铜含量(铜合金或铜盐)

一、课前准备

(1) 通过阅读分析化学教材以及本书 1.2.3 节氧化还原滴定法,了解并掌握硫代硫酸钠溶液的配制和标定方法。

(2) 查阅文献和书籍了解铜合金的种类、用途及分解铜合金常用的方法。

(3) 间接碘量法测定铜常被用于测定各种物质中的铜。阅读教材掌握间接碘量法是如何实现的,为什么要在反应过程中加入过量的 KI,为什么要加入硫氰酸盐,反应进行到何时加入硫氰酸盐合适,反应过程中对溶液的 pH 有什么要求,酸度过低或者过高对实验会有什么影响,溶液中存在的哪些杂质将干扰铜的测定,怎样消除杂质的干扰,举例说明。

(4) 总结本实验的原理和你希望达到的实验目的。

(5) 把上述心得写入预习报告中。

二、实验器材与试剂

器材:滴定管,烧杯,锥形瓶(碘量瓶),移液管,量筒,表面皿,称量瓶,试剂瓶。

试剂:KI 水溶液(20%),淀粉溶液(0.5%),NH_4SCN 溶液(10%),H_2O_2(30%),Na_2CO_3(固体),纯铜(含量 99.9% 以上),$K_2Cr_2O_7$ 标准溶液(0.1000 $mol \cdot L^{-1}$),KIO_3 基准物质,H_2SO_4(1 $mol \cdot L^{-1}$),HCl(1:1),NH_4HF_2 溶液(20%),HAc(1:1),氨水(1:1),铜合金试样。

三、实验内容

1. $Na_2S_2O_3$ 溶液的配制与标定

硫代硫酸钠结晶 $Na_2S_2O_3 \cdot 5H_2O$ 往往含有杂质,所以不能用直接法配制标准溶液。同时,$Na_2S_2O_3$ 遇酸会分解产生 S,水中溶解的二氧化碳可促使 $Na_2S_2O_3$ 分解。此外,空气中的氧会氧化 $Na_2S_2O_3$,水中往往含有能使 $Na_2S_2O_3$ 分解的微生物。因此,配制 $Na_2S_2O_3$ 通常用新煮沸放冷的蒸馏水,并在溶液中加入少量 Na_2CO_3,然后储存于洁净的棕色试剂瓶中,放置 7～14 天,待溶液浓度趋于稳定后再标定。

1) 0.1 mol·L^{-1} Na$_2$S$_2$O$_3$ 溶液的配制

称取 25 g Na$_2$S$_2$O$_3$·5H$_2$O 于烧杯中,加入 300～500 mL 新煮沸经冷却的蒸馏水,溶解后,加入约 0.1 g Na$_2$CO$_3$ 固体,用新煮沸且冷却的蒸馏水稀释至 1 L,储存于棕色试剂瓶中,在暗处放置 3～5 天后标定。

2) 标定

(1) 用 K$_2$Cr$_2$O$_7$ 标准溶液标定:准确移取 25.00 mL K$_2$Cr$_2$O$_7$ 标准溶液于 250 mL 锥形瓶(或碘量瓶)中,加入 5 mL 6 mol·L^{-1} HCl 溶液、5 mL 20%KI 溶液,摇匀放在暗处 5 min,待反应完全后,加入 100 mL 蒸馏水,用待标定的 Na$_2$S$_2$O$_3$ 溶液滴定至淡黄色(或浅黄色),然后加入 2 mL 0.5%淀粉指示剂,继续滴定至溶液呈现亮绿色为终点。记下所消耗的 Na$_2$S$_2$O$_3$ 溶液的体积,计算 Na$_2$S$_2$O$_3$ 溶液的浓度。

(2) 用纯铜标定:准确称取 0.2 g 左右纯铜,置于 250 mL 烧杯中,加入约 10 mL 1:1 盐酸、2～3 mL 30%H$_2$O$_2$ 溶液,加 H$_2$O$_2$ 时要边滴加边摇动,尽量少加,只要能使金属铜分解完全即可。加热,使铜分解完全并将多余的 H$_2$O$_2$ 分解赶尽[1,2],然后定量转入 250 mL 容量瓶中,加水稀释至刻度,摇匀。

准确移取 25.00 mL 标准溶液于 250 mL 锥形瓶中,滴加 1:1 氨水至溶液刚刚有沉淀生成,然后加入 8 mL 1:1 HAc、10 mL 20% NH$_4$HF$_2$ 溶液、10 mL 20%KI 溶液,用 Na$_2$S$_2$O$_3$ 溶液滴定至呈淡黄色,再加入 3 mL 0.5%淀粉溶液[3],继续滴定至浅蓝色,然后加入 10%NH$_4$SCN 溶液 10 mL[4],继续滴定至溶液的蓝色消失即为终点,记下所消耗的 Na$_2$S$_2$O$_3$ 溶液的体积,计算 Na$_2$S$_2$O$_3$ 溶液的浓度。

(3) 用 KIO$_3$ 基准物质标定。$c_{1/6\ KIO_3}$ = 0.1000 mol·L^{-1} 溶液的配制:准确称取 0.8917 g KIO$_3$ 于烧杯中,加水溶解后,定量转入 250 mL 容量瓶中,加水稀释至刻度,充分摇匀。吸取 KIO$_3$ 标准溶液 25.00 mL 3 份,分别置于 500 mL 锥形瓶中,然后加入 20 mL 10%KI 溶液、5 mL 1 mol·L^{-1} H$_2$SO$_4$ 溶液,加水稀释至约 200 mL,立即用待标定的 Na$_2$S$_2$O$_3$ 溶液滴定,当溶液滴定到由棕色转变为浅黄色时,加入 5 mL 淀粉溶液,继续滴定至溶液由蓝色变为无色为终点。

2. 铜合金中铜的含量测定

准确称取铜合金试样(质量分数为 80%～90%)0.10～0.15 g,置于 250 mL 锥形瓶中,加入 10 mL 1:1 HCl,滴加约 2 mL 30% H$_2$O$_2$,加热使试样溶解完全后,继续加热使 H$_2$O$_2$ 分解赶尽。冷却后,加约 60 mL 水,边摇动边小心滴加 1:1 氨水直到溶液中刚刚有稳定的沉淀产生,然后加入 8 mL 1:1 HAc、10 mL 20% NH$_4$HF$_2$ 缓冲溶液、10 mL 20% KI 溶液,立即用 0.1 mol·L^{-1} Na$_2$S$_2$O$_3$ 溶液滴定至浅黄色。加入 3 mL 0.5%的淀粉指示剂,继续滴定溶液至浅灰色(或浅蓝色）。加入 10 mL 10%NH$_4$SCN 溶液，剧烈摇荡溶液，继续滴定至溶液的蓝色消失，5 min 内不变蓝为终点。此时因有白色沉淀物存在，终点呈灰白色（或浅肉色）。记录所消耗的 Na$_2$S$_2$O$_3$ 溶液的体积，计算 Cu 的含量。

3. 铜盐中铜的含量测定

准确称取 CuSO$_4$·5H$_2$O 试样，置于 250 mL 锥形瓶中，加 4 mL 1∶1 HAc 溶液（或 3 mL 1 mol·L^{-1} H$_2$SO$_4$）和 30 mL 水溶解。加 5 mL 20%的 KI 溶液，立即用 Na$_2$S$_2$O$_3$ 滴定，以下同"2"，滴定至终点，计算硫酸铜中铜的含量。

【注释】

[1] 在中性或微碱性溶液中，AsO$_3^{3-}$ 能和 I$_2$ 定量反应；在微酸性溶液中 AsO$_3^{3-}$ 和 I$_2$ 仍有一定的反应；一般来说，用热浓 HNO$_3$ 来溶解样品可将 As 和 Sb 氧化成 +5 价，但往往另加少量的溴水以保证氧化完全，而过量的溴可借煮沸来除去。HCl 和 H$_2$O$_2$ 也能将 As 和 Sb 氧化成 +5 价。

[2] 用纯铜标定 Na$_2$S$_2$O$_3$ 溶液时，所加入的 H$_2$O$_2$ 一定要赶尽（根据实践的经验，开始冒小气泡，然后冒大气泡，表示 H$_2$O$_2$ 已赶尽），否则结果无法测准，这是很关键的一步操作。

[3] 加淀粉不能太早，因滴定反应中产生大量 CuI 沉淀，淀粉与 I$_2$ 过早形成蓝色配合物，大量 I$_3^-$ 被吸附，终点颜色呈较深的灰色，不易观察。

[4] 加入 NH$_4$SCN（或 KSCN）不能过早，而且加入后要剧烈摇动，有利于沉淀的转化和释放出吸附的 I$_3^-$。

四、数据记录与处理

（1）Na$_2$S$_2$O$_3$ 溶液的标定的数据填入表 6-1 中。

表 6-1　Na$_2$S$_2$O$_3$ 溶液标定

序号 项目		1	2	3
基准物质取用量				
$V_{Na_2S_2O_3}$/mL				
$c_{Na_2S_2O_3}$/(mol·L^{-1})	测定值			
	平均值			
$\lvert d_i \rvert$				
相对平均偏差/%				

（2）铜含量测定的实验数据填入表 6-2 中。

表 6-2　试样铜含量的测定

项目＼序号		1	2	3
试样取用量				
$V_{Na_2S_2O_3}$/mL				
Cu 含量/%	测定值			
	平均值			
$\mid d_i \mid$				
相对平均偏差/%				

五、思考题

（1）为什么不能直接用 $K_2Cr_2O_7$ 标定 $Na_2S_2O_3$ 溶液，而采用间接法？

（2）用纯铜标定 $Na_2S_2O_3$ 溶液，试写出用 HCl-H_2O_2 分解铜的反应式。若最后 H_2O_2 未分解尽，对标定 $Na_2S_2O_3$ 的浓度会有什么影响？

（3）碘量法测铜为什么要在弱酸性介质中进行？在用 $K_2Cr_2O_7$ 标定 $S_2O_3^{2-}$ 溶液时，为什么先加入 5 mL 6 mol·L^{-1} 的 HCl，而等反应完全后，用 $Na_2S_2O_3$ 溶液滴定时却要加入 100 mL 蒸馏水稀释？

（4）碘量法测定铜合金中铜时，为什么要加入 NH_4HF_2？而测定铜盐中铜的含量时，为什么又可以不加 NH_4HF_2？

（5）铜合金试样能否用 HNO_3 分解？

（彭　秧）

综合 2　库仑滴定法测定水样中微量可溶性硫酸盐

一、课前准备

（1）通过阅读本书 3.2.2 节库仑分析法，总结重量法测定可溶性硫酸盐的方法有哪些局限性，库仑分析法有哪些优越性。掌握库仑滴定法的原理和电位法指示终点的方法。思考如何用法拉第定律求算被测物浓度的方法。

（2）分析本实验装置各部分的功能和操作控制要求。

（3）总结本实验的原理和你希望达到的实验目的。

（4）把上述心得写入预习报告中。

二、实验器材与试剂

器材：RPA-200 微库仑滴定仪，工作电极对［碳棒（阳极）-阴极］，指示电极对［铂电极（指示电极）-饱和甘汞电极（参比电极）］，吸量管，容量瓶，烧杯，洗瓶。

试剂：

（1）1.0×10^{-2} mg·L^{-1} 硫酸钾标准储备液。准确称取 0.1813 g 无水硫酸钾（经 105 ℃ 干燥 2 h），溶于水后移入 100 mL 容量瓶中，用水稀释至刻度。

（2）铬酸钡的制备。称取 4.850 g 铬酸钾与 6.110 g 氯化钡，分别溶于 100 mL 水中，加热至沸腾，将两溶液同时倒入 500 mL 烧杯中，生成黄色铬酸钡沉淀，沉淀沉降后，倒出上层清液，用蒸馏水多次洗涤，经 105 ℃ 干燥 2 h，研细备用。

（3）酸性铬酸钡溶液。称取 1.250 g 铬酸钡沉淀于含有混合酸（1.05 mL 浓盐酸＋36.8 mL 冰醋酸）的 500 mL 烧杯中，该悬浊液稳定 24 h 后，过滤储存于聚乙烯瓶中。

（4）碘化钾。

所用试剂皆为分析纯，水为二次蒸馏水。

三、实验内容

（1）通电，开机，预热。

（2）将铂电极置于 1∶1 硝酸中浸泡 5 min，然后用蒸馏水冲洗电极待用。将电极体系与仪器连接好。

（3）电解电流旋至 5 mA、时钟电位器旋至 70～80 mV，用永停法指示滴定终点。

（4）测定未知液中硫酸盐含量。

分别量取水样 0.5～10 mL（SO$_4^{2-}$ 含量＜300 μg）及同量蒸馏水于 25 mL 容量瓶中，分别加入酸性铬酸钡溶液 2.0 mL，摇匀，再加入 6 mol·L^{-1} 氨水 4 mL，无水乙醇 8 mL，摇匀使溶液 pH＝10.9，并稀释至刻度，20 min 后，经 0.45 μm 滤膜抽滤。滤液置于 50 mL 磨口电解池，与 7 mL 4 mol·L^{-1} HCl 混合均匀，再加 4 mL 1 mol·L^{-1} KI 溶液，使 pH＝0.7，摇匀后于暗处放置 20 min，取出，准确加入一定量硫代硫酸钠溶液，最后以恒电流库仑法电解生成的碘回滴硫代硫酸钠余量，根据空白溶液和水样的滴定时间 t_1 及 t_2，重复操作 3 次，取平均值，计算 SO$_4^{2-}$ 含量。

(5) 关机,清洗电解池,充入适量蒸馏水至淹没电极。

(6) 结果计算。根据化学计量关系和法拉第电解定律得到下列表达式:

$$W_{SO_4^{2-}}/\mu g = \frac{i(t_1 - t_2)}{F} \times \frac{M_{SO_4^{2-}}}{3}$$

式中,i 为电流强度(μA);t_1 为含硫代硫酸盐的空白溶液滴定时间;t_2 为滴定水样的时间;M 为硫酸盐物质的摩尔质量;F 为法拉第常量。

注意:在测定条件下,天然水中常见离子不干扰硫酸盐的测定,但 Ag^+ 和 Pb^{2+} 对测定有干扰。其他硫阴离子在一般天然水中含量很低,不影响测定结果。

四、思考题

(1) 库仑滴定的先决条件是什么?

(2) 说明库仑滴定的反应式及两电极上的电极反应式。

(3) 为什么把库仑电解池中辅助电极隔离?

(杜新贞)

综合 3　硅酸盐水泥中 SiO_2、Fe_2O_3、Al_2O_3、CaO、MgO 含量的测定

一、课前准备

目前,我国立窑硅酸盐水泥熟料的主要化学成分及其控制范围如表 6-3 所示。

表 6-3　我国立窑硅酸盐水泥熟料主要化学成分及其控制范围

化学成分	含量范围	一般控制范围
SiO_2	18%～24%	20%～22%
Fe_2O_3	2.0%～5.5%	3%～4%
Al_2O_3	4.0%～9.5%	5%～7%
CaO	60%～67%	62%～66%

同时,对几种成分限制为 $MgO<4.5\%$,$SO_3<3.0\%$。

水泥熟料、未掺混合材料的硅酸盐水泥、碱性矿渣水泥,可采用酸分解法。不溶物含量较高的水泥熟料、酸性矿渣水泥、火山灰质水泥等酸性氧化物较高的物质,可采用碱熔融法。本实验采用的硅酸盐水泥,一般较易为酸所分解。SiO_2 的测定可分成容量法和重量法。重量法又因使硅酸凝聚所用物质的不同分为盐酸干涸法、动物胶法、氯化铵法等。本实验采用氯化铵法。

（1）查阅了解水泥的分类、水泥的国家标准及《国家水泥管理规程》对化验室的要求、水泥物理检验和化学分析标准。了解酸溶法分解试样，配位滴定法的原理及影响因素，重量法测定 SiO_2 含量的原理和用重量法测定水泥熟料中 SiO_2 含量的方法。了解复杂物质分离和分析的方法。

（2）阅读本书第 1 章，结合本项目叙述，分析本实验装置各部分的功能和操作控制要求。了解水浴加热、沉淀、过滤、洗涤、灰化、灼烧、均匀沉淀分离等操作技术。了解常量组分的沉淀分离方法和固液分离的基本操作。思考如何针对具体分析对象选择合适的分析方法。

（3）总结本实验的原理和你希望达到的实验目的。

（4）把上述心得写入预习报告中。

二、实验器材与试剂

器材：马弗炉，瓷坩埚，干燥器，长、短坩埚钳。

试剂：

（1）0.02 mol·L^{-1} EDTA 溶液。在台秤上称取 4 g EDTA，加 100 mL 水溶解后，转至塑料瓶中，稀释至 500 mL，摇匀。待标定。

（2）0.02 mol·L^{-1} 铜标准溶液。准确称取 0.3 g 纯铜，加入 3 mL 6 mol·L^{-1} HCl，滴加 2～3 mL H_2O_2，盖上表面皿，微沸溶解，继续加热赶去 H_2O_2（小泡冒完为止）。冷却后转入 250 mL 容量瓶中，用水稀释至刻度，摇匀。

（3）指示剂。溴甲酚绿（0.1% 的 20% 乙醇溶液），磺基水杨酸（10% 水溶液），PAN（0.3% 乙醇溶液），0.1% 铬黑 T（称取 0.1 g 铬黑 T 溶于 75 mL 三乙醇胺和 25 mL 乙醇中），GBHA（0.04% 乙醇溶液）。

（4）缓冲溶液。氯乙酸-乙酸铵缓冲液（pH=2）：850 mL 0.1 mol·L^{-1} 氯乙酸与 85 mL 0.1 mol·L^{-1} NH_4Ac 混匀。氯乙酸-乙酸钠缓冲液（pH=3.5）：250 mL 2 mol·L^{-1} 氯乙酸与 500 mL 1 mol·L^{-1} NaAc 混匀。NaOH 强碱缓冲液（pH=12.6）：10 g NaOH 与 10 g $Na_2B_4O_7$·$10H_2O$（硼砂）溶于适量水后，稀至 1 L。氨水-氯化铵缓冲液（pH=10）：67 g NH_4Cl 溶于适量水后，加入 520 mL 浓氨水，稀至 1 L。

（5）其他试剂：NH_4Cl（固体），氨水（1∶1），NaOH 溶液（20%），HCl（6 mol·L^{-1}、2 mol·L^{-1}），尿素水溶液（50%），浓 HNO_3，NH_4F（20%），$AgNO_3$（0.1 mol·L^{-1}），NH_4NO_3（1%）。

三、实验内容

1. EDTA 溶液的标定

用移液管准确移取铜标准溶液 10 mL，加入 5 mL pH=3.5 的缓冲溶液和水

35 mL,加热至 80 ℃后,加入 4 滴 PAN 指示剂,趁热用 EDTA 滴定至由红色变为绿色,即为终点,记下此时消耗的 EDTA 溶液的体积。平行测定 3 次,计算 EDTA 浓度。

2. SiO$_2$ 的测定

准确称取 0.4 g 试样,置于干燥的 50 mL 烧杯中,加入 2.5～3 g 固体 NH$_4$Cl,用玻璃棒混匀,滴加浓 HCl 至试样全部润湿(一般约需 2 mL),并滴加 2～3 滴浓 HNO$_3$,搅匀。小心压碎块状物,盖上表面皿,置于沸水浴上,加热 10 min,加热水约 40 mL,搅动,以溶解可溶性盐类。用定量滤纸过滤,用热水洗涤烧杯和沉淀,直至滤液中无 Cl$^-$ 反应为止(用 AgNO$_3$ 检验),弃去滤液。将沉淀连同滤纸放入已恒量的瓷坩埚中,低温干燥、炭化并灰化后,于 950 ℃灼烧 30 min 取下,置于干燥器中冷却至室温,称量。再灼烧,直至恒量。计算试样中 SiO$_2$ 的含量。

3. Fe$_2$O$_3$、Al$_2$O$_3$、CaO、MgO 的测定

(1) 溶样:准确称取约 2 g 水泥样品于 250 mL 烧杯中,加入 8 g NH$_4$Cl,用一端平头的玻璃棒压碎块状物,仔细搅拌 20 min[1]。加入 12 mL 浓 HCl 溶液,使试样全部润湿,再滴加浓 HNO$_3$ 4～8 滴,搅匀,盖上表面皿,置于电热板上加热 20～30 min,直至无黑色或灰色的小颗粒为止。取下烧杯,稍冷后加热水 40 mL,搅拌使盐类溶解。冷却后,连同沉淀一起转移到 500 mL 容量瓶中,用水稀释至刻度,摇匀后放置 1～2 h,澄清。然后,用洁净干燥的虹吸管吸取溶液于洁净干燥的 400 mL 烧杯中保存,作为测 Fe^{3+}、Al^{3+}、Ca^{2+}、Mg^{2+} 等离子用。

(2) Fe$_2$O$_3$、Al$_2$O$_3$ 含量的测定:准确移取 25 mL 试液于 250 mL 锥形瓶中,加入磺基水杨酸 10 滴,pH＝2 的缓冲溶液 10 mL,用 EDTA 标准溶液滴定至由酒红色变为无色时结束滴定[2],记下消耗的 EDTA 体积。平行测定 3 次。计算 Fe$_2$O$_3$ 含量。

$$w_{Fe_2O_3} = \frac{\frac{1}{2} \times cV_{EDTA} \times M_{Fe_2O_3}}{m_s}$$

式中,m_s 为实际滴定的每份试样质量。

在滴定铁后的溶液中,加入 1 滴溴甲酚绿,用 1:1 氨水调至黄绿色,然后加入过量的 EDTA 标准溶液 15.00 mL,加热煮沸 1 min,加入 pH＝3.5 的缓冲溶液 10 mL,4 滴 PAN 指示剂,用 CuSO$_4$ 标准溶液滴至茶红色即为终点[3]。记下此时消耗的 CuSO$_4$ 标准溶液体积。平行测定 3 次。计算 Al$_2$O$_3$ 含量。

$$w_{Al_2O_3} = \frac{\frac{1}{2}(cV_{EDTA} - cV_{CuSO_4})M_{Al_2O_3}}{m_s}$$

(3) CaO、MgO 含量的测定：由于 Fe^{3+}、Al^{3+} 干扰 Ca^{2+}、Mg^{2+} 的测定,须将它们预先分离。为此,取试液 100 mL 于 200 mL 烧杯中,滴入 1∶1 氨水至红棕色沉淀生成时,再滴入 2 mol·L^{-1} HCl 使沉淀刚好溶解。然后,加入尿素溶液 25 mL,加热约 20 min,不断搅拌,使 Fe^{3+}、Al^{3+} 完全沉淀[4],趁热过滤,滤液用 250 mL 烧杯盛接,用 1%NH_4NO_3 热水洗涤沉淀至无 Cl^- 为止(用 $AgNO_3$ 溶液检查)。滤液冷却后转移至 250 mL 容量瓶中,稀释至刻度,摇匀。滤液用于测定 Ca^{2+}、Mg^{2+}。

用移液管移取 25 mL 试液于 250 mL 锥瓶中,加入 2 滴 GBHA 指示剂,滴加 20%NaOH 使溶液变为微红色后,加入 10 mL pH=12.6 的缓冲液和 20 mL 水,用 EDTA 标准溶液滴至由红色变为亮黄色,即为终点。记下消耗 EDTA 标准溶液的体积。平行测定 3 次,计算 CaO 的含量。

在测定 CaO 溶液中,滴加 2 mol·L^{-1} HCl 至溶液黄色褪去,此时 pH 约为 10,加入 15 mL pH=10 的氨缓冲液、2 滴铬黑 T 指示剂,用 EDTA 标准溶液滴至由红色变为纯蓝色,即为终点。记下消耗 EDTA 标准溶液体积。平行测定 3 次,计算 MgO 的含量。

【注释】

[1] 试样溶解完全与否,与此步骤仔细搅拌、混匀密切相关。

[2] 终点颜色与试样成分和铁含量有关,终点一般为无色或淡黄色。

[3] 随着 Cu^{2+} 的滴入,由配合物 Cu-EDTA 的蓝色和 PAN 的黄色转变为绿色,终点时生成 Cu-PAN 红色配合物,使终点呈茶红色。

[4] 此时称为尿素均匀沉淀法。也可用氨水法直接沉淀,但是这时 $Fe(OH)_3$ 对 Ca^{2+}、Mg^{2+} 吸附较严重。

四、思考题

(1) 试样分解后加热蒸发的目的是什么？操作中应注意些什么？

(2) EDTA 滴定 Al^{3+} 时,为什么采用回滴法？

(3) 在 Fe^{3+}、Al^{3+}、Ca^{2+}、Mg^{2+} 共存时,能否用 EDTA 标准溶液控制酸度法滴定 Fe^{3+}？滴定 Fe^{3+} 的介质酸度范围为多大？

(4) EDTA 滴定 Ca^{2+}、Mg^{2+} 时,怎样利用 GBHA 指示剂的性质调节溶液的 pH？

(5) 试写出本测定中所涉及的主要化学反应式。

(彭　秧　王明力)

综合 4　食品中苯甲酸、山梨酸的气相色谱测定

一、课前准备

苯甲酸和山梨酸是食品特别是饮料中常见的防腐剂,超标使用会对人体造成一定的危害,是食品卫生检测常规指标。因此能否准确地测定其含量是食品分析中经常遇到的问题。本实验通过样品酸化后,用乙醚提取苯甲酸、山梨酸,用氢火焰离子化检测器的气相色谱仪进行分离测定,与标准系列比较定量。

(1) 阅读本书 4.1 节,结合本项目叙述,分析气相色谱仪各部分的功能和操作控制要求。

(2) 查阅文献,比较苯甲酸、山梨酸不同的测定方法,了解色谱分析样品处理的原理和方法,了解色谱分析定量方法外标法定量的基本原理和方法。

(3) 总结本实验的原理和你希望达到的实验目的。

(4) 把上述心得写入预习报告中。

二、实验器材与试剂

器材:气相色谱仪(具有氢火焰离子化检测器)。

试剂:乙醚,石油醚(沸程 30～60 ℃),盐酸(分析纯),无水硫酸钠(分析纯),盐酸(1∶1,取 100 mL 浓盐酸加水稀释至 200 mL),氯化钠酸性溶液[氯化钠溶液(40 g·L^{-1})中加少量盐酸(1∶1)酸化],苯甲酸、山梨酸标准溶液(分别准确称取 50 mg 苯甲酸和山梨酸,加入丙酮溶液定容至 100 mL,该溶液山梨酸浓度为 500 μg·mL^{-1}),苯甲酸、山梨酸混合标准溶液(分别准确吸取 1.00 mL、2.00 mL、3.00 mL、4.00 mL、5.00 mL 的苯甲酸、山梨酸标准溶液,以丙酮定容至 10 mL,配成苯甲酸、山梨酸浓度分别是 50 μg·mL^{-1}、100 μg·mL^{-1}、150 μg·mL^{-1}、200 μg·mL^{-1}、250 μg·mL^{-1}的混合标准溶液)。

三、实验内容

1. 样品提取

称取 2.5 g 样品,置于 25 mL 带塞量筒中,加 0.5 mL 1∶1 盐酸酸化,用 15 mL、10 mL 乙醚提取 2 次。每次振摇 1 min,将上层乙醚提取溶液吸入另一个 25 mL 带塞量筒中,合并乙醚提取液。用 3 mL 40 g·L^{-1}氯化钠酸性溶液洗涤 2 次,静置 15 min,用滴管将乙醚层通过无水硫酸钠滤入 25 mL 容量瓶中。加乙醚至刻度,混匀。准确吸取 5 mL 乙醚提取液于 10 mL 带刻度试管中,置 40 ℃水浴上挥发至干,加热 2 mL 丙酮溶解残渣,备用。

2. 色谱参考条件

玻璃柱，内径 3 mm，长 2 m，内涂 5%DEGS 与 1%H$_3$PO$_4$ 固定液的 60~80 目 Chromosorb WAW。或 HP INNOWAX 30 m×0.25 mm×0.25 μm 毛细管柱（毛细管柱应分流进样，适当减少进样量）。毛细管柱气流速度 1 mL · min^{-1}，填充柱气流速度 50 mL · min^{-1}，进样口温度 230 ℃，柱温 170 ℃。

3. 测定

各浓度标准溶液分别进样 2 μL，测定其峰面积，以浓度为横坐标，相应峰面积为纵坐标，绘制标准曲线。

进样 2 μL 样品溶液，测定其峰面积，与标准曲线比较进行定量。

4. 数据分析

$$X = \frac{m_1 \times 1000}{m_2 \times 5/25 \times V_2/V_1 \times 1000}$$

式中，X 为样品中苯甲酸含量（g · kg^{-1}）；m_1 为测定用样品液中苯甲酸的质量（μg）；V_1 为加入丙酮的体积（mL）；V_2 为测定时进样的体积（mL）；m_2 为样品的质量（g）。

由测得苯甲酸的含量乘以 1.18，即为样品中苯甲酸钠的含量。同样计算山梨酸及山梨酸钾的含量。

四、思考题

（1）食品中苯甲酸、山梨酸含量测定还可以用哪些仪器分析方法？

（2）用气相色谱测定食品中苯甲酸、山梨酸含量时，如果用非极性样品柱，样品制备时有什么不同？

（3）气相色谱定量分析中，与归一法、内标法相比较，外标法有何优缺点？

（王　强）

综合 5　高效液相色谱法检测牛奶中的三聚氰胺

一、课前准备

（1）查阅有关三聚氰胺的文献，了解现有的三聚氰胺的检测方法，以及国家有关的使用规定和质量标准。

（2）阅读本书 4.1 节，了解高效液相色谱仪的各部分的功能和操作控制要求。查阅相关资料，了解高效液相色谱的分离原理，掌握利用高效液相色谱对组分进行定性和定量分析。了解如何评价高效液相色谱法的分离效果,以及如何提高分离度和降低检出限。

（3）总结本实验的原理和你希望达到的实验目的。

（4）把上述心得写入预习报告中。

二、实验器材与试剂

器材:高效液相色谱仪(配有紫外检测器或二极管阵列检测器),分析天平,pH计,溶剂过滤器,一次性注射器(2 mL),滤膜(水相,0.45 μm),针式过滤器(有机相,0.45 μm),具塞刻度试管(50 mL)。

试剂:乙腈(色谱纯),磷酸,磷酸二氢钾,三聚氰胺标准物(1.00×10^3 mg · L^{-1}三聚氰胺标准储备溶液:称取 100 mg 三聚氰胺标准物,用水完全溶解后,转移至 100 mL 容量瓶中定容至刻度,混匀,4 ℃条件下避光保存,有效期为 1 个月),2.00×10^2 mg · L^{-1}标准溶液 A(准确移取 20.0 mL 三聚氰胺标准储备液,置于 100 mL 容量瓶中,用水稀释至刻度,混匀),0.50 mg · L^{-1}标准溶液 B(准确移取 0.25 mL 标准溶液 A,置于 100 mL 容量瓶中,用水稀释至刻度,混匀)。

按表 6-4 分别移取不同体积的标准溶液 A 于容量瓶中,用水稀释至刻度,混匀。按表 6-5 分别移取不同体积的标准溶液 B 于容量瓶中,用水稀释至刻度,混匀。

表 6-4　标准工作溶液配制(高浓度)

标准溶液 A 体积/mL	0.10	0.25	1.00	1.25	5.00	12.5
定容体积/mL	100	100	100	50.0	50.0	50.0
标准工作溶液浓度/(mg · L^{-1})	0.20	0.50	2.00	5.00	20.0	50.0

表 6-5　标准工作溶液配制(低浓度)

标准溶液 B 体积/mL	1.00	2.00	4.00	20.0	40.0
定容体积/mL	100	100	100	100	100
标准工作溶液浓度/(mg · L^{-1})	0.005	0.01	0.02	0.10	0.20

磷酸盐缓冲液(0.05 mol · L^{-1}):称取 6.8 g 磷酸二氢钾,加水 800 mL 完全溶解后,用磷酸调节 pH 至 3.0,用水稀释至 1 L,用滤膜过滤后备用。

三、实验内容

1. 试样的制备

称取 15 g 牛奶样品,置于 50 mL 具塞刻度试管中,加入 30 mL 乙腈,剧烈振荡 6 min,加水定容至刻度,充分混匀后静置 3 min,用一次性注射器吸取上清液用针式过滤器过滤后,作为高效液相色谱分析用试样。

2. 高效液相色谱测定

1) 色谱条件

(1) 色谱柱:强阳离子交换色谱柱,SCX,250 mm×4.6 mm(内径),5 μm,或性能相当者。

(2) 流动相:磷酸盐缓冲溶液-乙腈(体积比 7∶3),混匀。

(3) 流速:1.5 mL·min⁻¹。

(4) 柱温:室温。

(5) 检测波长:240 nm。

(6) 进样量:20 μL。

2) 液相色谱分析测定

(1) 仪器的准备。开机,用流动相平衡色谱柱,待基线稳定后开始进样。

(2) 定性分析。依据保留时间一致性进行定性识别的方法。根据三聚氰胺标准物质的保留时间,确定样品中三聚氰胺的色谱峰。

(3) 定量分析。校准方法为外标法。

(i) 校准曲线制作。根据检测需要,适用标准工作溶液分别进样,以标准工作溶液浓度为横坐标,以峰面积为纵坐标,绘制校准曲线。

(ii) 试样测定。使用牛奶试样进样,获得目标峰面积。根据校准曲线计算被测试样中三聚氰胺的含量(mg·kg⁻¹)。

试样中待测三聚氰胺的响应值均应在方法线性范围内。

3) 结果计算

(1) 计算公式。

$$X = c \times \frac{V}{m} \times \frac{1000}{1000}$$

式中,X 为原料乳中三聚氰胺的含量(mg·kg⁻¹);c 为从校准曲线得到的三聚氰胺溶液的浓度(mg·L⁻¹);V 为试样定容体积(mL);m 为样品称量质量(g)。

(2) 计算结果有效数字。通常情况下计算结果保留三位有效数字;结果在 0.1～1.0 mg·kg⁻¹时,保留两位有效数字;结果小于 0.1 mg·kg⁻¹时,保留一位有效数字。

3. 平行实验

按以上步骤,对同一样品进行平行实验测定。

4. 空白实验

除不称取样品外,均按上述步骤同时完成空白实验。

5. 方法检测限

本方法的检测限为 0.05 mg • kg^{-1}。

6. 回收率

添加浓度 0.30～100.0 mg • kg^{-1},回收率为 93.0%～103%,相对标准偏差小于 10%。

四、结果与讨论

流动相、pH 对色谱测定的影响。

五、思考题

(1) 确定流动相最佳 pH 时,应考虑哪些因素?
(2) 乙腈的作用是什么?

(彭敬东)

综合 6 离子色谱分析检测扑热息痛及水解产物对氨基酚

一、课前准备

(1) 查阅相关资料,了解扑热息痛的药理作用,以及扑热息痛和其水解产物对氨基酚的物理化学性质。

(2) 阅读本书 4.4 节以及实验 36,了解离子色谱的理论内容、适用范围及其应用。熟悉离子色谱仪的操作及注意事项。

(3) 总结本实验的原理和你希望达到的实验目的。

(4) 把上述心得写入预习报告中。

二、实验器材与试剂

器材:DX2020i 离子色谱仪,DX 紫外检测器,N2000 色谱工作站。

试剂:扑热息痛(分析纯),对氨基酚(分析纯),百服宁片剂,乙腈(色谱纯),硫酸(分析纯),去离子水,百服宁的水解液(精密称取适量百服宁药片,加一定量去离子水,水解数天)。

三、实验内容

1. 色谱操作条件

分离柱 Dionex IonPac CG12（50 mm×4 mm），流动相为 0.08 mol · L^{-1} H_2SO_4 和 3%（体积分数）乙腈，UV 265 nm 下检测，流速为 1 mL · min^{-1}，进样量 20 μL。

2. 标准曲线制作

（1）准确称取扑热息痛和对氨基酚纯品各 5 mg，置于 50 mL 容量瓶中，加去离子水，超声溶解，用去离子水稀释至刻度，配制成 100 mg · L^{-1} 的标准储备液备用。

（2）分别取一定量的标准储备液配成浓度分别为 1 mg · L^{-1}、5 mg · L^{-1}、10 mg · L^{-1}、20 mg · L^{-1}、50 mg · L^{-1} 的扑热息痛和对氨基酚的标准混合溶液。

在一定的色谱条件下，依次取 50 μL，进行色谱分析，记录保留时间及色谱图。

3. 样品溶液的测定

（1）药片测定。准确称量百服宁药片 10 片，研细，精密称取适量（约相当于扑热息痛 10 mg），加去离子水，超声溶解，然后用 0.45 μm 滤膜过滤，准确量取过滤液 5 mL，置于 50 mL 容量瓶中，用去离子水稀释至刻度，摇匀。

（2）水解物测定。百服宁的水解液用 0.45 μm 滤膜过滤，滤液稀释 100 倍后直接进样测定。

在相同的色谱条件下，分别取 50 μL 进行色谱分析，记录保留时间及色谱图，考察它们的峰高、峰面积。

四、结果与讨论

（1）根据标准曲线计算药片中扑热息痛的含量。
（2）计算水解产物中对氨基酚的含量。

五、思考题

离子色谱的流动相一般为水溶液，为何本实验中要加乙腈？流动相中加有机溶剂对分离柱有何要求？

（彭敬东）

设计 1　石灰石中钙、镁总量的测定

一、实验目的

（1）练习酸溶法的溶样方法。

（2）掌握配位滴定法测定石灰石中钙、镁总量的原理和方法。

二、预习要求

（1）查资料归纳出本方法的原理、操作步骤、仪器和药品。

（2）石灰石溶样应如何进行？如溶样不完全，应如何处理？

（3）样品中杂质应如何掩蔽？

三、思考题

（1）设计本实验方法的关键点有哪些方面？注意事项是什么？

（2）除本实验测定方法以外，还有哪些方法？

（陈中兰）

设计 2　淀粉的水解及水解液中葡萄糖含量的测定

淀粉是葡萄糖的高聚体，水解到二糖阶段为麦芽糖，完全水解后得到葡萄糖。淀粉有直链淀粉和支链淀粉两类，直链淀粉含有几百个葡萄糖单元，支链淀粉含有几千个葡萄糖单元，淀粉是植物体中储存的养分，存在于种子和块茎中，谷类中含淀粉较多。

一、实验目的

（1）进一步巩固间接碘量法，如其应用的广泛性，对葡萄糖、甲醛、丙酮、硫脲等的分析。

（2）掌握碘量法测定葡萄糖的原理和方法。

（3）熟悉 I_2 标准溶液的配制和标定。

（4）掌握淀粉水解的原理及实验操作方法。

二、预习要求

（1）查阅资料，熟悉淀粉催化水解的条件、过程及步骤，了解葡萄糖含量测定

方法有几种,试分析讨论各自的优缺点和范围。

(2) 写出该法的设计测定方案,包括实验原理、实验操作步骤、计算公式等。

三、思考题

分析本实验方法的误差来源和消除方法。

(陈中兰)

设计 3　滴定方案设计实验

一、实验目的

(1) 培养学生灵活运用所学理论及实验知识,解决分析化学实际问题的能力,为今后从事实际工作和开展科研打好基础。

(2) 学习查阅参考书刊,综合参考资料及书写实验总结报告。

(3) 初步掌握滴定方式选择、分离掩蔽方法、设计实验步骤。

二、预习要求

(1) 学生自选一设计实验题目。

(2) 学生在查阅参考资料的基础上,拟定分析方案,经教师审阅后,进行实验工作,然后写出实验报告。如果实验结果与方案基本一致,可将分析方案补充成实验报告;若不一致,则应重新改写。

(3) 实验报告的内容大致包括以下各项:①实验题目;②测定方法概述和原理(列出方法的要点,注明出处,并与参考文献对应);③所需试剂的品种、数量和配制方法,试剂的浓度和体积;④实验步骤(标定、测定及其他实验步骤);⑤数据记录和结果(附相关计算公式);⑥讨论(注意事项、误差分析、心得体会以及不成功的实验分析等);⑦参考文献。

三、滴定方案设计实验参考选题

1. HCl-NH_4Cl 溶液中二组分浓度的测定

提示:用甲基红为指示剂,以 $NaOH$ 标准溶液滴定 HCl 溶液至 $NaCl$;甲醛法强化 NH_4^+,酚酞为指示剂,用 $NaOH$ 标准溶液滴定。

2. NaH_2PO_4-Na_2HPO_4 溶液中二组分浓度的测定

提示：以酚酞（或百里酚酞）为指示剂，用 NaOH 标准溶液滴定 $H_2PO_4^-$ 至 HPO_4^{2-}；以甲基橙或溴酚蓝为指示剂，用 HCl 标准溶液滴定 HPO_4^{2-} 至 $H_2PO_4^-$，可以分取 2 份分别滴定，也可以在同一份溶液中连续滴定。

3. Bi^{3+}-Fe^{3+} 混合液中 Bi^{3+} 和 Fe^{3+} 含量的测定

提示：EDTA 与这两种离子所形成配合物的稳定程度相当，不能用控制酸度的方法对它们进行分别测定。可考虑对 Fe^{3+} 用适当的还原剂掩蔽，这样就可以测定 Bi^{3+} 的含量。

4. 胃舒平药片中 Al_2O_3 和 MgO 含量的测定

提示：胃舒平药片中的有效成分是 $Al(OH)_3 \cdot 2MgO$。《中华人民共和国药典》规定每片药片中 Al_2O_3 的含量不小于 0.116 g，MgO 的含量不小于 0.020 g。

5. H_2SO_4-$H_2C_2O_4$ 混合液中各组分浓度测定

提示：以 NaOH 滴定 H_2SO_4 及 $H_2C_2O_4$ 总酸量，酚酞为指示剂。用 $KMnO_4$ 法测定 $H_2C_2O_4$ 的质量分数，总酸浓度减去 $H_2C_2O_4$ 的含量后，可以求得 H_2SO_4 的量。

6. HCOOH 与 HAc 混合溶液

提示：以酚酞为指示剂，用 NaOH 溶液滴定总酸量，在强碱性介质中向试样溶液加入过量 $KMnO_4$ 标准溶液，此时甲酸被氧化为 CO_2，MnO_4^- 被还原为 MnO_4^{2-} 并歧化为 MnO_4^- 及 MnO_2。加酸，加入过量的 KI 还原过量的 MnO_4^- 及歧化生成的 MnO_4^- 及 MnO_2，直至 Mn^{2+} 并析出 I_2，再以 $Na_2S_2O_3$ 标准溶液滴定。

7. 黄铜中铜、锌含量的测定

提示：关于铜的测定参见：陈永兆. 络合滴定. 北京：科学出版社，1986，215页。关于锌的测定，同上参考文献第 229 页。

附参考文献示例：

陈朝湘，郭汉彬，陈焕光. 5-Br-PADAT 和 3,5-Br-2-PTDAT 作为络合滴定指示剂的应用. 冶金分析，2000，20(4)：30-33。

陈永兆. 络合滴定. 北京：科学出版社，1986。

邓昌爱，廖力夫，刘传湘，等. 多元校正电位络合滴定法同时测定合金中铜和锌. 冶金分析，2008，28(9)：54-57。

符连社,张晶玉,任英,等.5-Br-PADAT 作指示剂络合滴定连续测定矿石中的铜和锌.分析试验室,1994,13(4):44-46。

李山,刘根起.2-(5-氯-2 吡啶偶氮)-5-二乙基氨基酚作指示剂络合滴定连续测定铜和锌.冶金分析,2006,26(2):70-72。

（彭　秩）

设计 4　植物中黄酮的提取与测定

黄酮类化合物是一类重要的天然有机化合物,存在于多种植物中,大部分水果的皮质部分和发酵食品以及茶叶中都含有黄酮,它还是许多中草药的有效成分。黄酮是植物在光合作用下产生的代谢产物。在自然界中最常见的是黄酮和黄酮醇,其他包括异黄酮、双黄酮、黄烷酮、查尔酮、异黄烷酮、橙酮、花色苷等。

溶剂提取法是实验室提取植物中黄酮常用的方法。测定黄酮常用的方法有紫外-可见分光光度法、色谱法。

一、实验目的

(1) 培养学生灵活运用所学理论及实验知识,解决实际问题的能力。

(2) 通过对植物中黄酮的提取与分析,了解天然有机化合物的提取、分析的一般操作步骤。

(3) 学习如何选择和综合应用分离、鉴定和测试方法。

二、预习要求

(1) 查阅文献资料,确定适合溶剂提取法的本地植物资源并自行采集。

(2) 参考文献,完成实验设计与步骤。内容包括原料的采集和前处理、提取方案、初步鉴定及测定方法。具体要求同设计 3。

(3) 结合文献资料对提取物进行质量评价。

三、思考题

(1) 本地有哪些黄酮资源植物? 提取植物中的黄酮,常用的提取剂有哪些?

(2) 黄酮有哪些常用的性质鉴定反应?

(3) 分析评价本方法和你的实验设计的成败(提示:方法选择、适用范围、控制条件难易、成本-收益比、创新点等)。

（彭　秩　张纵圆）

设计 5　气相色谱法测定蔬菜中的农残

一、实验目的

（1）练习液-液萃取的溶样方法和固相萃取的制样方法。

（2）掌握在分析实验中样品回收率测定的方法。

（3）进一步巩固气相色谱的操作技术。

二、预习要求

（1）查资料了解蔬菜农残的背景、归纳检测分析方法的概况。

（2）根据资料，选择 3 种有机磷农药，设计一个采用固相萃取-气相色谱法测定蔬菜中有机磷农药的分析测定方案。

三、实验原理

样品匀浆处理后，经液-液萃取，采用固相萃取法净化回收，用配有 FPD 或 NPD 检测器的气相色谱仪检测。

四、思考题

（1）在实验中，如何减少或排除基质干扰？

（2）如何保证样品中目标检测物的回收率达到适合检测的标准？

（3）标样中标准物质的浓度应如何设计？

（王　强）

第7章　数据与资料

7.1　常数与数据

7.1.1　常见弱电解质的解离常数

表 7-1　常见弱电解质的解离常数

弱酸	解离常数	pK
HCOOH	$K = 1.77 \times 10^{-4} (293\ K)$	3.75
HClO	$K = 2.95 \times 10^{-8} (291\ K)$	7.53
$H_2C_2O_4$	$K_1 = 5.90 \times 10^{-2}$	1.23
	$K_2 = 6.40 \times 10^{-5}$	4.19
HAc	$K = 1.76 \times 10^{-5}$	4.75
H_2CO_3	$K_1 = 4.30 \times 10^{-7}$	6.37
	$K_2 = 5.61 \times 10^{-11}$	10.25
HNO_2	$K = 4.6 \times 10^{-4} (285.5\ K)$	3.37
H_3PO_4	$K_1 = 7.52 \times 10^{-3}$	2.12
	$K_2 = 6.23 \times 10^{-8}$	7.21
	$K_3 = 2.2 \times 10^{-13} (291\ K)$	12.67
H_2SO_3	$K_1 = 1.54 \times 10^{-2} (291\ K)$	1.81
	$K_2 = 1.02 \times 10^{-7}$	6.91
H_2SO_4	$K_2 = 1.20 \times 10^{-2}$	1.92
H_2S	$K_1 = 1.1 \times 10^{-7} (291\ K)$	6.96
	$K_2 = 1.0 \times 10^{-14}$	14.0
HCN	$K = 4.93 \times 10^{-10}$	9.31
HF	$K = 3.53 \times 10^{-4}$	3.45
H_2O_2	$K = 2.4 \times 10^{-12}$	11.62
$NH_3 \cdot H_2O$	$K = 1.79 \times 10^{-5}$	4.75
氨基乙酸盐	$K_1 = 4.5 \times 10^{-3}$	2.35
	$K_2 = 2.5 \times 10^{-10}$	9.6
乳酸	$K = 1.4 \times 10^{-4}$	3.86
苯酚	$K = 1.1 \times 10^{-10}$	9.95

7.1.2　配合物稳定常数

表 7-2　配合物稳定常数

金属离子	离子强度/(mol·L^{-1})	配位体数目 n	lgβ_n
氨配合物			
Ag$^+$	0.5	1,2	3.24,7.05
Cd^{2+}	2	1,2,3,4,5,6	2.65,4.75,6.19,7.12,6.80,5.14
Co^{2+}	2	1,2,3,4,5,6	2.11,3.74,4.79,5.55,5.73,5.11
Co^{3+}	2	1,2,3,4,5,6	6.7,14.0,20.1,25.7,30.8,35.2
Cu$^+$	2	1,2	5.93,10.86
Cu^{2+}	2	1,2,3,4,5	4.31,7.98,11.02,13.32,12.86
Ni^{2+}	2	1,2,3,4,5,6	2.80,5.04,6.77,7.96,8.71,8.74
Zn^{2+}	2	1,2,3,4	2.37,4.81,7.31,9.46
溴配合物			
Ag$^+$	0	1,2,3,4	4.38,7.33,8.00,8.73
Cd^{2+}	3	1,2,3,4	1.75,2.34,3.32,3.70
氯配合物			
Ag$^+$	0	1,2,4	3.04,5.04,5.30
Hg^{2+}	0.5	1,2,3,4	6.74,13.22,14.07,15.07
氰化物			
Ag$^+$	0	2,3,4	21.1,21.7,20.6
Cd^{2+}	3	1,2,3,4	5.48,10.60,15.23,18.78
Co^{2+}		6	19.09
Cu$^+$	0	2,3,4	24.0,28.59,30.30
氟配合物			
Al^{3+}	0.5	1,2,3,4,5,6	6.11,11.12,15.00,18.00,19.40,19.80
Fe^{3+}	0.5	1,2,3,5	5.28,9.30,12.06,15.77
碘配合物			
Ag$^+$	0	1,2,3	6.58,11.74,13.68
Bi^{3+}	2	1,4,5,6	3.63,14.95,16.80,18.80
Cd^{2+}	0	1,2,3,4	2.10,3.43,4.49,5.41
磷酸配合物			
Ca^{2+}	0.2	CaHL	1.7
Mg^{2+}	0.2	MgL	1.9
Mn^{2+}	0.2	MnL	2.6
Fe^{3+}	0.66	FeL	9.35

金属离子	离子强度/(mol·L⁻¹)	配位体数目 n	$\lg\beta_n$
硫氰酸配合物			
Ag^+	2.2	1,2,3,4	4.6,7.57,9.08,10.08
Co^{2+}	1	1	2.3
Cu^+	5	1,2,3,4	11.00,10.90,10.48
Fe^{2+}	0.5	1,2	2.95,3.36
Hg^{2+}	1	1,2,3,4	9.08,16.86,19.70,21.70
硫代硫酸配合物			
Ag^+	0	1,2	8.82,13.46
Cu^+	0.8	1,2,3	10.27,12.22,13.84
Hg^{2+}	0	2,3,4	29.44,31.90,33.24
Pb^{2+}	0	1,2	5.13,6.35
乙酰丙酮配合物			
Al^{3+}	0	1,2,3	8.6,15.5,21.30
Cu^{2+}	0	1,2	8.27,16.34
Fe^{2+}	0	1,2	5.07,8.67
Fe^{3+}	0	1,2,3	11.4,22.1,26.7
Ni^{2+}	0	1,2,3	6.06,10.77,13.09
Zn^{2+}	0	1,2	4.98,8.81
乙二酸配合物			
Al^{3+}	0	1,2,3	7.26,13.0,16.3
Cd^{2+}	0.5	1,2	3.52,5.77
Co^{2+}	0	1,2,3	4.79,6.7,9.7
Cu^{2+}	0.5	1,2	6.23,10.27
Fe^{2+}	0.5~1	1,2,3	2.9,4.52,5.22
Fe^{3+}	0	1,2,3	9.4,16.2,20.2
磺基水杨酸配合物			
Al^3	0.1	1,2,3	13.20,22.83,28.89
Cd^{2+}	0.25	1,2	16.68,29.08
Co^{2+}	0.1	1,2	6.13,9.82
Cr^{3+}	0.1	1	9.56
Cu^{2+}	0.1	1,2	9.52,16.45
Fe^{2+}	0.1~0.5	1,2	5.9,9.9
酒石酸配合物			
Bi^{3+}	3	3	8.30
Ca^{2+}	0.5	CaHL	4.85

续表

金属离子	离子强度/(mol·L^{-1})	配位体数目 n	lgβ_n
Cd^{2+}	0.5	1	2.8
Cu^{2+}	1	1,2,3,4	3.2,5.11,4.78,6.51
Fe^{3+}	0	1	7.49
Mg^{2+}	0.5	MgHL	4.65
Pb^{2+}	0	1,3	3.78,4.7
Zn^{2+}	0.5	ZnHL	4.5
乙二胺配合物			
Ag$^+$	0.1	1,2	4.70,7.70
Cd^{2+}	0.5	1,2,3	5.47,10.09,12.09
Co^{2+}	1	1,2,3	5.91,10.64,13.94
Co^{3+}	1	1,2,3	18.7,34.9,48.69
Cu$^+$		2	10.8
Cu^{2+}	1	1,2,3	10.67,20.0,21.0
硫脲配合物			
Ag$^+$	0.03	1,2	7.4,13.1
Bi^{3+}		6	11.9
Cu$^+$	0.1	3,4	13.0,15.4
Hg^{2+}		2,3,4	22.1,24.7,26.8

7.1.3　一些金属离子的 lg$\alpha_{M(OH)}$ 值

表 7-3　一些金属离子的 lg$\alpha_{M(OH)}$ 值

金属离子	离子强度/(mol·L^{-1})	pH												
		1	2	3	4	5	6	7	8	9	10	11	12	13	14
Ag(Ⅰ)	0.1								9.3	13.3		0.1	0.5	2.3	5.1
Al(Ⅲ)	2					0.4	1.3	5.3			17.3	21.3	25.3	29.3	33.3
Ba(Ⅱ)	0.1													0.1	0.5
Bi(Ⅲ)	3	0.1	0.5	1.4	2.4	3.4	4.4	5.4							
Ca(Ⅱ)	0.1													0.3	1.0
Cd(Ⅱ)	3									0.1	0.5	2.0	4.5	8.1	12.0
Ce(Ⅳ)	1~2	1.2	3.1	5.1	7.1	9.1	11.1	13.1							
Cu(Ⅱ)	0.1								0.2	0.8	1.7	2.7	3.7	4.7	5.7
Fe(Ⅱ)	1									0.1	0.6	1.5	2.5	3.5	4.5
Fe(Ⅲ)	3			0.4	1.8	3.7	5.7	7.7	9.7	11.7	13.7	15.7	17.7	19.7	21.7

金属离子	离子强度 /(mol·L^{-1})	pH												
		1	2	3	4	5	6	7	8	9	10	11	12	13	14
Hg(Ⅱ)	0.1		0.5	1.9	3.9	5.9	7.9	9.9	11.9	13.9	15.9	17.9	19.9	21.9
La(Ⅲ)	3									0.3	1.0	1.9	2.9	3.9
Mg(Ⅱ)	0.1										0.1	0.5	1.3	2.3
Ni(Ⅱ)	0.1									0.1				
Pb(Ⅱ)	0.1									1.4	2.7	4.7	7.4	10.4	13.4
Th(Ⅳ)	1			0.2	0.8	1.7	0.1	0.5	4.7	5.7	6.7	7.7	8.7	9.7
Zn(Ⅱ)	0.1						2.7	3.7	0.2	2.4	5.4	8.5	11.8	15.5

7.1.4　铬黑 T 和二甲酚橙的 lg$\alpha_{In(H)}$ 及有关常数

表 7-4　两种指示剂的 lg$\alpha_{In(H)}$ 及有关常数

（一）铬黑 T

pH	红	pK_{a_2}=6.3		蓝	pK_{a_3}=11.6		橙
	6.0	7.0	8.0	9.0	10.0	11.0
lg$a_{In(H)}$	6.0	4.6	3.6	2.6	1.6	0.7
pCa$_{cp}$（至红）			1.8	2.8	3.8	4.7
pMg$_{cp}$（至红）	1.0	2.4	3.4	4.4	5.4	6.3
pMn$_{cp}$（至红）	3.6	5.0	6.2	7.8	9.7	11.5
pZn$_{cp}$（至红）	6.9	8.3	9.3	10.5	12.2	13.9

对数常数:lgK_{CaIn}=5.4;lgK_{MnIn}=9.6;lgK_{ZnIn}=9.6;c_{In}=1×10^{-5} mol·L^{-1}

（二）二甲酚橙

pH	黄					pK_{a_4}=6.3		红	
	0.0	1.0	2.0	3.0	4.0	4.5	5.0	5.5	6.0
lg$a_{In(H)}$	35.0	30.0	25.1	20.7	17.3	15.7	14.2	12.8	11.3
pBi$_{cp}$（至红）		4.0	5.4	6.8					
pCd$_{cp}$（至红）						4.0	4.5	5.0	5.5
pHg$_{cp}$（至红）							7.4	8.2	9.0
pLa$_{cp}$（至红）						4.0	4.5	5.0	5.6
pPb$_{cp}$（至红）				4.2	4.8	6.2	7.0	7.6	8.2
pTh$_{cp}$（至红）		3.6	4.9	6.3					
pZn$_{cp}$（至红）						4.1	4.8	5.7	6.5
pZr$_{cp}$（至红）	7.5								

7. 1. 5　常用光谱分析法电磁波长表

表 7-5　常用光谱分析法电磁波长

电磁波	λ	主要量子跃迁类型	光谱分析方法
γ 射线区	$10^{-3} \sim 10^{-1}$ nm	核能级	γ 射线光谱、穆斯堡尔谱
X 射线区	$10^{-1} \sim 10$ nm	K、L 层电子能级	X 射线光谱法
远紫外光区	$10 \sim 200$ nm	外层电子能级	真空紫外光谱
紫外光区	$200 \sim 400$ nm	外层电子能级	紫外光谱
可见光区	$400 \sim 760$ nm	外层电子能级	比色法和可见分光光度法
近红外光区	$0.76 \sim 3$ μm	分子振-转动能级	近红外光谱
中红外光区	$3 \sim 50$ μm	分子振-转动能级	红外光谱
远红外光区	$50 \sim 1000$ μm	分子振-转动能级	红外光谱
微波区	$0.1 \sim 100$ cm	分子转动能级电子自旋能级	微波谱、顺磁共振光谱
无线电波区	$1 \sim 1000$ m	核自旋磁能级	核磁共振光谱法

7. 1. 6　标准电极电位表

表 7-6　标准电极电位表

半反应	$E^{\ominus}/V$
$F_2(g) + 2H^+ + 2e^- \mathrm{\!=\!=\!} 2HF$	3.06
$O_3 + 2H^+ + 2e^- \mathrm{\!=\!=\!} O_2 + 2H_2O$	2.07
$S_2O_8^{2-} + 2e^- \mathrm{\!=\!=\!} 2SO_4^{2-}$	2.01
$H_2O_2 + 2H^+ + 2e^- \mathrm{\!=\!=\!} 2H_2O$	1.77
$MnO_4^- + 4H^+ + 3e^- \mathrm{\!=\!=\!} MnO_2(s) + 2H_2O$	1.695
$PbO_2(s) + SO_4^{2-} + 4H^+ + 2e^- \mathrm{\!=\!=\!} PbSO_4(s) + 2H_2O$	1.685
$HClO_2 + H^+ + e^- \mathrm{\!=\!=\!} HClO + H_2O$	1.64
$HClO + H^+ + e^- \mathrm{\!=\!=\!} 1/2Cl_2 + H_2O$	1.63
$Ce^{4+} + e^- \mathrm{\!=\!=\!} Ce^{3+}$	1.61
$H_5IO_6 + H^+ + 2e^- \mathrm{\!=\!=\!} IO_3^- + 3H_2O$	1.6
$HBrO + H^+ + e^- \mathrm{\!=\!=\!} 1/2Br_2 + H_2O$	1.59
$BrO_3^- + 6H^+ + 5e^- \mathrm{\!=\!=\!} 1/2Br_2 + 3H_2O$	1.52
$MnO_4^- + 8H^+ + 5e^- \mathrm{\!=\!=\!} Mn^{2+} + 4H_2O$	1.51
$Au(\mathrm{III}) + 3e^- \mathrm{\!=\!=\!} Au$	1.5
$HClO + H^+ + 2e^- \mathrm{\!=\!=\!} Cl^- + H_2O$	1.49

半反应	$E^{\ominus}$/V
$ClO_3^- + 6H^+ + 5e^- \rightleftharpoons 1/2Cl_2 + 3H_2O$	1.47
$PbO_2(s) + 4H^+ + 2e^- \rightleftharpoons Pb^{2+} + 2H_2O$	1.455
$HIO + H^+ + e^- \rightleftharpoons 1/2I_2 + H_2O$	1.45
$ClO_3^- + 6H^+ + 6e^- \rightleftharpoons Cl^- + 3H_2O$	1.45
$BrO_3^- + 6H^+ + 6e^- \rightleftharpoons Br^- + 3H_2O$	1.44
$Au(Ⅲ) + 2e^- \rightleftharpoons Au(Ⅰ)$	1.41
$Cl_2(g) + 2e^- \rightleftharpoons 2Cl^-$	1.3595
$ClO_4^- + 8H^+ + 7e^- \rightleftharpoons 1/2Cl_2 + 4H_2O$	1.34
$Cr_2O_7^{2-} + 14H^+ + 6e^- \rightleftharpoons 2Cr^{3+} + 7H_2O$	1.33
$MnO_2(s) + 4H^+ + 2e^- \rightleftharpoons Mn^{2+} + 2H_2O$	1.23
$O_2(g) + 4H^+ + 4e^- \rightleftharpoons 2H_2O$	1.229
$IO_3^- + 6H^+ + 5e^- \rightleftharpoons 1/2I_2 + 3H_2O$	1.2
$ClO_4^- + 2H^+ + 2e^- \rightleftharpoons ClO_3^- + H_2O$	1.19
$Br_2(aq) + 2e^- \rightleftharpoons 2Br^-$	1.087
$NO_2 + H^+ + e^- \rightleftharpoons HNO_2$	1.07
$Br_3^- + 2e^- \rightleftharpoons 3Br^-$	1.05
$HNO_2 + H^+ + e^- \rightleftharpoons NO(g) + H_2O$	1
$VO_2^+ + 2H^+ + e^- \rightleftharpoons VO^{2+} + H_2O$	1
$HIO + H^+ + 2e^- \rightleftharpoons I^- + H_2O$	0.99
$NO_3^- + 3H^+ + 2e^- \rightleftharpoons HNO_2 + H_2O$	0.94
$ClO^- + H_2O + 2e^- \rightleftharpoons Cl^- + 2OH^-$	0.89
$H_2O_2 + 2e^- \rightleftharpoons 2OH^-$	0.88
$Cu^{2+} + I^- + e^- \rightleftharpoons CuI(g)$	0.86
$Hg^{2+} + 2e^- \rightleftharpoons Hg$	0.845
$NO_3^- + 2H^+ + e^- \rightleftharpoons NO_2 + H_2O$	0.8
$Ag^+ + e^- \rightleftharpoons Ag$	0.7995
$Hg_2^{2+} + 2e^- \rightleftharpoons 2Hg$	0.793
$Fe^{3+} + e^- \rightleftharpoons Fe^{2+}$	0.771
$BrO^- + H_2O + 2e^- \rightleftharpoons Br^- + 2OH^-$	0.76
$O_2(g) + 2H^+ + 2e^- \rightleftharpoons H_2O_2$	0.682
$AsO_2^- + 2H_2O + 3e^- \rightleftharpoons As + 4OH^-$	0.68
$2HgCl_2 + 2e^- \rightleftharpoons Hg_2Cl_2(s) + 2Cl^-$	0.63

续表

半反应	$E^{\ominus}/V$
$Hg_2SO_4(s)+2e^-\!=\!=\!2Hg+SO_4^{2-}$	0.6151
$MnO_4^-+2H_2O+3e^-\!=\!=\!MnO_2+4OH^-$	0.588
$MnO_4^-+e^-\!=\!=\!MnO_4^{2-}$	0.564
$H_3AsO_4+2H^++2e^-\!=\!=\!HAsO_2+2H_2O$	0.559
$I_3^-+2e^-\!=\!=\!3I^-$	0.545
$I_2(s)+2e^-\!=\!=\!2I^-$	0.5345
$Mo(VI)+e^-\!=\!=\!Mo(V)$	0.53
$Cu^++e^-\!=\!=\!Cu$	0.52
$4SO_2(aq)+4H^++6e^-\!=\!=\!S_4O_6^{2-}+2H_2O$	0.51
$HgCl_4^{2-}+2e^-\!=\!=\!Hg+4Cl^-$	0.48
$2SO_2(aq)+2H^++4e^-\!=\!=\!S_2O_3^{2-}+H_2O$	0.4
$Fe(CN)_6^{3-}+e^-\!=\!=\!Fe(CN)_6^{4-}$	0.36
$Cu^{2+}+2e^-\!=\!=\!Cu$	0.337
$VO^{2+}+2H^++2e^-\!=\!=\!V^{2+}+H_2O$	0.337
$BiO^++2H^++3e^-\!=\!=\!Bi+H_2O$	0.32
$Hg_2Cl_2(s)+2e^-\!=\!=\!2Hg+2Cl^-$	0.2676
$HAsO_2+3H^++3e^-\!=\!=\!As+2H_2O$	0.248
$AgCl(s)+e^-\!=\!=\!Ag+Cl^-$	0.2223
$SbO^++2H^++3e^-\!=\!=\!Sb+H_2O$	0.212
$SO_4^{2-}+4H^++2e^-\!=\!=\!SO_2(aq)+H_2O$	0.17
$Cu^{2+}+e^-\!=\!=\!Cu^+$	0.519
$Sn^{4+}+2e^-\!=\!=\!Sn^{2+}$	0.154
$S+2H^++2e^-\!=\!=\!H_2S(g)$	0.141
$Hg_2Br_2+2e^-\!=\!=\!2Hg+2Br^-$	0.1395
$TiO^{2+}+2H^++e^-\!=\!=\!Ti^{3+}+H_2O$	0.1
$S_4O_6^{2-}+2e^-\!=\!=\!2S_2O_3^{2-}$	0.08
$AgBr(s)+e^-\!=\!=\!Ag+Br^-$	0.071
$2H^++2e^-\!=\!=\!H_2$	0
$O_2+H_2O+2e^-\!=\!=\!HO_2^-+OH^-$	-0.067
$TiOCl^++2H^++3Cl^-+e^-\!=\!=\!TiCl_4^-+H_2O$	-0.09
$Pb^{2+}+2e^-\!=\!=\!Pb$	-0.126
$Sn^{2+}+2e^-\!=\!=\!Sn$	-0.136

半反应	$E^{\ominus}/V$
$AgI(s)+e^-\!\!=\!\!=\!\!=Ag+I^-$	-0.152
$Ni^{2+}+2e^-\!\!=\!\!=\!\!=Ni$	-0.246
$H_3PO_4+2H^++2e^-\!\!=\!\!=\!\!=H_3PO_3+H_2O$	-0.276
$Co^{2+}+2e^-\!\!=\!\!=\!\!=Co$	-0.277
$Tl^++e^-\!\!=\!\!=\!\!=Tl$	-0.336
$In^{3+}+3e^-\!\!=\!\!=\!\!=In$	-0.345
$PbSO_4(s)+2e^-\!\!=\!\!=\!\!=Pb+SO_4^{2-}$	0.3553
$SeO_3^{2-}+3H_2O+4e^-\!\!=\!\!=\!\!=Se+6OH^-$	-0.366
$As+3H^++3e^-\!\!=\!\!=\!\!=AsH_3$	-0.38
$Se+2H^++2e^-\!\!=\!\!=\!\!=H_2Se$	-0.4
$Cd^{2+}+2e^-\!\!=\!\!=\!\!=Cd$	-0.403
$Cr^{3+}+e^-\!\!=\!\!=\!\!=Cr^{2+}$	>-0.41
$Fe^{2+}+2e^-\!\!=\!\!=\!\!=Fe$	-0.44
$S+2e^-\!\!=\!\!=\!\!=S^{2-}$	-0.48
$2CO_2+2H^++2e^-\!\!=\!\!=\!\!=H_2C_2O_4$	-0.49
$H_3PO_3+2H^++2e^-\!\!=\!\!=\!\!=H_3PO_2+H_2O$	-0.5
$Sb+3H^++3e^-\!\!=\!\!=\!\!=SbH_3$	-0.51
$HPbO_2^-+H_2O+2e^-\!\!=\!\!=\!\!=Pb+3OH^-$	-0.54
$Ga^{3+}+3e^-\!\!=\!\!=\!\!=Ga$	-0.56
$TeO_3^{2-}+3H_2O+4e^-\!\!=\!\!=\!\!=Te+6OH^-$	-0.57
$2SO_3^{2-}+3H_2O+4e^-\!\!=\!\!=\!\!=S_2O_3^{2-}+6OH^-$	-0.58
$SO_3^{2-}+3H_2O+4e^-\!\!=\!\!=\!\!=S+6OH^-$	-0.66
$AsO_4^{3-}+2H_2O+2e^-\!\!=\!\!=\!\!=AsO_2^-+4OH^-$	-0.67
$Ag_2S(s)+2e^-\!\!=\!\!=\!\!=2Ag+S^{2-}$	-0.69
$Zn^{2+}+2e^-\!\!=\!\!=\!\!=Zn$	-0.763
$2H_2O+2e^-\!\!=\!\!=\!\!=H_2+2OH^-$	-8.28
$Cr^{2+}+2e^-\!\!=\!\!=\!\!=Cr$	-0.91
$HSnO_2^-+H_2O+2e^-\!\!=\!\!=\!\!=Sn+3OH^-$	>-0.91
$Se+2e^-\!\!=\!\!=\!\!=Se^{2-}$	-0.92
$Sn(OH)_6^{2-}+2e^-\!\!=\!\!=\!\!=HSnO_2^-+H_2O+3OH^-$	-0.93
$CNO^-+H_2O+2e^-\!\!=\!\!=\!\!=CN^-+2OH^-$	-0.97
$Mn^{2+}+2e^-\!\!=\!\!=\!\!=Mn$	-1.182

续表

半反应	$E^{\ominus}/V$
$ZnO_2^{2-}+2H_2O+2e^- \Longrightarrow Zn+4OH^-$	-1.216
$Al^{3+}+3e^- \Longrightarrow Al$	-1.66
$H_2AlO_3^-+H_2O+3e^- \Longrightarrow Al+4OH^-$	-2.35
$Mg^{2+}+2e^- \Longrightarrow Mg$	-2.37
$Na^++e^- \Longrightarrow Na$	-2.71
$Ca^{2+}+2e^- \Longrightarrow Ca$	-2.87
$Sr^{2+}+2e^- \Longrightarrow Sr$	-2.89
$Ba^{2+}+2e^- \Longrightarrow Ba$	-2.9
$K^++e^- \Longrightarrow K$	-2.925
$Li^++e^- \Longrightarrow Li$	-3.042

7.2　溶液与试剂

7.2.1　常用缓冲溶液

表 7-7　常用缓冲溶液

缓冲溶液	酸	碱	pK_a
氨基乙酸-盐酸	$^+NH_3CH_2COOH$	$^+NH_3CH_2COO^-$	$2.35(pK_{a_1})$
一氯乙酸-NaOH	$CH_2ClCOOH$	CH_2ClCOO^-	2.86
甲酸-NaOH	$HCOOH$	$HCOO^-$	3.76
HAc-NaAc	HAc	Ac^-	4.74
六次甲基四胺-HCl	$(CH_2)N_4H^+$	$(CH_2)N_4$	5.15
NaH_2PO_4-Na_2HPO_4	$H_2PO_4^-$	HPO_4^{2-}	$7.20(pK_{a_2})$
三乙醇胺-HCl	$^+HN(CH_2CH_2OH)_3$	$N(CH_2CH_2OH)_3$	7.76
Tris-HCl	$^+NH_3(CH_2CH_2OH)_3$	$NH_2(CH_2CH_2OH)_3$	8.21
$Na_2B_4O_7$-HCl	H_3BO_3	$H_2BO_3^-$	$9.24(pK_{a_1})$
$Na_2B_4O_7$-NaOH	H_3BO_3	$H_2BO_3^-$	$9.24(pK_{a_1})$
NH_3-HCl	NH_4^+	NH_3	9.26
乙醇胺-HCl	$^+NH_3CH_2CH_2OH$	$NH_2CH_2CH_2OH$	9.50
氨基乙酸-NaOH	$^+NH_3CH_2COO^-$	$NH_2CH_2COO^-$	$9.60(pK_{a_2})$
$NaHCO_3$-Na_2CO_3	HCO_3^-	CO_3^{2-}	$10.25(pK_{a_2})$

7.2.2　常用酸碱指示剂

表 7-8　常用酸碱指示剂

指示剂	变色范围 pH	颜色		pK_HIn	浓度
		酸色	碱色		
百里酚蓝（第一次变色）	1.2~2.8	红	黄	1.6	0.1%（20%乙醇溶液）
甲基黄	2.9~4.0	红	黄	3.3	0.1%（90%乙醇溶液）
甲基橙	3.1~4.4	红	黄	3.4	0.5%水溶液
溴酚蓝	3.1~4.6	黄	紫	4.1	0.1%（20%乙醇溶液），或者指示剂钠盐水溶液
溴甲酚绿	3.8~5.4	黄	蓝	4.9	0.1%水溶液，每 100 mg 指示剂含 2.9 mL 0.05 mol·L^{-1} NaOH
甲基红	4.4~6.2	红	黄	5.2	0.1%（60%乙醇溶液），或者指示剂钠盐水溶液
溴百里酚蓝	6.0~7.6	黄	蓝	7.3	0.1%（20%乙醇溶液），或者指示剂钠盐水溶液
中性红	6.8~8.0	红	黄橙	7.4	0.1%（60%乙醇溶液）
酚红	6.7~8.4	黄	红	8.0	0.1%（60%乙醇溶液），或者指示剂钠盐水溶液
酚酞	8.0~9.6	无	红	9.1	0.1%（90%乙醇溶液）
百里酚蓝（第二次变色）	8.0~9.6	黄	蓝	8.9	0.1%（20%乙醇溶液）
百里酚酞	9.4~10.6	无	蓝	10.0	0.1%（90%乙醇溶液）

7.2.3　吸附剂的含水量和活性等级关系

表 7-9　吸附剂的含水量和活性等级关系

活性等级	Ⅰ	Ⅱ	Ⅲ	Ⅳ	Ⅴ
氧化铝加水量/%	0	3	6	10	15
硅胶加水量/%	0	5	15	25	38

注：一般常用的是Ⅱ和Ⅲ级吸附剂；Ⅰ级吸附性太强，而且易吸水；Ⅴ级吸附性太弱。

7.2.4　气相色谱的常用固定液

表 7-10　气相色谱的常用固定液

名称	商品名称或牌号	相对极性	使用温度范围/℃	溶剂	选择性或事宜分析对象
角鲨烷	SQ	—(0)	20～150	乙醚、甲苯	基准非极性固定液，适于分析气态烃、轻馏分液态烃(C_1～C_8)
甲基聚硅氧烷	SE-30 OV-101 DC-200	+1(13)	0～350 350 250 200 200 300	氯仿、甲苯、二氯甲烷、氯仿-丁醇	适于各种高沸点化合物，如多核芳烃、脂肪酸、甾类、金属螯合物
苯基(10%)聚硅氧烷	OV-3	+1	0～350 200 250	丙酮、苯、二氯甲烷	适于各种高沸点化合物，对芳香族和极性化合物的保留值增大。含苯基越多，固定液极性越大
苯基(25%)甲基聚硅氧烷	OV-7 DC-550	+2(20)	300 225		
苯基(50%)甲基聚硅氧烷	DC-710 OV-17	+2	200 300 280 250 180		
苯基(60%)甲基聚硅氧烷	OV-22	+2	300		
三氟丙基(50%)甲基聚硅氧烷	QF-1 OV-210	+3	50～250 250	氯仿、二氯甲烷	含卤化合物，金属螯合物、甾类。能从烷烃、环烷烃分离芳烃和烯烃，从醇分离酮
β-氰乙氧基(50%)甲基聚硅氧烷	XE-60 OV-225	+3(52)	20～275 50～275		选择性地保留极性、芳香族化合物，可分离苯酚、酚醚、芳胺、生物碱、甾类化合物
聚乙二醇	PEG-4000 PEG-6000 PEG-20M	+4	50～275 50～275 ＞200	丙酮、氯仿、二氯甲烷	选择性地保留或分离含氧、氮的官能团及氧氮杂环化合物
己二酸二己二醇聚酯	DEGA	+4(80)	50～250		分离 C_1～C_{24}脂肪酸甲酯、甲酚异构体
丁二酸二丁二醇聚酯	DEGS	+4	50～220		分离饱和、不饱和脂肪酸酯、苯二甲酸酯异构体

续表

名称	商品名称或牌号	相对极性	使用温度范围/℃	溶剂	选择性或事宜分析对象
1,2,3-三（2-氰乙氧基）丙烷	TCEP	+5(98)	175		选择性保留低级含氧化合物（如醇）、伯胺、仲胺、不饱和烃、环烷烃和芳烃、脂肪酸、异构体

7.2.5　反相色谱流动相的推荐添加剂

表 7-11　反相色谱流动相的推荐添加剂

样品特性	添加剂
碱性化合物（如胺类）	$50 \, mmol \cdot L^{-1}$ 磷酸盐缓冲液，$30 \, mmol \cdot L^{-1}$ 三乙胺（缓冲至 pH=3.0）
酸性化合物（如羧酸）	$50 \, mmol \cdot L^{-1}$ 磷酸盐缓冲液，1%乙酸（缓冲至 pH=3.0）
酸和碱的混合物	$50 \, mmol \cdot L^{-1}$ 磷酸盐缓冲液，$30 \, mmol \cdot L^{-1}$ 三乙胺，1%乙酸（缓冲至 pH=3.0）
阳离子盐类（如四烷基季铵盐化合物）	$30 \, mmol \cdot L^{-1}$ 三乙胺，$50 \, mmol \cdot L^{-1}$ 硝酸钠
阴离子盐类（如烷基磺酸盐）	1%乙酸，$50 \, mmol \cdot L^{-1}$ 硝酸钠

7.3　方法与条件

7.3.1　常见光谱分析法特点

表 7-12　常见光谱分析法特点

（一）

方法	原子吸收光谱法	原子发射光谱法	X 射线荧光光谱法
原理	利用待测元素的基态原子对其特征辐射的吸收	根据待测元素的气态原子或离子所发射的特征光谱	利用初级 X 射线激发待测元素的原子所产生的特征 X 射线
定性基础	不同元素有不同波长位置的特征吸收	每种元素都有其特征的线光谱	不同元素有不同的特征 X 射线
定量基础	吸光度∝浓度	谱线强度∝浓度	荧光强度∝浓度
相对误差	1%～5%	1%～10%	1%～5%

续表

方法		原子吸收光谱法	原子发射光谱法	X 射线荧光光谱法
样品	形态	溶液（固体）	固体、液体	固体、液体
	需要量	几毫升以上	mg	g
应用范围	适用对象	金属元素的极微量到半微量分析	金属元素的极微量到半微量分析	金属元素常量分析
	不适用对象	有机物	有机物	原子序数 5 以下的元素，有机物
	有机 定性	不适用	不适用	不适用
	有机 定量	不适用	不适用	不适用
	无机 定性	可以用	很适用	很适用
	无机 定量	很适用	可以用	很适用
仪器	名称	原子吸收分光光度计	发射光谱仪	X 荧光光谱仪
	测定时间	几至十几分钟	摄谱 5 ～ 60 min，直读 1 min	5～60 min

（二）

方法		紫外-可见分光光度法	红外吸收光谱法
原理		根据物质的分子或离子团对紫外及可见光的特征吸收	根据物质分子对红外辐射的特征吸收
定性基础		每种物质都有其特征吸收光谱	各种官能团有其特定的波长吸收范围
定量基础		吸光度∝浓度	吸光度∝浓度
相对误差		1%～5%	1%～5%
样品	形态	溶液	气体、固体、液体
	需要量	几毫升	几毫克至几十毫克
应用范围	适用对象	金属元素及部分非金属元素的定量分析；芳烃、多环芳烃及杂环化合物等的定性定量分析	有机官能团的定性定量，芳环取代位置的确定，高聚物分析等
	不适用对象	紫外光区没有生色团的物质	原子序数 5 以下的元素，有机物
	有机 定性	可以用	很适用
	有机 定量	很适用	很适用
	无机 定性	可以用	可以用
	无机 定量	很适用	可以用

续表

方法		紫外-可见分光光度法	红外吸收光谱法
仪器	名称	紫外-可见分光光度计	红外光谱仪
	测定时间	几分钟	几至十几分钟

（三）

方法			荧光、磷光、化学发光分析	拉曼光谱法	核磁共振光谱法
原理			光致发光	基于样品受单色光照射，由极化率改变，所引起的拉曼位移	利用物质吸收射频辐射引起核磁能级跃迁而产生的核磁共振光谱
定性基础			每种物质都有其特征吸收光谱位置	各种官能团都有其特征拉曼位移	不同化学环境的质子或 C^{13} 等有不同的化学位移
定量基础			吸光度∝浓度	拉曼谱线的强度与浓度的关系	吸收峰的面积∝浓度
相对误差			1%～5%	2%～5%	2%～5%
样品	形态		气体、固体、液体	气体、固体、液体	液体
	需要量		ng、μg	mg	mg
应用范围	适用对象		无机物、有机物分析（与试剂反应产生荧光，或通过催化或猝灭反应进行）	与红外互相补充，可进行结构分析及定性定量分析	结构分析及有机物的定性定量分析
	不适用对象		不能产生荧光、磷光的物质	有荧光的物质	固体、高黏稠物质
	有机	定性	可以用	可以用	很适用
		定量	适用	可以用	很适用
	无机	定性	不适用	不适用	不适用
		定量	适用	可以用	不适用
仪器	名称		荧光计与荧光分光光度计	激光拉曼分光光度计	核磁共振仪
	测定时间		几分钟至几小时	几至二十几分钟	几分钟至 24 h

7.3.2　分析仪器的用途及应用范围

表 7-13　分析仪器的用途及应用范围

序号	仪器名称	主要用途及应用范围	检测极限
1	原子吸收分光光度计	元素定量分析,矿物,金属与合金,生物类,农业类,化工能源与环境类各种试样中的金属元素	10^{-11} g
2	发射光谱仪	元素的定性与定量分析,试样种类与 AAS 相同	
3	火焰光度计	碱金属和碱土金属元素定量分析,如矿物、玻璃、硅酸盐、食品和血浆等试样中该类元素的分析	$10^{-9} \sim 10^{-6}$ g
4	紫外-可见分光光度计	除了稀有气体和碱金属元素之外各种元素以及有机物中含有发色团,助色团,共轭体系的物质	可见区:$10^{-11} \sim 10^{-8}$ $\mu g \cdot cm^{-3}$ 紫外区:$10^{-14} \sim 10^{-12}$ mol
5	红外光谱仪	各种化合物分子的定性、定量分析,主要用于有机化合物的官能团鉴定,气态、液态、固态纯试样均可	$10^{-6} \sim 10^{-5}$ mol
6	X 射线荧光光谱仪	原子序数12(镁)以上元素的定性定量分析,试样元素的含量范围从微量至纯物质	10^{-9} g
7	电子探针微区分析仪	原子序数11(钠)以上元素的化学成分分析,固体表面微区的非破坏性分析	10^{-15} g
8	X 射线光电子能谱仪	除氢氦外所有元素的定性定量、化学价态和化学结构鉴定,主要用于固体表面分析	10^{-14} g
9	俄歇电子能谱仪	固定表面元素定性定量分析,主要用于表面清洁度和深度剖析	10^{-15} g
10	中子活化分析器	元素分析	10^{-13} g
11	核磁共振波谱仪	有机化合物定性定量分析和结构鉴定	10^{-7} g
12	质谱仪	同位素,气液固(易挥发)单质及化合物的定性定量分析和结构鉴定	$10^{-13} \sim 10^{-6}$ g
13	离子散射谱仪	固体表面薄层中元素与同位素分析	10^{-13} g
14	二次离子散射谱仪	固体表面元素分析,能分析包括氢和同位素在内的全部元素,除用于表面分析外还用于深度剖析	10^{-18} g
15	气相色谱仪 热导检测器 氢焰检测器 电子捕获检测器 火焰光度检测器	气体和易挥发有机化合物定性定量分析 通用型 有机化合物 含卤素的化合物 含硫、磷的有机化合物	 2×10^{-12} g $\cdot$ mL^{-1} 1×10^{-12} g $\cdot$ s^{-1} 2×10^{-14} g $\cdot$ mL^{-1} 2×10^{-12} g $\cdot$ mL^{-1}

序号	仪器名称	主要用途及应用范围	检测极限
16	气相色谱-质谱联用仪	气体及有机化合物的混合试样的定性定量分析	10^{-11} g
17	高效液相色谱仪 紫外检测器 折光检测器 火焰电离检测器 荧光检测器	有机化合物(包括难挥发,热不稳定化合物)的定性定量分析 吸收紫外光线的物质 通用 通用 吸收紫外线后能产生荧光的物质	 1×10^{-9} g·mL^{-1} 5×10^{-7} g·mL^{-1} 3×10^{-6} g·mL^{-1} 1×10^{-9} g·mL^{-1}
18	离子活度计(离子选择电极电位分析法)	溶液中阳、阴离子的定量分析(需有相应离子的选择电极)	$10^{-8}\sim10^{-5}$ mol
19	pH 计	溶液中氢离子活度的测定	$10^{-14}\sim10^{-12}$ mol
20	极谱仪 经典极谱 交流极谱 方波极谱 脉冲极谱 阳极溶出极谱	可在电极上发生氧化或还原反应的离子、分子的定性定量分析	 $10^{-6}\sim10^{-5}$ mol $10^{-6}\sim10^{-5}$ mol $10^{-7}\sim10^{-6}$ mol $10^{-8}\sim10^{-7}$ mol $10^{-10}\sim10^{-9}$ mol
21	库仑分析仪 控制电位库仑分析 库仑滴定	无机阴、阳离子和有机化合物定量分析,包括气态物质或挥发性物质,测定某些共存离子而不需分离,以及不稳定的离子如 Ti(Ⅲ),Cr(Ⅱ),Cu(Ⅰ) 还适用于卤素离子等阴离子、大气污染物 SO_2,O_3,NO_x 以及微量水分析	 $10^{-9}\sim10^{-8}$ g 10^{-10} mol

7.3.3 化学键合固定相的选择

表 7-14　化学键合固定相的选择

试样种类	键合基团	流动相	色谱类型	实例
低极性 溶解于烃类	—C$_{18}$	甲醇/水 乙腈/水 乙腈/四氢呋喃	反相	多环芳烃、甘油三酯、类酯、脂溶性维生素、甾族化合物、氢醌
中等极性 可溶于醇	—CN —NH$_2$	乙腈、正己烷 氯仿 正己烷、异丙醇	正相	脂溶性维生素、甾族、芳香醇、胺、类脂止痛药芳香胺、脂、氯化农药、苯二甲酸
	—C$_{18}$ —CN —C$_8$	甲醇、水 乙腈	反相	甾族、可溶于醇的天然产物、维生素、芳香酸、黄嘌呤

续表

试样种类	键合基团	流动相	色谱类型	实例
高极性 可溶于水	—CN —C$_8$	甲醇、水 乙腈、缓冲溶液	反相	水溶性维生素、芳醇、胺、抗生素、 止痛药
	—C$_{18}$	甲醇、水 乙腈	反相离子对	酸、磺酸类染料、儿茶酚胺
	—SO$_3^-$	水和缓冲溶液	阳离子交换	无机阳离子、氨基酸
	NR$_3^+$	磷酸缓冲液	阴离子交换	核苷酸、糖、无机阴离子、有机酸

7.3.4　常见固体试样的消解方法

表 7-15　常见固体试样的消解方法

试样及取样量	测定元素	分解用试剂及用量	器皿、反应条件
粗银,0.5 g	Ag	7.5 mL 硝酸(密度 1.2)	
铝土矿,2 g	Al、Ca、Cr、Fe、Mn、P、Si、 Ti、V	7 g 氢氧化钠(粉状)	镍坩埚 700 ℃,20 min
高纯铝,3 g	Be、Cd、Cu、Mg、Ni、Si	20 mL 氢氧化钠溶液 (20%)	聚四氟乙烯烧杯
氢氧化铝,7.5 g	Cu、Fe、Ga、Mg、Mn、Ni、P、S、 Si、Ti、V	12 g Na$_2$CO$_3$+4 g 硼酸	镍坩埚,1000 ℃, 20 min
硼铁,1 g	B	10 g 过氧化钠	铁坩埚,缓慢加热至 900 ℃
焦炭灰,1 g	S	3 g 氧化镁 + 1.5 g 碳 酸钠	铂坩埚,800 ℃
钴矿石,2 g	Co、Cu、Ni、Pb	20 mL 浓硝酸 + 10 mL 水	以 1:1 硫酸加热至冒 浓白烟
铜合金,2 g	Cu、Al、Bi、Cd、Co、Cr、Fe、 Mg、Mn、Ni、Pb、Zn	25 mL 1:1 硝酸+ 20 mL 1:1 硫酸	加热至冒浓白烟
氟化钠,氟铝酸钠, 0.5 g	Al、Ca、Fe	5 g 焦硫酸钾	铂坩埚,700 ℃
铁矿,0.5 g	Ca、Mg、Mn	30 mL 浓盐酸-10 mL 浓 硝酸(密度 1.4)	
镍钢,1 g	Ni	10 mL 高氯酸(60%)	
锰矿石,0.3~0.4 g	Mn	10 mL 浓盐酸-10 mL 浓 硝酸-5 mL 氢氟酸 (48%)-10 mL 高氯酸 (70%)	

试样及取样量	测定元素	分解用试剂及用量	器皿、反应条件
磷酸盐，聚磷酸盐，0.5 g	Fe、P	4 g 氢氧化钠	金皿，400 ℃，30 min
负载型催化剂，6～10 g	Pt	王水（以 1∶3 稀释）	水溶，12 h
普通硅酸盐，0.1 g	Al、Ca、Fe、Mg、Na	3 mL 浓高氯酸-5 mL 氢氟酸（40%）	铂皿，水浴加热，原子吸收法测定
水泥	Al、Ca、Fe、Mg、Si	2.5 g 氯化铵-10 mL 浓盐酸	水浴上加热 30 min，加 30 mL 稀的浓盐酸，过滤，SiO₂ 不溶解
二氧化钛精矿，0.2～0.3 g	Ti	5 g 碳酸钠-碳酸钾-硼砂（1∶1∶1）	铂坩埚，950 ℃

7.4　常用仪器

7.4.1　TPS-7000 型 ICP-AES 单道扫描光谱仪简易操作过程

（1）开空气开关电源，开稳压电源，开循环水。

（2）开（ICP）主机电源开关，预热，等待高压开关红灯亮。

（3）开载气钢瓶压力表指示在 0.3 MPa。开主机载气流量阀指示在 20，压力表指示在 0.2 MPa 观测雾室是否进样，时间 2 min。注意：毛细管应该插在蒸馏水或空白溶液中。

（4）开等离子气钢瓶指示在 0.25 MPa，开等离子气的流量指示在 600～700。关载气流量阀。

（5）按"点燃"开关检查炬管是否有火花。

（6）关载气，按下"高压开"开关。

（7）按"点燃"开关，观察炬管上的火花是否均匀充满炬管。如果不能均匀充满，则调节"匹配调谐"旋钮，按"点燃"开关，同时观察"参数指示"表和"输出功率"，让"参数指示"表 I_g 的值在 0.2～0.25（不要大于 0.25），"输出功率"表在 2～2.5 kW。

（8）如果"输出功率"表的值太大或者太小则按"高压关"开关，重新按"高压开"开关，调节"匹配调谐"的值在 2.5 左右，同时观测"参数指示"表在 0.2～0.25（不要大于 0.25）"输出功率"表在 2～2.5 kW，按"点燃"开关规察炬管火花状态是否均匀充满炬管，如果符合上述条件，则将"输出功率"表旋到"1 挡"即可点燃。如果不行，则重复步骤（7）和（8），直到点燃为止。

（9）点燃后立即开载气,立即将"输出功率"表旋到"3"挡。

（10）观测"参数指示"表并调节"匹配调谐"旋钮,使得"参数指示"表 I_g 的值到 0.2 左右, I_a 的值在 0.4~0.42,kV 的值在 4 左右,"输出功率"表在 1 kW 左右。"匹配调谐"旋钮指示在 2 左右。

7.4.2　TAS-986 火焰型原子吸收分光光度计操作步骤

1. 开机顺序

（1）打开抽风设备。

（2）打开稳压电源。

（3）打开计算机电源,进入 Windows 98 桌面系统。

（4）打开 TAS-986 火焰型原子吸收主机电源。

（5）双击 TAS-986 程序图标"AAwin",选择"联机",单击"确定",进入仪器自检画面。等待仪器各项自检"确定"后进行测量操作。

2. 测量操作步骤

1）选择元素灯及测量参数(找理论波长与实际波长)

（1）选择"工作灯(W)"和"预热灯(R)"后单击"下一步"。

（2）设置元素测量参数,可以直接单击"下一步"。

（3）进入"设置波长"步骤,单击寻峰,等待仪器工作灯最大能量谱线的波长;寻峰完成后,单击"关闭",回到寻峰画面后再单击"关闭"。

（4）单击"下一步",进入完成设置画面,单击"完成"。

2）设置测量样品和标准样品

（1）单击"样品",进入"样品设置向导",主要选择"浓度单位"。

（2）单击"下一步",进入标准样品画面,根据所配制的标准样品设置标准样品的数目及浓度。

（3）单击"下一步",进入辅助参数选项,单击"完成",结束样品设置。

3）点火步骤

（1）选择"燃烧器参数"输入燃气流量为 1500 以上。

（2）检查废液管内是否有水。

（3）打开空压机,观察空压机压力是否达到 0.2 MPa。

（4）打开乙炔,调节分表压力为 0.5 MPa;用发泡剂检查各个连接处是否漏气。

（5）单击点火按键,观察火焰是否点燃;如果第一次没有点燃,请等 5~10 s 再重新点火,火焰点燃后,把进样吸管放入蒸馏水中,单击"能量",选择"能量自动平衡"调整能量到 100%,透过率为 100%。

4)测量步骤

(1)标准样品测量:把进样吸管放入空白溶液,单击校零键,调整吸光度为 0;单击测量键,进入测量面画(在屏幕右上角),依次吸入标准样品(必须根据浓度从低到高测量)。注意:在测量中一定要注意观察测量信号曲线,直到曲线平稳后再按测量键"开始"。自动读数 3 次完成后,再把进样吸管放入蒸馏水中,冲洗几秒后再读下一个样品。做完标准样品后,把进样吸管放入蒸馏水中,单击"终止"按键。把鼠标指向标准曲线图框内,单击右键,选择"详细信息",查看相关系数 R 是否合格。如果合格,进入样品测量。

(2)样品测量:把进样吸管放入空白溶液,单击校零键,调整吸光度为 0。单击测量键,进入测量画面(屏幕右上角),吸入样品,单击"开始"键测量,自动读数 3 次完成 2 个样品测量。注意事项同"标准样品测量"方法。

(3)测量完成:如果需要打印,单击"打印",根据提示选择需要打印的结果;如果需要保存结果,单击"保存",根据提示输入文件名称,单击"保存(S)"按钮。以后可以单击"打印"调出此文件。

5)结束测量

如果需要测量其他元素,单击"元素灯",重复上述"测量操作步骤"。如果完成测量。一定要先关闭乙炔,等到计算机提示"火焰异常熄灭,请检查乙炔流量";再关闭空压机,按下放水阀,排除空压机内水分。

3. 关机顺序

(1)退出 TAS-986 程序:单击右上角"关闭"按钮,如果程序提示"数据未保存,是否保存",根据需要选择,一般打印数据后可以选择"否",程序出现提示信息后单击"确定",退出程序。

(2)关闭主机电源,罩上原子吸收仪器罩。

(3)关闭计算机电源和稳压器电源。15 min 后再关闭抽风设备,关闭实验室总电源,完成测量工作。

(刘昌华)

7.4.3　730 型双光束紫外-可见分光光度计

1. 性能与结构

730 型双光束紫外-可见分光光度计是一种记录型仪器,工作波长范围在195~850 nm,可用于紫外和可见光区的分光光度测量,更适宜于绘制吸收光谱。仪器用钨灯和氢灯作为光源,采用却尔尼-特尔纳分光系统。单色器获得的单色光,以"暗"—"参比"—"测量"的顺序通过参比溶液和待测溶液,在光电倍增管上形成按上述顺序调置的电信号,经前置放大,分 3 个通道解调分离、整流及对数变换等过程后,在数字显示表上显示吸光度或透射比,同时可由记录仪记录紫外-可见吸收光谱。

仪器由主机、灯稳压稳流电源和记录仪(L23 型函数记录仪或 XWT-164 型台式记录仪)三部分组成。

2. 仪器操作步骤

(1) 将灯光源选择开关置于"自动"挡,按下灯电源开关,指示灯亮,按氢灯(400～200 nm)键或钨灯(760～400 nm)键,如果氢灯处于预热状态,自动点燃氢灯后,指示灯由按键右侧灯亮跳为左侧灯亮,即表示氢灯进入正常工作状态。氢灯关闭后,至少应隔 20 min,方可重新开启。

(2) 开启主机电源开关,指示灯亮,同时主机内旋转镜开始转动。

(3) 测绘吸收光谱时,旋转波长调节,选定扫描波长起始端,旋转带宽调节,使带宽显示窗上带宽 $\Delta\lambda$ 变动到实验所需值(常用 0.2～2 nm)。将扫描速度选择置于所需挡,一般在 100 nm·min^{-1}。

(4) 开启记录仪电源开关,调节 X 轴量程为 100 mV·cm^{-1},即记录纸每大格代表 100 nm。调节 Y 轴量程扩展为 5 mV·cm^{-1},全标尺为 0～A,每大格相当于 0.2A(或全标尺为 0～100％透射比,每大格代表 20％透射比)。

(5) 分别旋转 X 轴位移调节和 Y 轴调零,使记录笔移到记录纸右下角的合适刻线上,作为扫描起始点。

(6) 按下 T 量程开关,打开试样室盖,光电倍增管高压触点开关即断开,旋转透过零调节,使数字显示表所示数值在 ±0.2％透射比以内。数字显示表所示数值可根据使用 T 量程开关、A 量程开关和 C 量程开关的不同按键分别表示透射比、吸光度和直读浓度值。

(7) 在试样室的参比和测量光路中,置入同一参比溶液,合上试样室盖,旋转满刻度调节"上"旋钮,使透射比为(100±0.2)％,再按 A 量程开关,旋转满刻度调节到"中"旋钮,使吸光度值为 0.00。

(8) 按下 T 量程开关,打开试样室盖,取出测量光路上的吸收池,换成待测试液,再合上试样室盖,按下 A 量程开关。

(9) 开启记录仪落笔开关,使笔尖落在记录纸的刻线上,按下波长扫描开关,根据扫描范围,从短波方向按选定速度扫描。通过波长显示窗观察波长数值的变化。当扫描超过仪器限定波长范围时,扫描自动停止。另有波长快速顺转"↑"及快速反转"↓"按键,可使波长扫描快速前进或倒退。

(10) 定量分析测量透射比时,选定所需波长及灯源。带宽一般选择试液吸收光谱宽度的 1/4～1110。按下 T 量程开关。试样室两光路中置入同一参比溶液，调节透射比为(100±0.2)％，再调节吸光度零点。然后将待测溶液置于测量光路中，数字显示表即显示该试液的透射比。

（11）待测定完毕，按顺序关闭记录仪笔开关、电源开关，然后关主机电源开关，再按下氢灯键或钨灯键及灯电源开关。

（彭　秩）

7.4.4　7650 型双光束红外分光光度计

1. 性能与结构

7650 型双光束自动光平衡红外分光光度计可在 $4000～650~cm^{-1}$ 波数范围自动测量和记录被测试样的红外光谱。

光源为硅碳棒，单色器系统采用却尔尼-特尔纳水平式分光系统，级滤光片将其他级次光谱过滤。检测器为真空热电偶。随着光栅光谱扫描的进行，参比光路和试样光路的光交替地被光检测器接收并转换成电信号。这个信号为 10 Hz（斩波频率）的交变信号。它的瞬时值与两光路的光强差对应；以斩波相位为参考，它的相位与两光路的光强差的正负对应。于是，只要光路不平衡，光楔伺服电机就会正转或反转，交变信号的瞬时值用于控制光楔伺服电机的角位移。这样，以通过参比透射光强为参考，自动调整光楔进出光路的位移，使参比光强自动跟随试样光强而变化。此时，与光楔同步动作的记录笔便记录下以波数或波长为横坐标标度的红外吸收光谱。设置解调滤波单元及 50 Hz 调制单元，其目的是为了满足伺服电机的工作频率要求，变调制频率 10 Hz 为 50 Hz。

2. 仪器操作步骤

（1）开启电源开关，硅碳棒光源亮，预热 20 min。

（2）开启主机背面旋转扇形镜开关。

（3）安装记录纸和笔，并用手指推动记录纸拨轮，同时按记录笔，使笔尖对准记录纸边缘画线。

（4）开启主机背面离合器开关和记录笔开关。

（5）用不透明硬卡遮挡试样窗口，记录笔移动至"0"处，然后迅速抽出硬卡片，调节增益，记录笔应在 1 s 左右从"0"回到"100"处，表明记录纸移动速度正常。

（6）开启光路置于双光束，旋转 100％T 旋钮，使记录笔处于透射比 95％左右。

（7）调节电平衡，用不透明硬卡片同时迅速将参比窗口和试样窗口掩住，或迅速取出硬卡片，此时，记录笔应不发生左右移动，否则，旋转电平衡调节，重复以上操作,直至记录笔不发生左右移动为止。

（8）将试样晶片和参比晶片分别安装在试样窗口和参比窗口处。

（9）选择扫描速度。旋转扫描速度选择于所需要的挡上,置于 1 挡全扫描需 60 min,置于 2 挡需 15 min,置于 3 挡需 4 min。

（10）设定扫描起始波数。将扫描速度选择置于"O"处,用手拨动波长轮到所需的波数,如 4000 cm^{-1}。按扫描按钮,扫描指示灯亮,开始扫描。若要求扫描至 650 cm^{-1},扫描完毕,波数辖盘立即自动转回到波数 4000 cm^{-1}起始点。

（11）将扫描速度旋钮置于合适挡上,按下扩展按钮,便可使波数扩展。

（12）实验完毕后,取下记录的红外光谱图,试样晶片和参比晶片,关闭各电源开关,填写仪器使用记录,做好安全检查,清洁卫生工作,方可离开实验室。

（彭　秧）

7.4.5　傅里叶变换红外光谱仪简介

傅里叶变换红外光谱仪主要由激光光源、迈克尔孙干涉仪、各式凹面激光反射镜、样品池、检测器和计算机组成。由激光光源发出的全谱红外光,通过迈克尔孙干涉仪转换成干涉光,经样品池照射样品,检测器接收到吸收后变化了的干涉图模式,再由计算机将模拟信号转换成数字信号,并进行傅里叶数字变换处理可得到频率、强度变化的样品红外光谱。傅里叶变换红外光谱仪工作原理如图 7-1 所示。

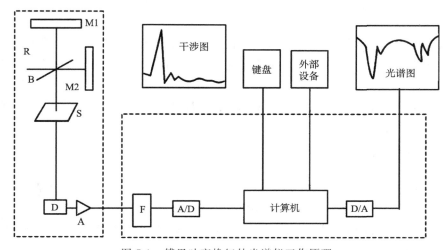

图 7-1　傅里叶变换红外光谱仪工作原理

R. 红外光源;S. 样品;A. 放大器;B. 分束器;M1. 定镜;M2. 动镜;

F. 滤光器;A/D. 模数转换器;D/A. 数模转换器;D. 检测器

迈克尔孙干涉仪由分束器、定镜、动镜三部分组成。来自宽谱带红外光源的光,直接进入干涉仪,并照射到分束器上,中红外分束器是一块镀有锗的 KBr 薄膜。它在定镜和动镜之间的位置,均成 45 ℃,它能使 50% 的光透过薄膜直接到达定镜,并使剩下的 50% 的光到达动镜,然后两束光由定镜和动镜面反射回分束器时,在分束器上产生了光程差,根据定镜和动镜的相对位置产生相长和相消的干涉。这束相长的干涉光通过样品选择性吸收再到达检测器。傅里叶变换红外光谱仪具有扫描速度快(全程扫描仅用 1 s)、分辨率高、灵敏度高等优点,便于实现色谱-红外联用。

7.4.6　日立 F-2500 荧光光度计

1. 性能与结构

荧光光度计由激发光源、激发单色器、样品室、发射单色器、光电接受器、计算机系统构成。

(1) 激发光源:通常使用氙灯。

(2) 激发单色器:采用两个滤光片。在光源和样品池之间的滤光片称为激发滤光片。由它选择照射到荧光物质上的激发光波长。在样品池和检测器之间的滤光片称为荧光滤光片。它把由激发光所产生的反射光,溶剂的散射光以及溶液中杂质所产生的荧光滤去,只让溶液中试样受激发所产生的一定波长的荧光通过,而照射到检测器上。

在荧光分光光度计中采用的两个单色器,一般用光栅或石英棱镜和光栅的复合系统。

(3) 样品池:荧光分析用的样品池称液槽,是用低荧光的优质玻璃或石英材料制成,其截面呈正方形。样品池与分光光度计所用的不同,它的 4 个面都是透光窗面。

(4) 检测器:大多数物质的荧光在近紫外及可见区。在荧光光度计中一般采用光电倍增管作为检测器。

2. 仪器的使用

(1) 打开稳压电源开关,待电压稳定在 220 V 处,开仪器电源;开计算机电源。(注意仪器的电源与计算机的电源不能同时打开)

(2) 调出仪器的应用程序,仪器自动进入自检状态,自检完成后,使用者即可根据自己的需要对样品进行定性、定量等测定。

(3) 当不再使用仪器或长时间不用仪器测试样品时,注意首先关掉仪器光源——氙灯电源开关,再将仪器应用程序退出,从样品室中取出比色池,5 min 后待仪器光源室温度降至室温后,关闭仪器电源,计算机电源,最后切断稳压电源。

3. 仪器的维护

(1) 仪器存放、使用环境必须保持清洁。如长期存放,则应在恒温干燥的室内,且每周通电 1 h。

(2) 测定一些易挥发的样品时,应使用比色皿盖,以防挥发性气体对仪器测试准确度的影响。

(3) 将比色池置入样品室时应小心,不要让溶液溅入样品室,以防腐蚀仪器。若不小心将溶液溅入样品室,请速用软布将样品室擦干,在擦干时请注意千万不要触碰样品室内的两块透镜。

(4) 仪器在开机时,氙灯电源自动打开点亮,当长时间不用仪器测试样品时,建议关闭氙灯,以延长光源灯的寿命。

(黄新华)

7.4.7　970CRT 荧光分光光度计操作规程

970CRT 荧光分光光度计为国内高级荧光分光光度计(激发波长范围 200～800 nm,发射波长范围 200～800 nm)。采用计算机控制和数据处理,Windows 中文操作软件,仪器操作简单、功能较完善、可靠性较高,具有良好的定性、定量测试功能,广泛用于化学、药检、环保、石油化工、医疗卫生、食品营养等场合的微量痕量分析测量。

对于一般荧光强度的测量步骤如下:

(1) 开机。先开氙灯电源,后打开光度计主机电源,再打开打印机、显示器和计算机电源,系统开始初始化。自检完成后进入荧光分光光度计操作控制页面。

(2) 设置测量参数。用鼠标点击菜单项"定性分析",从下拉式菜单中选择图谱扫描,进入光谱扫描页面,用鼠标点击"参数设定",进入扫描模式页面,选择激发模式、扫描激发波长范围和发射波长,设定灵敏度、扫描速度和狭缝宽度,"确定"后返回光谱扫描页面。

(3) 光谱测量。将样品放入样品室,关闭样品室,用鼠标点击"开始扫描",如固定发射波长,可扫描激发光谱,如固定激发波长,可扫描发射光谱,分别找出其最大荧光强度对应的激发波长(λ_{ex})和发射波长(λ_{em}),存盘后,退出光谱扫描页面。

用鼠标点击菜单项"定性分析",从下拉式菜单中选择"图谱分析",进入图谱分析页面,打开已存盘文件,从激发谱中用鼠标拖动黄色标线找出具体的 λ_{ex} 或从发射光谱中用鼠标拖动黄色标线找出具体的 λ_{em} 和对应的荧光强度（在页面底部显示），完成后退出图谱分析页面。

找到 λ_{ex} 和 λ_{em} 以后，如进一步进行定量分析，则固定 λ_{ex} 和 λ_{em}，测定不同浓度标准溶液的荧光强度，以荧光强度为纵坐标，以标准溶液浓度为横坐标，可在操作页面绘制标准曲线。

（4）关机。系统关机与开机相反。先关闭计算机电源，其次是关闭显示器，然后是关闭打印机，切断主机电源，最后关闭氙灯电源。

7.4.8　CHI832 电化学工作站操作规程

CHI832 电化学工作站（控制电位 ± 2 V，电流 ± 10 mA，电位分辨率 1 mV）集成了多种电化学分析技术，可做伏安法、电流法、库仑法、溶出法以及电位法等各种实验，不同实验技术的切换十分方便，实验参数的设定是提示性的，可避免漏设或错误。CHI832 电化学工作站为双恒电位仪，能进行双通道测量，能用于串联或并联电极的流动电解池和旋转环盘电极的测量。CHI 系列电化学工作站是国内主流的电化学测试系统，软件控制界面友好，功能强大，能满足绝大多数电化学研究需要，主要应用于化学与物理电源、功能材料、腐蚀与防护、电化学沉积、电化学分析及教学。

对于一般电化学的测量步骤如下：

（1）开机。通电开机，预热 15 min。

（2）参数设置。执行 Setup 菜单中的 Technique 命令，选择所需要的某一电化学实验技术，然后设置所需的实验参数（实验参数的动态范围可用 Help 看到，如果输入的参数超出了许可范围，程序会给出警告，给出许可范围，并要求重新修改）。

（3）实验中如需要电位保持或暂停扫描（针对伏安而言），可用 Control 菜单中的 Pause/Resume 命令，如果需要继续扫描，可再执行 Pause/Resume 命令；对于循环伏安法，如果临时需要改变扫描极性，可用 Reverse 命令；若要停止实验，可用 Stop 命令。一般情况下，每次实验结束后电解池与恒电位仪会自动断开。

（4）实验数据的处理。实验结束后，可执行 Graphics 菜单中的 Present Data Plot 命令进行数据显示，在 Graphics 菜单中的 Graph Option 命令中可控制数据显示方式。若要存储实验数据，可执行 File 菜单中的 Save as 命令，若要打印实验数据，可执行 File 菜单中的 Print 命令。

（5）关机。关闭计算机，然后关闭电化学工作站。

（6）电极的后处理。测量完成后，取下电极清洗干净。

7.4.9 LC-10A 型高效液相色谱简介

1. LC-10A 型 HPLC 工作流程

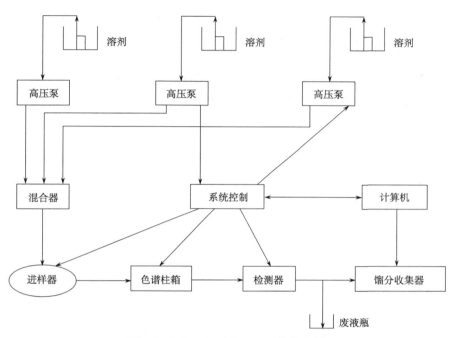

图 7-2 LC-10A 型 HPLC 工作流程图

2. 仪器的使用

（1）打开系统控制器电源开关，自检完成后屏幕亮。

（2）按 PUMP CTRL 键，光标移至 T.GE 后回车（设置叁泵控制），按 PARAM 键，设定分析参数为

T.FLOW$=1$ mL・min^{-1}

B.CONC$=0$

C.CONC$=20$

P.MAX$=250$

WAVE$=254$

按 START 键，运行高压泵使流路平衡。

（3）打开 N-2000 及计算机电源。

（4）双击在线色谱工作站。

（5）打开色谱通道 1。

（6）点数据采集及查看基线。

（7）点击电压范围，设定最大值为 50 mV，最小值为－5 mV。

（8）点击时间范围，设定最大值为 40 min，最小值为 0 min。

（9）液相色谱仪手动进样器处于 LOAD 进样（注意：进样前，应先将注射器用注射的样品溶液洗 3 次以上），然后旋转手动进样器，并同时按通道按钮 1，此时计算机开始记录色谱图。

（10）色谱出峰完后，停止采样，色谱峰自动存储。

（11）进行下一样分析，重复步骤（9）、（10）进样。

（12）在离线色谱工作站内查找色谱图及色谱数据，并记录。

（13）关机。

主要参考文献

北京大学化学系分析化学教学组. 1998. 基础分析化学实验. 北京:北京大学出版社

北京大学化学学院有机化学研究所. 2002. 有机化学实验. 2 版. 北京:北京大学出版社

陈焕光. 1998. 分析化学实验. 2 版. 广州:中山大学出版社

陈培榕,邓勃. 1999. 现代仪器分析实验与技术. 北京:清华大学出版社

陈义. 2001. 毛细管电泳技术及应用. 北京:化学工业出版社

方惠群,于俊生,史坚. 2002. 仪器分析. 北京:科学出版社

高小霞. 1986. 电分析化学导论. 北京:科学出版社

郭德济. 1994. 光谱分析法. 重庆:重庆大学出版社

何丽一. 1999. 平面色谱方法及应用. 北京:化学工业出版社

华中师范大学,东北师范大学. 2001. 分析化学实验. 3 版. 北京:高等教育出版社

莱蒂南 H A,哈里斯 W E. 1982. 化学分析. 南京大学,等译. 北京:人民教育出版社

李启隆. 1990. 仪器分析. 北京:北京师范大学出版社

刘约权. 2001. 现代仪器分析. 北京:高等教育出版社

刘志广. 2006. 分析化学. 3 版. 大连:大连理工大学出版社

罗庆尧,邓延倬,蔡汝秀,等. 1992. 分光光度分析. 北京:科学出版社

米勒 J M. 1981. 化学分析中的分离方法. 叶明昌,等译. 上海:上海科学技术出版社

蒲希比 R. 1987. 实用络合滴定法. 李焕然,等译. 广州:中山大学出版社

邵令娴. 1994. 复杂物质分析. 北京:高等教育出版社

施奈德 L R. 1998. 实用高效液相色谱法的建立. 王杰,等译. 北京:科学出版社

石影,訾言勤. 2011. 定量分析化学分离方法. 徐州:中国矿业大学出版社

汪尔康. 1999. 21 世纪的分析化学. 北京:科学出版社

王少云,姜维林. 2003. 分析化学与药物分析实验. 济南:山东大学出版社

王彤. 2000. 仪器分析与实验. 青岛:青岛出版社

武汉大学. 2001. 分析化学实验. 4 版. 北京:高等教育出版社

武汉大学. 2000. 分析化学. 4 版. 北京:高等教育出版社

杨孙楷,苏循荣,林竹光. 1996. 仪器分析实验. 厦门:厦门大学出版社

曾永淮,林树昌. 2004. 分析化学(仪器分析部分). 2 版. 北京:高等教育出版社

张济新,孙海霖,朱明华. 1994. 仪器分析实验. 北京:高等教育出版社

张剑荣,戚苓,方惠群. 2006. 仪器分析实验. 北京:科学出版社

赵文宽,张悟铭,王长发,等. 1997. 仪器分析实验. 北京:高等教育出版社

赵新准,于国萍,张永忠,等. 2007. 乳品化学. 北京:科学出版社

赵藻藩,周性尧,张悟铭,等. 1990. 仪器分析. 北京:高等教育出版社

朱明华. 2004. 仪器分析. 北京:高等教育出版社